文艺批评新视野丛书

丛书主编　黄继刚　胡友峰

和谐与超越
——中西传统建筑审美文化核心比较简论

本书为阜阳师范学院学术著作出版专项经费资助成果

戴孝军　著

武汉大学出版社

图书在版编目(CIP)数据

和谐与超越:中西传统建筑审美文化核心比较简论/戴孝军著.
—武汉:武汉大学出版社,2017.10
文艺批评新视野丛书/黄继刚,胡友峰主编
ISBN 978-7-307-16588-5

Ⅰ.和… Ⅱ.戴… Ⅲ.建筑美学—对比研究—中国、西方国家 Ⅳ.TU-80

中国版本图书馆 CIP 数据核字(2017)第 259514 号

责任编辑:李 琼　　责任校对:汪欣怡　　版式设计:汪冰滢

出版发行:武汉大学出版社　　(430072　武昌　珞珈山)
　　　　　(电子邮件:cbs22@whu.edu.cn　网址:www.wdp.com.cn)
印刷:虎彩印艺股份有限公司
开本:720×1000　1/16　印张:18.5　字数:266 千字　插页:1
版次:2017 年 10 月第 1 版　　2017 年 10 月第 1 次印刷
ISBN 978-7-307-16588-5　　定价:68.00 元

版权所有,不得翻印;凡购我社的图书,如有质量问题,请与当地图书销售部门联系调换。

总　　序

黄继刚、胡友峰两位博士主编了一套书系，让我为之写一个总序，我欣然从命，其原因有二：首先是对于该书系的内容比较感兴趣；其次是觉得该套书系的作者视角比较有特点。

现分别来说：其一，该套书系的内容是"文艺批评新视野"，这个视角符合我们文艺发展的时代性。众所周知，文学艺术作为意识形态之一，是特定经济社会之反映。当前时代已经进入后现代社会，是对于现代之反思与超越。我们可以用不同的名称来形容这个后现代社会，可以称之为"共生的时代"，以之与传统的各种"中心论"相对；可以称之为"生态文明时代"，以之与传统的工业文明时代相对；可以称之为"网络时代"，以之与传统的纸质文化时代相对；可以称之为"东方文化复兴时代"，以之与传统的"西方文明中心论"相对，还可以称之为"跨文化研究时代"，以之与传统界限明晰的研究相对，如此等等，不一而足。该套书系几乎包括了上述各个方面的内容，黄继刚的《空间的现代性想象》以文学中的景观书写为研究对象，可谓是一种典型的跨文化研究；胡友峰的《媒介生态与当代文学》是对于电子媒介时代的文学研究对象和审美属性的探讨；戴孝军的《和谐与超越：中西传统建筑审美文化核心比较简论》与何飞雁的《彩调的审美文化研究》也是一种跨文化多元性研究；康毅的《露西·伊丽格瑞近期思想研究》与何书岚的《中国诗学中的人权思想研究》都是对于人之生存状态的一种开放式研讨；而李鹏飞的《中古诗歌用典美学研究》则是对于中国古代诗学的全新探赜。总之该套书系给我们展示的是一个全新视角，也给当下的文艺理论研究带来了清新的学术气息，这无疑是值得鼓励和倡导的。

总　序

其二，是该套书系的作者都是"75后""80后"的年轻博士，这一代学者是将来我国文艺理论研究的生力军，也是文艺理论研究的未来。而我们都已经进入21世纪第二个十年的后半期，真的是喟叹日月如梭，时光荏苒，像我这样毕业于20世纪60年代初期的学人都早已经步入老年，更遑论我们的师辈。因此，新的一代与一代新人的崭露头角已经是时代精神与学科发展的必然要求，本丛书的作者们就属于这样的新一代，他们在本套书系中表现出来的锐气才力与研究实力正是这些新人们发展前景的美好表征。我期待并盼望着这些年轻的朋友们能够快速成长，飞得更高，取得更多更好的学术成就。这也是我在济南三伏天的炎热之中写了如上寄语的真实用意所在。

曾繁仁 [*]

2016年7月18日

---

[*] 曾繁仁，山东大学前校长，终身教授，现任国务院学位委员会文学、艺术学评议组召集人，长期以来担任国家社科基金评审专家，教育部"长江学者"评审组中国语言文学、新闻学、艺术学组组长。

写在前面的话

我们当下已经身处一个科学主义盛行的时代,科技似乎从未停止过大规模前进的步伐,而文艺的地盘逐渐被蚕食并日益边缘,科学实用的意向将人文虚致的精神挤到了墙角,"爱因斯坦遭遇马格利特"① 的强弱悬殊已经越来越不成比例。如今我们将文学的中心/边缘、实用/无用等问题拿来讨论,这本身业已昭示出现代文化的基本困境:它时时处在工具理性和实用精神的压迫之中,所为甚微。这一情形也正是目前文艺研究者不得不面对的逼仄现实。文艺研究活动作为一门"学问"和一种特殊的审美情感,可能并不创造直接的经济价值,也无法参与社会形态的具体建构过程当中,它更多的是提供了关于人之存在的不同价值观念。所以,尽管粗糙的生存需求和社会压力时常将文艺研究者从思想的高峰拽下,抛入现实环境的无尽撕扯当中,但是"学问"本身自有其意义。胡塞尔现象学曾经帮助我们区分界定了两个概念:指明和证明,就文艺研究活动而言,其并不证明什么,但是它时时在向我们指明,这些为它看见和指明的东西,就是可能性,即人生、世界何以展开、如何展开的可能性,这一可能性并非要将自己的观念视为唯一原则而强加于人,而是提供一种内省的思想方法来帮助我们破除灵魂的栅栏,并使得自我呈现出应然的状态。借此,我们保持一份"未敢翻身已碰头"的谦逊和惶恐,在自己营造的精神天地和思想涟漪中自得其乐,在书斋当中的"玄思妙想"、"坐而论道"都可谓是

---

① "爱因斯坦遭遇马格利特"(Einstein Meets Magritte)是 1995 年在布鲁塞尔召开的跨学科学术研讨会,其旨在探究不同学科的边界以及对话交流的可能性。

对当下甚嚣尘上之功利关怀的最好回应，毕竟审慎执着的学术追寻仍然要比琐碎无序的日常生活荣耀得多，正如尼采在《快乐的智慧》中所言，假若能参悟读懂自己的灵魂，自身那种须臾不可或离的意义将徐徐呈现，而"生命之于我们，意味着不断将自身以及所遭遇的一切转化为光和火"①。就此而言，文艺研究也许不会使我们富有，但却会使我们终得自由。

文艺研究者素以学术研究中的"思""史""诗"视为自身的存在方式，并在一种不知足的引颈前瞻氛围中昭示应对未来的能力。而学术研究上的承传有自、薪火绵延更是需要吁请青年文脉的加入，尤其是需要聆听"75后"、"80后"学者所发出的声音。就此，编者虽不敢妄言此丛书会"雏凤清于老凤声"，但是年轻学者们不囿于陈说、溯迎而上的努力还是应该值得肯定和鼓励的。就这套《文艺批评新视野丛书》而言，语境化的分析和历史性的考察是我们甄选文丛时的唯一判断标准。所谓"求理于问答之外"，作者们大多能够透过浓重的历史烟雾来重新论证理论之自明性，其论著或者是隐含着一种新的提问方式，或者是用新方法来开启新视野，或者是以新角度来探讨新问题，整体上兼具学术差异性和理论互文性之特征，而作者们许多篇章的文本分析巨细靡遗、秘响旁通，也堪称精彩。编者希冀本套丛书能够抛砖引玉，在学界产生更多有价值的理论思考和学术回应，当然也因编者缺乏经验，谬误在所难免，还请业内方家批评指正。

最后，非常感谢康毅、李鹏飞、何书岚、何飞雁、戴孝军、潘国好、白宪娟等好友的信任，诸君大多师出名门，受过严格而系统的学术训练，他们勤勉刻苦，笔健如犁，耕耘不辍，在各自的研究领域拓荒不止，开垦出一片片长满创意的新田地。当编者发出邀请，各位作者欣然将各自的博士论文纳入到我和友峰兄策划主编的这套丛书当中，孔子云"以文会友，以友辅仁"；少陵云"文章有神交有道"，此谓也。

---

① 尼采著，王雨译：《快乐的智慧》，中国社会科学出版社1997年版，第4页。

我想接下来应该是编者宣读完开场白之后，默默退下，而诸位优秀的思想演员将在这之后陆续登场亮相——

黄继刚　胡友峰
2016年4月

前　言

　　建筑不仅是人类生活的物质载体，更是人类文化的反映。从人类文化认识建筑可以说是建筑研究的重大突破。据王世仁先生讲，20世纪80年代以来，中国建筑界一个很重要的现象就是从文化角度来研究传统建筑，且取得了很大的成就。但文化的含义历来歧义较多，很难界定，这也造成了对建筑研究的困难。话又说回来，中西方在不同的地域环境里，经过了那么长时期的发展，形成了具有各自鲜明特点的文化。这些不同的文化反映在建筑上势必会造成中西传统建筑风格的不同。本书就是从审美文化的伦理态度，自然观、宗教观、审美观念的核心角度对中西传统建筑的不同作浅陋的简论，旨在提供给大家一点关于中西建筑审美文化的不同认识。

　　中国在传统建筑审美文化上，无论是人与人、人和社会还是人与自然的关系，都追求一种心理的和谐。反映到建筑上就是不追求单体造型的丰富多彩和向高空的无限延伸，而是注重体量的高低和空间大小的合理搭配，以群体布局的四合院方式来营造一种和谐的秩序美。宗教建筑是有超越性的，但由于中国传统文化的人文气息和世俗性的浓厚，使得中国的宗教建筑——寺观大多采用世俗君主的宫殿建筑布局的四合院形式，也体现一种永恒的和谐。

　　西方的建筑审美文化主要处理人与神之间的关系，神对于人是一种超越的关系，就是人与自然的关系也是人征服、改造自然，是人对自然的超越。表现在建筑上，多数情况下注重神庙和教堂单体塑造的丰富多彩、体量的庞大和向高空无限延伸的超越。

　　基于此，中西传统建筑审美文化在审美活动的观念体系，也就是一个社会的审美意识，包括建筑审美趣味、审美感受、审美理想上是有很大差别的。我论述的出发点在形态和意境上。中国传统建

前 言

筑审美理想是追求意境，而西方是建筑的单体形态。实际上"意境"的核心还是一种和谐，而建筑单体的塑造主要体现的是一种个体意识的超越。

像这样一种严密完整的庞大建筑审美文化体系的比较，让我这样一个理论修养不高、对中西传统建筑认识肤浅的粗陋小辈来做，实感惶恐不安，但基于对中西传统建筑的喜爱，也就不揣浅陋勇敢地表达一下自己的想法。

目　录

第一编　建筑的心理和谐与物理和谐
——中西传统建筑法则比较

第一章　中国传统审美文化的核心观念与审美理想…………… 3
　　第一节　中和主义与中和原则………………………………… 3
　　第二节　和谐文化理想在儒释道中的表现：内圣外王……… 9
　　第三节　中华文化的特性与价值体系构成 ………………… 19

第二章　西方传统审美文化的核心观念与审美理想 ………… 28
　　第一节　西方的形式主义与和谐美原则 …………………… 28
　　第二节　和谐文化理想在西方美学中的表现 ……………… 35

第三章　建筑的心理和谐
　　　　　——中国传统建筑的总法则 ……………………… 42
　　第一节　儒家的礼乐文化在中国传统建筑中的凸显 ……… 42
　　第二节　道家的美学观念在中国古典园林建筑中的彰显 … 57

第四章　建筑的物理和谐（数的和谐）
　　　　　——西方传统建筑的总法则 ……………………… 81
　　第一节　古代西方的审美观 ………………………………… 81
　　第二节　"人体的美"与"柱式" …………………………… 85
　　第三节　"柱式"艺术的阶段性发展 ……………………… 88

1

第二编　征服与和谐
——中西自然观的不同及在传统居住建筑和园林艺术中的体现

第五章　中西自然观的形成与不同 ················ 93
第一节　自然环境与宇宙观的不同造成中西自然观的不同 ··· 93
第二节　西方"征服"自然观的形成过程 ············ 97
第三节　中国"和谐"自然观的形成过程 ············ 103

第六章　中西方自然观在居住建筑与园林艺术中的体现 ········ 110
第一节　西方人的自然观在居住建筑与园林艺术中的
　　　　体现 ···································· 110
第二节　中国人的自然观在居住建筑和园林艺术中的
　　　　体现 ···································· 113

第三编　人间与天国
——中西宗教观的不同及在传统宗教建筑中的体现

第七章　宗教在宗法文化与宗教文化中的不同地位 ············ 119
第一节　西方古代的神灵崇拜与中国人的祖先崇拜 ········ 121
第二节　人本与神本 ································ 122
第三节　木之魂和石之体 ···························· 127
第四节　宗教建筑的神的空间和人的空间 ············ 130
第五节　宗教建筑指向天国与归于自然 ················ 132
第六节　立于城市与移于山林 ························ 134

第四编　形态与意境
——中西传统建筑艺术审美特性比较

第八章　中西方在建筑审美趣味方面的差异 ············ 187
第一节　中国传统思维方式与审美模式
　　　　——从太极图说起 ······················ 187

第二节　西方传统思维方式与审美模式……………………… 208

第九章　中西方在建筑审美感受方面的差异……………… 214

第十章　中西方在建筑审美理想方面的差异……………… 218
　　第一节　中国传统艺术的情感体认研究……………………… 219
　　第二节　西方传统的情感体认研究…………………………… 235

结语……………………………………………………………… 245

附录一　佛塔：从印度到中国形式变化的审美文化研究……… 248

附录二　论中国古塔的造型和装饰之美……………………… 260

主要参考书目…………………………………………………… 276

后记……………………………………………………………… 283

第一编
建筑的心理和谐与物理和谐
——中西传统建筑法则比较

文艺复兴时期伟大的建筑学家阿尔伯蒂说：建筑艺术"无疑的应该受艺术和比例的一些确切的规则制约，无论什么人忽视了这些法则、法式或规则，一定会使自己狼狈不堪"①。可见，建筑上的法则、法式或规则，对于建筑型制的创造具有重大指导作用。何谓建筑的"法则"？所谓法则，是针对某一建筑类型、建筑体系或建筑形式中的问题所做的规范性约定。西洋的"五柱式"，②中国的"营造法式"③以及古典的、现代的、后现代的"建筑语言"，都可以归于或涉及"法则"这一层次。中、西方传统建筑都经过了那么长的发展时期，都在发展中建立了自己的一套规制原则，在漫长的历史时期，这些规制的内容或有所改变或被充实，但其所据以制定的总的原

---

① 阿尔伯蒂著，王贵祥译：《论建筑》卷六，中国建筑工业出版社2010年版，第2页。
② 指古罗马五柱式（陶立克、塔斯干、爱尔尼科、哥林斯、混合式）。
③ 北宋崇宁二年（1103年）由官方颁布的一部房屋营造典籍和"规范"。

则却始终被恪守着。然而由于中、西方所处的地理环境、所具有的文化观念等的不同，中国在传统建筑方面更侧重的是审美主体的心理属性，这主要体现在"儒家所追求的情与理的统一，也就是礼与乐的统一，道家所向往的心与物的统一上。然而无论是儒家的情与理的统一，还是道家的心与物的统一，都主要是一种心理的和谐，而不是物理的和谐。这种和谐虽然在一定程度上也需要依赖审美对象的物质结构，但更为重要的是取决于审美主体的心理结构"①。而西方传统建筑更多地注重于外在的形体、比例、尺度、均衡等美的原则并且将其转化为数的比例，将建筑量化，体现一种数的和谐，即一种物理的和谐。

---

① 周来祥、陈炎：《中西比较美学大纲》，安徽文艺出版社1992年版，第126页。

第一章　中国传统审美文化的核心观念与审美理想

提起中国传统审美文化，我们可以说出不同于西方传统文化的一些明显特点，如生活方式上的"食文化"相异于西方文化的性文化；政治制度上的伦理宗法政治不同于西方文化的市民政治；宗教信仰上的实用理性不同于西方文化的纯粹理性；思维方式的直观感悟不同于西方的科学认知；审美理想上的心理和谐不同于西方的物理和谐，等等。何以如此，当然原因很复杂，不是简单地用一个词或一句话就能概括清楚的，但是文化特色的不同还是有根可查的，一种文化相异于另一种文化，总有一种共同的东西贯穿于这种文化的方方面面，形成、发展和塑造着这种文化的独特之处，使其生命不断得以延续，生机勃勃。那么对一种文化共同东西的探寻就是文化核心研究，文化核心研究是根源性研究，研究一种文化不同于另一种文化的最根本的源泉所在，也是一种文化相异于另一种文化的特色所在。那么，中国传统审美文化的核心是什么？我们认为一种文化的精神彰显，不仅体现于人类认识行为的至真之上，体现于人类伦理行为的至善之上，还要体现于人类审美活动的至美之上。那么，最能体现中华审美文化人文精神，即文化的核心观念和审美理想的，就是和谐。

第一节　中和主义与中和原则

周来祥先生曾经指出："中国传统文化所讲的'中和'，不只是贯彻始终，同时也是一个几乎无所不包的大概念、大范畴。它无所不在，无处不在，无时不在，渗透于中华民族的大脑、灵魂和发肢，甚至于从每一个文化细胞中都能看到它的踪迹和影子。从大的方面说，它体现为宇宙的本体，就是'中和'之道；体现为人类的行为、实践，就是'中和'之行；体现为待人接物、处理问题、解决问题的方式、方法，就是'中和'之用。从哲学认识论看，'中和'就是至真。从伦理道德看，'中和'就是至善。从美学上看，'中和'就是至美。"①

一、"中和"精神的内涵发展演变

"中和"精神的内涵有一个发展演变的过程：在孔子先秦之前，中和这个词并没有出现，而只是出现了"和"这个词，但"和"所表达的含义却与"中和"这个词是一致的，那就是调和、协调、和解、和谐，不走极端之意。这在中国较早的古籍《尚书·舜典》中有明确的记载："帝曰：'夔！命女典乐，教胄子。直而温，宽而栗，刚而无虐，简而无傲。诗言志，歌永言，声依永，律和声。八音克谐，无相夺伦，神人以和。'夔曰：'於！予击石拊石，百兽率舞。'"从这段文字上可以看出中国五帝的时候就开始用"乐"（当时诗、乐、舞不分）来教化那些贵族子弟，目的在于培养这些贵族子弟中和的理性人格，从而沟通人与神、天与人的关系，以达到"神人以和"、"天人以和"的目标。西周末至春秋时期曾出现了"和同之辨"，史伯认为"和"是"以他平他谓之和"，是不同事物的协调、平衡，"同"则是"以同裨同"，是相同事物或因素的相加和重复。金、木、水、火、土相杂，才能成百物，五味相调才能有美味，强四肢才能有健康的身体，六律和谐才能有美声。"同"只能造成事物的单一，窒息事物的生存，导致万物的枯竭和衰亡。那就是"声一无听，物一无文，味一无果，物一不讲"。晏子则把"以他平他"的"和"进一步发展为不同事物之间相辅相成，和相反事物之间相反相补、相反相济的两种关系，"一气，二体"对"和"提出了一个"济其不及，以泄其

---

① 周来祥、周纪文：《中国审美文化通史》（秦汉卷），安徽教育出版社2007年版，第16页。

过",也就是"恰到好处"的标准。三是"和"的目的,无论是美味,还是音乐,都是为了使人达到"心平德和"。单穆公的主要贡献是从主客体的关系入手来阐述"和"的事物对人的心理、生理结构的影响,已具有朴素辩证法的眼光。他认为"和"不仅决定于对象的"和",还决定于主体的"和"。如果音乐、视觉形象过于强烈,过于宏大,过于刺激,或者是过低、过细、过小,超过了人和谐的身心结构所能承受的限度,那么音乐、视觉形象就不能成为人的审美对象,反过来也一样,如果只有和谐的生理、心理结构,而没有和谐的对象,也不能构成"和"的审美感受。和是和谐的对象与和谐的主体相互对应、相互谐和的结果。在两千多年前,古人已具有这样辩证的眼光,是很值得重视的。

"中和"作为一个整体概念最早出现在《礼记·中庸》里面:"喜怒哀乐之未发谓之中;发而皆中节谓之和。中也者,天下之大本也;和也者,天下之达道也。致中和,天地位焉,万物育焉。"在这里我们一方面看到儒家对"和"的一种改造,那就是用"礼"对人的心理情感加以约束和控制,使得人的感性具有理性的内容,理性具有感性的积淀,感性与理性和谐统一。另一方面将"中和"这个概念上升到天下万事万物的本体地位,认为只有遵循了"中和"原则才能天地各安其位,运行有序,孕育万物,共生共荣。在这里,儒家是以人道之和推出天道之和(人道即天道),然后,又以天道论证人道,天人合一,是和之于人,而非和之于天。这样就使得"中和"这个概念成为儒家的核心概念,也成为整个中华传统审美文化的核心概念,从而使得中华传统审美文化从先秦儒家之后审美的视域侧重于脚踏在人间的现实人生,而不仰望并不存在的彼岸神秘世界。汉代的董仲舒强化了中和精神的人生现实倾向,用天人感应说(即天与人的相通)降低了天的神秘性,提高了人的主动性和能动性,并把天与人的和谐关系运用于君与臣的和谐关系,为现实政治提供了理论基础。宋明理学时期,儒学融合了老庄的道家和佛禅的思想,使儒学有了大的改变。朱熹更是把中和精神拉回到现实的世俗生活,使得中和、中庸转向实用化、生活化、世俗化方面发展。他说:"中庸是一个道理,以其不偏不倚故谓之中，以其不差异可常行故谓之庸，未有中而不庸者，亦未有庸而不中者。故平常尧授舜，舜授禹，都是当其时中也合如此做，做得来恰好所谓中也。中即平常也，不如此便非中，便不是平常。……又如当盛夏极暑时，须用饮冷就凉处，衣葛挥扇便是中……若极暑时重裘拥火，盛寒时衣葛挥扇，便是差异，便是失其中矣。"

在这里"中"一方面兼含有"和"的意思，以礼酌时"合如此做"，并"做得来恰好"，做得恰如其分，便是"中"。同时，"中"更倾向于平常，更倾向于世俗，更倾向于实用，不但尧舜禅让谓之"中"，连酷夏衣葛挥扇，寒冬重裘拥火，也是"中"。这也是说不管大道理、小道理，不管哲学、伦理，不管政治、经济、文化、日常生活、风土人情，不管治国、治家、待人、处世，只要当时情况下，按"礼"应当如此做，又做得适当，恰如其分，都是"中"，都是"中和"。这样"中和"、"中庸"不但是"天人合一"的最高理想，还是人们处理日常现实生活中具体问题的最佳方法，增强了中和精神的现实操作性。

中和精神不仅是儒家的，也是道家和禅宗的。道家发挥了儒家追求心理和谐的一面，而抛弃了儒家对人的礼法约束和限制。道家的心理和谐是从物和心的关系入手来解决治心的问题，也就是说道家的和谐是以人心的和谐来解决人与自然的和谐问题。在道家看来，人的精神自由必须一方面抛弃客观的、现实的、具体的外物的限制和约束，还要涤除各种各样的非现实的、抽象的看不见的人的欲望、愿望和情感，另一方面还要抛弃人的肉身，这样才能实现"以天和天"的精神的逍遥游。因此，道家更偏重于追求天与人、人与自然的和谐，追求一种"圣人处物不伤物"，人不伤物，"物亦不能伤也"，天人互不相伤，相互和谐相处的境界。道家很重视天生自然，认为人为的任何对自然的改变和约束都是对天的破坏，都是以人害天、以人灭命。他认为"牛马四足"，人两足，天生如此，这就是"天"；而"落马首，穿牛鼻"就是人为地改变牛马的天生本性，就是人为的结果，这就是"人"。因而老庄反对以人灭天，反对以人为毁灭生命，主张"无以人灭天，无以故灭命"。天人不相害，则山林、皋壤与人相近相亲，"使我欣欣然而乐"，天人的和谐就会给人以快乐。"四海之内共利之之谓为悦，共给之之为安。"天下万物"共利"、"共给"，互利共赢，共生共荣，是我国古老的生态和谐思想。庄子进一步把这种天人和谐关系分为"天乐"与"人乐"两种。"天乐"来自"天和"，"人乐"来自"人和"。所谓"天和"，就是深明天地之常德，是万物之大根本大宗师，从而尊天顺天，尊重自然，顺应自然；同时，也就是以"圣人之心，以畜天下"，以真挚的爱心养育天下，抚养万物。所谓"与人和"就是以"与天和"的普泛精神来处理人与人的关系，以此"均调天下"，可见道家的天人和谐，既包括人与自然的和谐，也包括人与人的和谐，而这种人与人的和谐，在庄子那里尤以人与自然的和谐为根基，"人和"是由"天和"而来的，这与儒家恰好相反。儒家以"人和"为本，"天和"由"人和"而来的，儒道两家相异又互补。

佛教以及佛教中国化的禅宗也是注重心理的和谐和平衡修炼，但是佛教以心为本体，而心的修行必须脱离尘世、清苦严苛，这就影响了佛教在中国的传播和普及，佛教真正融入中国普通人的现实生活，是在佛教中国化的禅宗诞生之后。禅宗也是主张以心为本，不过它要求治心的手段不是要人们脱离尘世和进行严酷的修炼，而是主张我心即佛，佛即我心，心佛一体，强调顿悟和生命的体验，认为人们在日常现实生活之中就能成佛。

到了中唐之后，随着封建社会由强到衰的转变，社会矛盾的进一步尖锐化，和谐精神逐步面临挑战，但"中和"精神的主导地位仍然没有变。

二、和谐文化的基本特征

通过以上的论述，我们已经知道中国传统文化的精神是中和主义，中国传统文化的原则是和谐原则。那么和谐文化的基本特征是什么呢？我们可以通过以上的论述大体总结一下。

（1）和谐文化强调是在差别、杂多、矛盾、对立的基础上的和谐统一。

和谐文化不是只强调同一的文化，而是强调这种同一是建立在差别、杂多、矛盾、对立的基础之上。它在各种事物中都能见出差别，见出"一分为二"，所以中国古代哲学范畴、美学范畴、伦理学范畴常常是成双成对的，如文与道、礼与乐、形与神、意与境、言与意、有法与无法等。在这些差别、对立中，强调的是矛盾双方的相互渗透、相互作用方面，而不强调它们之间相互否定、相互斗争的方面。强调矛盾双方的相辅相成是中国古代文化的优点和特点，而缺乏深刻的本质对立和尖锐的不可调和的斗争精神，又是中国古代文化的局限和弱点。当然中国传统文化也强调斗争，但这种斗争都不是彻底的、不可调和的，而最终都要归于合一。例如阴和阳，在中国古代哲学中两者并不是彻底的对立斗争，而是相互转化、相辅相成，阴中有阳，阳中有阴，"一阴一阳之谓道"（《周易·系辞上》）。这种哲学观念影响到文化的各个层面：政治层面上的君贤臣忠，家庭层面的父慈子孝、兄友弟恭、夫唱妇随等，文学层面上的"乐而不淫、哀而不伤""温柔敦厚"等，都是这种相辅相成的表现。

（2）和谐文化强调用平衡、和解的方式解决矛盾，不强调矛盾的激荡和转化。

和谐文化既用矛盾思维来解决矛盾的事物，也用和谐思维来解决矛盾事物。在处理事情的方式上，矛盾思维主张以斗争的方式来处理矛盾，而和谐思维则是以相互协调、相互融合、共同发展的方式来处理。中国传统文化是以儒家文化为主流、骨干的文化，同时吸收了道家和禅宗的思想加以发展演变。在和外来文化的交流中，中国传统文化不是完全否定外来文化，也不是完全肯定外来文化，而是积极地以我为主，保持自己的独立地位，吸取有益的成分而不被其他文化同化。各朝代都在发展中国传统汉文化的基础之上保持自己的独立稳定地位。这是它的优点，也是它的弱点。优点是它具有强大的同化力，弱点是安于现状、因循守旧、反对变革、不思进取。

（3）和谐文化强调发展，但这种发展只是一种平面的循环的圆圈发展，而不是否定之否定的立体的螺旋。

《周易》是古代讲辩证思维的主要典籍，"易"的基本含义就是运动,"生生之谓易",而"易"又具有本质和规律,老子讲:"致虚极,守静笃,万物并作,吾以观复。夫物芸芸,各复归其根。归根曰静,静曰复命,复命曰常,知常曰明。不知常,妄作凶。"(《道德经·十六章》)如果说"易"是事物存在的基本形式,那么"复"就是运动变化的具体形态,事物的变化都是"各复归其根",这个"根"就是"静",从这个意义上来讲,"静"也就是运动变化中的动态平衡,传统的自然观认为,事物的运动变化只有保持"静",也就是动态平衡,才能使生命得以生生不息。所以,中国传统文化强调发展,看到万事万物都是生生不息的,主张万事万物都是发展的、变化的,只是这种发展、变化都是一个封闭的圆圈式发展。《周易》说:"无往不复。"《老子》说:"大曰逝,逝曰远,远曰返。"龚自珍说:"初异中,中异终,终不异始。"《三国演义》说:"分久必合,合久必分"。永久的发展是循着一个循环的轨迹在运行,老子讲:"人法地,地法天,天法道,道法自然"(《道德经》),而自然展现给我们的是夜以继日、日月交替、春华秋实、四季周而复始,就像"太极图"的圆,此消彼长,无往不复,于是中国古人就形成了自然的、封闭的循环观,封闭的圆形成了古人最喜欢的图形之一,比如戏曲表演中的跑圆场、武术中的太极拳。这是中国古代封闭的小农自然经济和社会的产物。这种循环封闭性,在一定程度上限制了中国古人的创造精神。

第二节 和谐文化理想在儒释道中的表现:内圣外王

所谓"内圣外王",人们多局限于从儒家修身治国统一于仁来谈,即内修德性以成圣人,外施仁政以成王者。实际上,内圣外王不只是儒家的,还是道家和禅宗的,是整个中国传统审美文化积淀的结果。它是把以人为本作为核心,以人性的自我修养、完善为出发点,以实现伦理政治为目标,以实现天人合一为最高境界。人性的自我修养和完善被儒家从内外两个方面所规定,但"以仁释礼"又使"治心"成了儒家人性修养和完善的出发点。儒家的治心被道家和禅宗所继承和发展，从儒家的道德之心，到道家的无欲之心，禅宗的平常之心，就成了中国传统审美文化的身心修养和完善的"内圣"，内圣注重精神性，注重山水之乐，我们可以用江湖之远来概括。儒家治心是为了国家和天下，而不是单纯为治心而治心，因此儒家把"仁心"发展为"仁政"，以德治政，建立和谐的社会是其最终目标。这方面注重社会的秩序性、集体性和世间性的"外王"，我们用"庙堂之高"来说明。"内圣"是基础和核心，"外王"是目标和理想，两者都以"士人"的修养和执行作为根本，即以人为本。"人"体现了中国传统审美文化的集体性和抽象性，而缺乏人的个性和具体性。

一、内圣——江湖之远

人格的自我完善是中华传统审美文化的出发点，重视伦理道德的教化是人格完善的手段，培养感性理性和谐一体的人性是人格完善的目标。孔孟的儒家特重视把人伦理化，即在感性与理性的和谐中侧重于人的社会性、理性，把人从神秘的原始巫术和夏商周时期的祀神拉回到人的现实中来，把视野聚焦于人性的塑造上，而人性塑造的理想形象是"文质彬彬的君子"。君子形象的出现是从原始之巫的神秘性和夏商周的王的政治性转变而来的，它是具有独立精神性的中国知识分子"士人"形象，是适应中国家国天下一体的需要而产生的。他们首先具有掌握和传授知识的能力，具有教师的职能，这往往和"家"相连，国人所说的"诗书传家，书香门第"就是此意；另一方面还具有管理社会的才能，具有吏的职能，这和治国有关；其次具有一种超越家国的天下胸怀，这和宇宙统一。因此，君子的形象就和个人、家、国、天下、宇宙等各个方面相联系，这是中国传统文化独有的一个智能阶层。

儒家的文质彬彬的君子形象具有三个基本特点：

第一，孔子认为君子必须要满足"文"和"质"两个条件，且文和质要和谐统一。"文"是以礼（政治规定）为内容的美感形式，像人的言谈举止，"质"是伦理道德的内容，像尊卑贵贱、兄友弟恭和夫唱妇随等。孔子认为君子要有质有文，缺一不可，并且文质要和谐，否则质胜文则易于野俗，文胜质则流于虚饰。

第二，孔子的君子形象具有刚柔相济的特点。"刚"的一面彰显了君子的主动性和坚定性，一种敢为天下先的自强不息的精神，是一种文化意义上的人格操守。像"人能弘道，非道弘人"（《论语·卫灵公》）"志士仁人，无求生以害仁，有杀身以成仁"（《论语·卫灵公》）"三军可夺帅也，匹夫不可夺志也"（《论语·子罕》）"当仁，不让于师"（《论语·卫灵公》）"知其不可为而为之"（《论语·宪问》）等。"刚"的一面主要成为中国士人积极入世的世俗精神，面对民族危难的责任精神和人格刚强的个性精神，后为孟子发展为"富贵不能淫，威武不能屈"的大丈夫形象。"柔"的一面彰显了君子的安贫乐道，是一种面对乱世的求生方式，是文化意义上的道德纯洁。如："危邦不入，乱邦不居；天下有道则见，无道则隐。"（《论语·泰伯》）子谓颜渊曰"用之则行，舍之则藏，唯我与尔有是夫！（《论语·述而》）子曰："宁武子，邦有道则知，邦无道则愚，其知可及也，其愚不可及也。"（《论语·公冶长》）"柔"的一面主要成为中国士人消极避世的生存方式，这种"隐""藏""愚"的方法现在看来确实有点消极避世的意思，但面对乱世不可谓不是一种好的求生方式。孔子的伟大就在于把这种消极避世升华为被后来的宋儒所大力提倡的"孔颜乐处"：

（颜回）一箪食，一瓢饮，在陋巷，人不堪其忧，回也不改其乐。（《论语·雍也》）

子曰：饭疏食饮水，曲肱而枕之，乐亦在其中矣。不义而富且贵，于我如浮云。（《论语·述而》）

这种安贫乐道的精神成为中国传统文化中"士"的精神，就是孟子所说的"富贵不能淫，贫贱不能移"的人格的道德操守。安贫是一种态度，而乐道则是一种精神，一种具有宇宙胸怀的最高境界。只有"乐"才能让人生升华。

这种刚柔相济的"士"的形象，就是孟子所说的"达则兼济天下，穷则独善其身"。

第三，成为刚柔相济的君子，孔孟儒家非常重视礼乐教化。在礼乐教化中儒家一方面采用"以仁释礼"的手段，为外在行为的约束找到一个心理学的基础。儒家对人的塑造是采用"仁"和"礼"一内一外的方式进行的，礼法的外部约束可以说细致和广泛，包括人的衣食住行、生老病死都有严密的、明确的规定，这是人的理性化彰显的标志，是儒家的一大贡献。但礼法约束的严密和繁琐又使人的理性显得面目可憎，少了很多的人情味，孔子创造性地采取"以仁释礼"的方式，把外在礼法的约束变为人内心主动追求的行为方式，这又是孔子的聪明之处。"仁者爱人"（《孟子·离娄下》）就是说"仁"的出发点是处理人与人之间的关系，而不是人与神之间的关系，这种关系的中介点是人的爱心，于是人与人之间的关系就变成了爱的情感关系。"以仁释礼"就使外在的礼法有了心理学的基础，用人的爱心冲淡了外在礼法的严密和繁琐，给人的理性增加了感性的因素，蒙上了一层温情脉脉的面纱，也可以说孔子用感性融合了理性，"以仁释礼"就是中和精神的一种表现方式。这种"和"是把"礼"建立在"仁"的基础之上，以仁为核心和根本，先有仁后有礼，仁是内在的，礼是外在的；仁是内容，礼是形式；内在与外在、内容与形式、仁与礼紧密结合，不可分割。"人而不仁，如礼何？人而不仁，如乐何？"（《论语·八佾》）即仁与礼一也，仁就是礼，礼就是仁，所以"一日克己复礼为仁"（《论语·颜渊》）。正如钱穆先生所言："故仁与礼，一内一外，若相反而相成。"（《论语新解》）

另一方面，儒家很重视文学艺术对人的仁心的滋润和塑造，而文学艺术又以诗教或乐教为主。儒家的文艺观是一种和谐的文艺观，"和"是它的艺术美的最高追求。因此，儒家在文艺上强调"温柔敦厚""乐而不淫，哀而不伤"，强调以理节情，影响到文学审美上，就要求诗歌的感情不是如潮水般的汹涌澎湃，而应如款款的春风轻拂人面，如细细的春雨润物无声，造成诗歌含蓄、蕴藉、内敛的风格。孔子认为整个《诗经》都是和谐的"《诗三百》，一言以蔽之，曰'思无邪'"。所以《诗》本身就具有温柔敦厚的道德境界，如果拿来作为道德教化的工具，就能有助于人的道德修养和精神境界的提高，而如果社会生活中的成员都具有了这种温柔敦厚的气质，那整个社会生活自然就会变得和谐有序了。再加上孔子"以仁释礼"，使外在行为具有心理学的内容，成为人的内心主动要求的行为。这样儒家的礼乐教化就成为以"治心"为核心的人的修养的主要手段，开创了中国审美文化心学的滥觞。儒家的"治心"是一种道德之心，无论是孔子的仁心，还是孟子的养气说，都是用道德的善来培养、完善人的心灵。

总体来说就是以"中和"或"中庸"的精神培养人的温柔敦厚、文质彬彬的和谐人性。具体来说内心就是"仁心""爱心"，但要"乐而不淫，哀而不伤"，要以礼节情，对外在行为来说就是"执两用中"，"过犹不及"，即无论做任何事都要把握事物的两个方面，全面观察、允执其中，以找到相互结合的平衡点，融合为一个和谐的整体。这个平衡点在于适度，过犹不及，就是违背了"和"的精神。孔子把这种"和""中庸"的精神和人的道德修养联系起来，认为"君子和而不同，小人同而不和"，即君子讲团结、谦上、包容，但绝不苟同，决不拉帮结派、结党营私、搞小集团的利益，而小人恰恰相反。"和""中庸"是一种至高至上、至广至大的道德理想和道德行为。从这个意义上讲，"和"就是一种至善。和的社会就是一种善的社会。

儒家重视人格的道德完善，以内心的情感让外在礼法的约束变为内心主动的追求，可以说儒家在人格修养方面着眼点还是在于"治心"，而文学艺术又成为"治心"的主要手段和主要工具，读书治心也就成了中国知识分子的重要生活方式。另外，孔子的"吾与点也"的自由境界，彰显了他对身心放纵于山水之乐，以便获得一种"游"的快乐的向往和追求。这种"会心山水"之乐的"治心"方式对道家和禅宗影响巨大，以至于道家和禅宗，特别是道家干脆就把士人引向山水，在山水之中陶冶性情，把握宇宙，放飞梦想，实现生命的价值。具体来说，老子提出"虚其心"就是剔除心中的各种欲念和杂念（如害人之心），使心处于一种虚静状态。庄子的"游心"也是人的主观精神世界的遨游，是一种内视自省、心驰神往的精神自由活动，要涤除肢体、欲望，以生命的律动和情感的体验感悟着宇宙的精神，无概念却暗含着规律，无目的却符合着目的，必然的活动却能达到自由的审美境界。庄子的"庖丁解牛""梓庆造鐻"等，在物质的实践活动中悟道，这种得道的境界，已是掌握了规律而又超越了规律的审美自由境界。道家在大自然中放飞自己的心灵，使得天下万物与我唯一，心灵得以完全的逍遥游。禅宗的"平常心是道"强调一种经过艰苦修行之后的顿悟和直观体验，主张主客本无二，身与物化。

二、外王——庙堂之高

中国传统文化和谐人性的塑造的目的是为了齐家、治国、平天下。中国的士人在修身养性的过程中一刻也没停留地把羡慕的目光投向那炙手可热的名利场，那浓云密树、幽涧清泉、鲜花异鸟的山水园林也不能把内心深处的、暗流涌动的功名利禄之心压下去，众多的士人们耐不住隐居的寂寞，迎着安贵尊荣的诱惑，义无反顾地踏上已成为中国读书人生命主旋律的科举之路，渴望建功立业，青史留名。进入中国传统的官僚体制里面，有的人春风得意，意气风发；有的人失意苦闷，贫困凄凉；有的人在多次碰壁之后，不得不重新走入山水，在山水中抚慰伤痕累累的心灵，山水又能让他们恣肆地谈，放声开怀地大笑，又能让他们"精骛八极，心游万仞"地自由幻想，生命的率真已把那个斯文的臭架子赶得无影无踪。

从夏商周时代起，中国就形成了家国一体的社会秩序，只是这个社会秩序要靠神圣的"天"和政治的"王"来保证，"王"成了沟通天人之际的核心。到了西周末年，天子的权威性丧失之后，家国一体的社会秩序也成了乱象，出现了许多弑君、僭礼等违背周礼的现象，像"季氏的八佾舞于庭"、服饰上的"紫之夺朱"、管子在府第前设反坫等。到了孔子，他想重建周代的礼仪制度，以便恢复周代家国一体的社会秩序，于是他就创造了君子的形象，用"士人"游走在家与国之间，在家治家，同时有入仕之志，入国治国，同时有天下胸怀。这样，齐家治国，沟通天人之际的就不是"王"了，而是具有社会和政治承担意义的士人。士人的出现，就把夏商周的神圣性从天上拉回到了现实的人间，把外在的威吓变为心灵的自觉。这就是孔子的以"仁"为核心的一整套思想。

要想了解中国的士人为何热衷于齐家、治国、平天下。第一，要了解士人在家、国中的位置。而要判断士人在家、国的位置就要了解中国的"血缘优先"原则，这种血缘优先的原则建立了一种人人相爱，但又爱有差等的社会关系，即先爱自己的亲人，然后再推己及人，从而形成一个人与人之间有温情的，但又有等级差别的爱的情感关系。而孔子的"仁"就是建立在这种血缘优先的基础之上。何谓仁？"仁者，爱人。"爱是家庭中的亲子之爱，仁的根本和出发点是"孝"。仁心能让人亲切地交往，和睦地成为一家人，又能让外在的礼法约束变成内心主动追求的行为，成为一个和谐的人。人和，家才能和，家的和谐又是以血缘关系的亲情和亲疏来主导，亲情形成了父慈子孝、兄友弟恭，亲疏形成了尊卑有等、内外有别。因此，家的和谐也是人人之和、爱有差等的和睦统一体。家是中国社会的基本单位，家的和谐是社会和谐的基础，家和谐了社会才能和谐，家和国是一致的。那么，在家孝顺父母，治国就忠君。在家，血缘亲疏决定尊卑有等，内外有别，在国就由血缘关系的亲疏决定人在社会中的权力地位的高低贵贱、财产占有的多寡。越是血缘关系网络中的嫡系近支，越占有权力关系的重要地位；越是血缘关系的庶出旁支，越远离权力结构核心，只能处于次要地位。像周代已形成了根据血缘和亲疏关系来分封诸侯的制度。天子居于天下正中，天子也具有天下最高的权威，而天子的位置都是世世代代以嫡长子来继承，嫡长子也继承了天下之中的土地和最尊贵的权威，视为大宗。天子其他的众子按照亲疏远近分封为诸侯，居于离天下之中远近不同的土地中，享有远离和亲近天子的不同权利，视为诸侯。同样诸侯也按血缘和亲疏关系分封自己的领地，也由大宗和小宗组成，凡大宗必是始祖的嫡裔，而小宗则或宗其高祖，或宗其曾祖，或宗其祖，或宗其父，而对大宗则都称为庶。诸侯对天子为小宗，但在本国则为大宗；卿大夫对诸侯为小宗，但在本族则为大宗……在宗法制度之下，从天子起到士为止，可以合成一个大家族，大家族中的成员各以其对宗主的亲疏关系而定其地位的高低。这样一来，整个社会就形成了一个以天子居于顶端，以诸侯处于中端，以庶民处于底端的远近分明、等级森严的金字塔形的权力结构，这种结构历经两千多年，虽说各个时期随着士人的兴起和参与政权方式的不同略有改变，但建立在血缘亲疏关系上的家国一体原则没有改变。

儒家的这种人人之和、爱有差等的学说，就是要通过"礼"的行为规范去分出高低贵贱，认为每个人按照礼的规定，作出符合自己身份地位的行为，而不能僭礼，乱了纲常。在家要遵守父慈子孝、兄友弟恭、夫唱妇随之类的孝悌之道，而不能把这种关系反过来，否则就乱了纲常秩序。儒家把家族的这种"父父子子"放大到国的层面的"君君臣臣"，在家父慈子孝，在国就是君贤臣忠，他们认识到孝悌之道就是宗法政治的基础，"有子曰：其为人也孝弟，而好犯上者，鲜矣；不好犯上，而好作乱者，未之有也。君子务本，本立而道生。孝弟也者，其为仁之本与？"（《论语·学而》）在国家的层面上，儒家不能容忍犯上作乱者，也不能容忍弑君、僭礼者，比如，季氏仗着自己的经济实力，竟敢在自家的院子里演奏只有天子才能享用的八佾舞，孔子对此发出了辱骂般的叫喊"八佾舞于庭，是可忍也，孰不可忍也！"（《论语·八佾》）实际上，儒家的理想状态就是人人各安其位，各司其职，就能达到社会的和谐稳定。因此，儒家要求士人在其位，谋其政，不在其位，不谋其政。

在儒家看来，具有仁心者，才能施行仁政，不具有仁心，就不能施行仁政。另外，孟子把人性善作为实行仁政、王道的思想基础，体现在把孔子的"仁心"引导到"仁政"，把"仁者，爱人"引导到"仁者，爱民"，提出"民为贵，社稷次之，君为轻"（《孟子·尽心下》）的思想。孟子认为仁政、王道不是外在的，是人的一种内在要求，有仁心就能实行仁政，不是不能，而是不为。实行仁政，就能"王天下"，要想"王天下"就必须"与民同乐"，就是争取民心。

第二，要了解士人参与社会管理的方式。春秋时代的孔子塑造了"文质彬彬"的君子，君子要么在朝，追求庙堂之高，积极游走于诸侯之间,以自己的学说和才能实现参与社会的管理和政治抱负;要么在野,不为诸侯王所承认,退而归隐的"退而能乐"。前一方面为孟子的以师位自居,"持道以论政"的士人(大人),屈原的矢志不渝的忠臣以及韩非的执政为王、依法办事的循吏所继承并发展了君子的"刚"的一方面,成为中国士人的"勇儒"。后一方面为庄子塑造的拒绝社会与自然合一的隐士形象,在一定程度上强化了君子"柔"的一面。这些士人无论是在朝、在野,都是以游走的方式穿梭于诸侯国之间,要么凭着三寸不烂之舌的游说本领,合纵连横,实现自己治国、平天下的政治抱负,像张仪、苏秦等;要么以军事上的卓越才能大显身手,像孙膑、吴起、乐毅、白起等;要么以自己的一腔热血,舍生效命刺杀君王,像聂政、荆轲等;要么像孔子、孟子周游列国,游说诸侯,想实现自己的政治抱负,结果四处碰壁,最后不得不退而讲学,等等。这是一个百家争鸣的时代,人可以任意发表自己的意见,创立自己的学说,出现了可以心忧天下,知其不可为而为之的儒家风貌;恐惧于杀人盈野、杀人盈城的乱世而退出社会,独善其身,一心退隐于山林的道家风范;以公义自居,行侠仗义,挑战公共司法的墨家;以追求行政效率为第一原则、严刑峻法的法家等。这也是一个人才自由发展流动的时代,可以有为了理想的实现而痴心不改的刚强坚毅的君子,也可以有为了荣华富贵而朝秦暮楚、三心二意的小人;还可以有为了自保性命而一心退隐山林的隐士,还有为了公平正义而行侠仗义的侠客,等等。这个时代士人参与社会政治的方式主要是游走于诸侯之间,以自己的才能和学说影响君王,以实现治理天下之目的。

先秦两汉时代,随着国家大一统局面的形成,思想文化的统一也成了时代的要求和需要,其表现就是董仲舒的"罢黜百家,独尊儒术",儒家思想成为居于统治地位的主流意识形态。士人们要想参与社会政治的管理,实现齐家、治国、平天下的理想,就必须接受这个大一统的体制和儒家的思想,否则是不能实现自己的理想的。那么,士人们也不像春秋战国时代的人那样游走于各个诸侯国之间，而是国家层面的"举孝廉"制度为士人们参与社会政治管理提供了途径和机会。"举孝廉"首先要求士人们要遵守儒家的这一套，因为在统治者看来，只有家族中的孝子才能成为国家中的忠臣。这样，"家"与"国"、"孝"与"忠"就完全是一种同形同构的社会关系和行为模式，也是周代以来家国一体模式的延续和发展。其次要求士人们用治家的礼法来治国，用德治国而不是用法治国就成为士人们治理社会的主要手段。最后"举孝廉"是一种推荐制度，主要靠地方官为朝廷和自己推荐本辖区的人才，很容易出现假孝廉的疏漏。

  魏晋南北朝时期的"九品中正制"是对"举孝廉"制度的矫正与完善，它是以中央政府在各郡县设立"中正"官职主管人物的评议，以家世（被评者的族望和父祖官爵）、道德、才能三项作为评定等级的主要标准，把评议的人物分为九品，即上上、上中、上下、中上、中中、中下、下上、下中、下下。九品中正制开始的时候因为曹操的"唯才是举"确实选出了一大批德才兼备的人才，但因为中正推举之官为门阀士族所把持，于是在中正品第过程中，才德标准逐渐被忽视，家世则越来越重要，甚至成为唯一的标准，到西晋时终于形成了"上品无寒门，下品无士族"的局面。九品中正制不仅成为维护和巩固门阀统治的重要工具，而且本身就是构成门阀制度的重要组成部分。它在一定程度上矫正和完善了"举孝廉"制度，但整体上却起到了矫枉过正的作用。

  隋唐以降，科举考试制度逐渐代替了察举、品评制度，也给出身寒门的庶族地主阶级的人才提供了入仕的机会，一直到清代为止，科举考试的内容始终以儒经为主。

  由此看来，中国两千多年的封建社会，儒学长期成为官方的主流意识形态，并不是偶然的。如果说宗法制度是宗法社会的基本结构，那么儒学则是将宗族关系放大到国家准则的黏合剂。信奉和接受这个宗法社会结构和儒学意识形态的士人们则是连接君王和民众的中介人和社会管理的实际操作者，也是维护和巩固封建政体的主导力量。

第三节　中华文化的特性与价值体系构成

李泽厚先生曾把中国传统文化界定为"乐感文化",并认为"乐感文化"的核心是"一个世界(人生)"观念,是整个中国文化(儒家、道家、法家、阴阳,等等)所积淀而成的情理深层结构的主要特征,即不管意识到或没意识到,自觉或非自觉,这种"一个世界"观始终是作为基础的心理结构性的存在。也就是说中国传统文化始终把眼光停留于人生的现实世界,建构人与人之间的准则,处理人与人之间的关系,以实现和谐的大同世界为目标,从不把过多的眼光移向并不存在的鬼神虚幻世界,始终把双脚牢牢地踏在人间的世俗世界中。自从孔子提出"未知生,焉知死";"未能事人,焉能事鬼";"子不语怪力乱神"开始,以儒学为主流(道家也如此)的中国传统文化逐渐形成一种对待人生、生活的积极进取精神,服从理性的清醒态度,重实用,轻思辨;重人事,轻鬼神,善于协调群体,在人事日用中保持情欲的满足与平衡,避开反理性的炽热迷狂和盲目服从……它终于成为汉民族的一种无意识的集体原型现象,构成了一种民族性的文化——心理结构。中国传统文化既然着力于建构一个人生的现实世界,那么制定人与人之间行为、关系准则就成了最重要的首选目标,这方面以孔子、孟子为代表的儒学起了奠基性和开拓性的作用,因此认识和研究孔子、孟子,探索他们两千年来已融化为中国人的思想、行为、意识、风俗、习惯的学说,看看他们给中国人留下了什么样的痕迹,给我们中国传统文化心理结构带来了什么样的长处和弱点,也是一件很有意思的事。

一、中国传统文化的伦理性和审美性

中国传统文化是一种伦理性很强的文化,它偏于反映人与人、人与社会的关系,常常以善为美,以"美善相乐"为其根本内涵。而在偏重于表现人与自然关系的变化中,则往往把自然与人的关系看作人性的、情感的、道德人格的。莲花"出污泥而不染",象征

着人品的高洁；苍松"岁寒，然后知松柏之后凋也"，象征着人的坚贞不屈的精神；梅、兰、竹、菊称为"四君子"，都寓示着人品的高洁，所以"比德说"就成为中华传统文化的一个典型的概念。

中国传统文化是一个偏于反映人与人、人与社会关系的文化，重视人的内心道德修养的完善以及人与人、人与社会之间的伦理关系是其根本内涵。孔子在建构一个人的现实世界中起到了继承性和开拓性的作用，其继承性是继承了周礼的社会秩序和规范以及血缘关系优先原则，开拓性是其以仁释礼，为外在的礼法约束找到了一个心理情感的基础。周礼是在原始巫术礼仪基础上的晚期氏族统治体系的规范化和系统化。它一方面具有上下等级、尊卑长幼等明确而严格的秩序规定，另一方面它建立在血缘关系之上而具有原始人道主义和人情味。孔子就是周礼的维护者，他一再强调自己"述而不作""吾从周""梦见周公"等就反映了他对周礼的态度。孔子的开拓性贡献就是"以仁释礼"，为这种上下有等、尊卑长幼的等级秩序找到一种心理情感基础，因为"仁者，爱人""亲亲，仁也"，就是说"仁"的基础含义应该是一种人与人之间的血缘纽带，而"孝悌"是"仁"的根本，"孝"是父母和子女之间的血缘关系，所谓的"父慈子孝"就是如此，"悌"是兄弟之间的血缘关系，就是"兄友弟恭"。那么"孝悌"就从纵横两个方面把这种等级关系建立起来，"孝"必须是"父慈子孝"而不能反过来，父母在子女面前保持了一种绝对的权威，也就是父为子纲，两者是不平等的；同样"兄友弟恭"也不能反过来，兄也保持着对弟的绝对权威，同样夫为妻纲，丈夫保持着对妻子的绝对权威，同样这就建立了严格的等级秩序。这些关系之间又以血缘关系为纽带，由血缘而产生的亲情又使得这种绝对权威蒙上一层温情脉脉的面纱，降低了威严性、恐怖性，增加了亲和感。这就建立了一种爱有差等的和睦的家庭关系，这种关系就是儒家所谓的"修身治国平天下"，也就是整个社会的和谐秩序首先必须从人的自身道德修养完善开始，只有"文质彬彬的君子"才能治国平天下，这也是孟子所说的"天下之本在国，国之本在家，家之本在身"（《孟子·离娄上》）。所以孔子强调"其身正，不令而行；其身不正，虽令不行"

(《论语·子路》)。儒家强调"修身"作为"齐家治国平天下"的根本,当然儒家强调修身是一种道德的完善,强调爱人之心,强调己所不欲,勿施于人,只有这样人本身才能成为"文质彬彬的君子",这是齐家治国平天下的根本。儒家把这种家的爱有差等的和谐关系推及治国,把父子、夫妻、兄弟之间的关系推到国家层面的君臣关系,君臣之间就是一种父子关系,两者既保持一种严格的等级关系,君为臣纲,但又要以君贤臣忠来中和这种等级关系,这样整个社会就建立一个上下左右、尊卑长幼之间的秩序、团结、互助、协调的和谐关系。在这种关系中,个人没有独立性,个人的存在必须以遵守集体的秩序为标准,否则个人就会被集体所抛弃。可以看出,无论是个人的道德修养,还是以德治家,以德治国,以德平天下,都必须是一种伦理道德的善,而这种善就是一种美。中国传统文化就是一种美善相乐的文化,是一种伦理性与审美性相结合的文化。

中国古代以儒家思想(包括道家、禅宗)为主流、主干的传统审美文化塑造了人格的道德完善,建构了人与人、人与社会、人与自然之间的伦理关系准则,从而从正面担当了中国历史的伦理、政治责任。但如果只着眼于儒家文化的伦理性,而不能注意到儒家文化的精神性,即审美性(当然这种审美性主要被道家所发挥),就不能全面了解儒家文化,从而也不能全面了解中国传统审美文化。以孔子为代表的儒家很注重仁心、政治、美学的统一,也就是说儒家很重视伦理性、政治性与审美性的统一,伦理的也就是政治的、审美的,审美的也是伦理的、政治的,三者是统一的。

儒家很重视"乐",认为只有乐才能达到"神人以和"而产生最高的快乐,反过来,做任何事情,只有达到了最高的快乐,才算达到了最高的境界。孔子说"知之者不如好之者,好之者不如乐之者"(《论语·雍也》),"兴于诗,立于礼,成于乐"(《论语·秦伯》),讲的都是这个道理。乐在孔子的思想里就与最高的境界相连而具有审美的意义,所谓:

一箪食,一瓢饮,在陋巷,人不堪其忧,回也不改其乐。

(《论语·雍也》)

子曰："饭疏食饮水，曲肱而枕之，乐亦在其中也。不义而富且贵，于我如浮云。"(《论语·述而》)这被宋明理学所大力提倡的"孔颜乐处"的"乐"才具有审美的意义，这一点在《论述·述而》"子路、曾晳、冉有、公西华侍坐"中有较充分的发挥。孔子让他的四个学生随便谈谈自己的理想抱负，但孔子所赞同的不是子路的治理千乘之国的政治功业，不是冉有的让人民都知文明礼貌的教化伟业，也不是公西华的把宗庙仪式搞得尽善尽美的专业之功，而是曾晳的暮春之游的自由境界。这种自由境界不表现为具体地做事，也不固执于要做什么事，还是一种"游玩"的境界。有意思的是孔子的着眼点应该是士人的修身、齐家、治国、平天下的伦理政治风范，而不是这种"游玩"的自由境界，但事实上孔子却认同"游玩"的审美境界，却并不赞同功名富贵的伦理政治的世俗功业。究其原因，大概孔子在周游列国、四处碰壁之后理解了建立和谐的伦理政治秩序的不易，只有融入自然，涤除各种诱惑和功名利禄之心，放飞自己的梦想，才能实现真正的人的快乐。这是以孔子为代表的儒家人格理想的最高境界，也是体现仁者的宇宙胸怀，实现天人合一的最高理想。孔子的"游玩"的自由境界是一种审美的境界，这种境界不是靠崇拜鬼神在彼岸世界中获得，而是在现实的世俗世界中，超越一切的世俗羁绊，放松自己的身心，与大自然融为一体，实现生活的审美化而获得。

老庄道家文化也是一种现实人生的文化，只不过这种人生不是儒家的伦理人生、政治人生，而是一种道的人生、虚静的人生、艺术的人生。老庄对"道"进行了虚无缥缈的、形而上的非科学的描述，认为"道"是人生的最高境界，道的人生也就是最高境界的人生，这种人生从大的方面而言就是宇宙的各安其位、各遵其序的和谐宇宙；从政治层面来讲就是"无为而无不为"的和谐政治；从社会层面而言就是"鸡犬之声相闻，老死不相往来的小国寡民"状态；从自然层面而言就是"处物而不伤于物"的和谐自然，等等。但是这种道的人生不能如孔子那样建构了让现实中的人民能够可以遵守和施行的一整套伦理政治制度，而只能是通过体道的方式从生活中加以体认感悟来把握道，以便在精神上与"道"一致，形成"道的人生观"，抱着道的生活态度，来安顿现实的生活。这方面被老庄所发展，老子对道的人生的把握，是通过思辨的方式展开，以建立由宇宙落向人生，而具有理论的、形而上的意义，庄子却紧紧抓住"技"的锻炼，在现实人生中去体认道，发现道的精神则是一种最高的艺术精神。

当然我们现在说以老庄为代表的道家的人生是一种艺术的人生、审美的人生，只是后人对其理论的概括和情感的体认。但是他们首次提出了"道"的概念以及体认道的方式，那么对"道"的概念，道家既有形而上的思辨，还有形而下的陈述。他们认为道是创造宇宙的基本动力，人是道所创造，所以道便成为人的根源性的本质；就人自身而言，他们先称为"德"，后称为"性"。从这方面来说，"道"和"艺术"没有任何的关联。但是如果不随着他们形而上的思辨，而是从他们由修养的功夫所到达的人生境界来看，则他们所用的功夫，则是一个伟大艺术家的修养功夫；他们由功夫所达到的人生境界，本无心于艺术，却不期而然地回归于今日之所谓艺术精神之上。也可以这样说，当庄子从观念上去描述他之所谓道，而我们也只从观念上去加以把握时，这道便是思辨的形而上的性格。但当庄子把它当作人生的体验而加以陈述，我们应对于这种人生体验而得到悟时，这便是彻头彻尾的艺术精神。并且对中国艺术的发展，于不识不知之中，曾经发生了某种程度的影响。① 也就是说，庄子的道并不一定专门指向艺术，但从修养功夫所达到的人生境界却契合了道的精神，而修养功夫本身的活动也契合了艺术活动。庄子在《庄子》一书中举了很多这方面的例子：例如庖丁解牛、梓庆造鐻、佝偻承蜩等，在这些例子中有一个共同的特点，那就是由"技"的锻炼到"道"的升华转变。如庖丁经过三年的解牛（技的锻炼，）终于在三年之后游刃有余地解牛并获得艺术的享

---

① 徐复观：《中国艺术精神》，华东师范大学出版社2001年版，第30页。

受。那么如何在技的锻炼过程中升华为道,从庖丁解牛来看,经过三年艰苦的解牛锻炼,庖丁再解牛的时候"未尝见全牛",说明此时的他与牛的对立消失了,即是心与物对立的消解。不仅如此,此时的庖丁"以身遇而不以目视,官知止而神欲行",说明他的手与心的距离也消失了,技术对心的制约也消解了。于是庖丁的解牛就成了他的无所羁绊的纯粹的精神性游戏,他的精神由此得到了由技术的解放而来的自由感与充实感。可见,庖丁解牛的例子是庄子把道的精神落实到现实人生,在人生中实现的一个情境,也正是艺术精神在人生中具体呈现的情境。

如何把握庄子的艺术人生呢?庄子认为只能靠"心斋"与"坐忘"的精神自由活动。所谓"心斋"就是"无听之以耳,而听之以心。无听之以心,而听之以气。听止于耳,心止于符。气也者,虚而待物者也。唯道集虚。虚也者,心斋也"《庄子·人间世》。所谓"坐忘"就是"堕肢体,黜聪明,离形去知,同于大通,此谓坐忘"(《庄子·大宗师》)。也就是说"心斋"与"坐忘"就是"无己"和"丧我",就是要排除一切生理所带来的欲望,使心不受欲望的奴役,使心从欲望的要挟中解放出来,达到一种精神的逍遥游。因此,体认道的精神自由活动,实际上就是一种美的历程的观照,这种道的人生也就是一种审美的人生、艺术的人生。

二、中国传统文化的世间性与超越性

中国传统文化不光具有伦理性和审美性,还具有世间性和超越性。我们上面论述的中国传统文化始终把眼光停留在人间,建构人与人、人与社会、人与自然之间的关系准则,就具有极强的世间性。它更重视人际关系,人世情感,极力以此际人生为目标,不力求来世的幸福,不希求神灵的拯救。而所谓"此际人生"不是指一个人的人生,而是一个群体——自家庭、国家、天下的人类,对于相信神灵世界的平民百姓来说,那个鬼神世界、虚幻空间也是属于人生世界的一部分。它是为了人类的生存而存在的,人们为了自己的生活安宁、消灾祛病、求子祈福而求神拜佛,请神占卜。

由于人们关注与人间现实,人们便重视人际关系,人世情感,感伤于生死无常,把生的意义寄托和归宿在人间,"于有限中见无限","既入世而求超脱",所以人们就更加强调自强不息,韧性奋斗,"知其不可为而为之""岁寒,然后知松柏之后凋也",也赋予自然以更强的情感肯定色彩:"天地之大德曰生""生生之谓易""天行健""厚德载物"……用这种积极的情感肯定色彩来支持人生生存。由于强调世间性,所以中国文化很注重实际效用而轻遐思、幻想;重兼容并包(有用、有理便接受)轻情感狂热(不执着于某一情绪、信仰或理念)。因此中国人很重视现实的实际效用,一切兼容并包都以满足自己的实际效用为目的。例如,中国人也信仰鬼神,但只是在自己大难临头、灾祸频频出现时才不得已求神拜佛,等到灾祸过去,大难消失,神、佛又被弃置一边,不闻不问。中国人也有宗教信仰,但是中国人的宗教信仰必须始终和现实人生紧密联系,一方面佛教、道教、基督教、伊斯兰教都能在中国存在,但这些宗教必须以不危及传统的王权为目标,否则会遭到王权的禁锢和压迫,历史上就曾出现过"三武灭佛"事件,就是一个明显的例证。另外,这些宗教要在中国的现实土壤中生根、发芽、开花、结果,除了遵守王权,受王权约束之外,还要适应中国传统文化的现实精神,以满足中国人的现实需要。

中国传统文化不仅固守于现实的伦理政治,注重世间性的现实功用,还具有超越性,具有宗教的功能。李泽厚先生认为,"儒学不重奇迹、神秘,却并不排斥宗教信仰……它本身不是'处世格言'、'普通常识',而具有'终极关怀'的宗教品格。它执着追求人生意义,有对超道德、伦理的'天地境界'的体认、追求和启悟。从而在现实生活中,儒学的这种品德和功能,可以成为人们(个体)安身立命、精神皈依的归宿。它是没有人格神、没有魔法、奇迹的半宗教"。李泽厚先生对中国传统文化的超越性把握得很到位,他认为以儒学为主流的中国传统文化的超越性不在虚幻的彼岸世界,而在现实的世间性。儒学的这种宗教性不是以人格性的上帝来管辖人的心灵,而主要通过以伦理—自然秩序为根本支柱构成意识形态和政教体制,来管辖人的身心活动。其特征之一便是将宗教性道德与社会性道德融成一体，形成中国式的"政教合一"，并提高到宇宙论（阴阳五行）或本体论（心性）的哲理高度来作为信仰。

儒学的这种信仰不是让现实世界的人们信奉彼岸世界的人格性的上帝，而是以伦理道德作为个人内心的信仰、修养和情感，与作为社会外在行为、准则和制度融合为一体的人作为人们的崇拜对象和榜样来影响整个社会人们的信仰和关系、行为准则，因此"自天子以至庶人，一是修身为本"和"其身正，不令而行，其身不正，虽令不从"一直成为中国人信仰和遵从的标准。因此儒家崇拜的不是彼岸世界的人格性的上帝，而是现实世界的祖先，祖先的品德、功业等为后辈子孙所崇拜、所敬仰，而这些品德、功业是在现实的世间性中获得的，不是在彼岸的世界靠人们的幻想的人格神来获得。因此，中国人没有人格神，没有魔法，而只有现实中过世的祖先，或者是圣人先王的神秘化，就是有些靠人们幻想的神秘化的奇迹发生，那也是为了现实的实用目的。

儒学的个人内心的修养（内圣）可以在山水优游之中、林中漫步之时成为个体对生活意义和人生境界的追求，从而成为宗教、哲学、艺术的创造，在此之中实现天人合一的境界，实现对现实的超越。儒学的社会性的外在行为（外王）重视人际关系、群体和谐、社会理想以及情理统一，用教育感化、协商解决等方法来开辟某种未来性的途径，以实现和谐大同的未来社会愿景，从而给人一种前进的动力和对现实的不满的超越。

三、中国传统文化的社会价值体系构成

社会价值体系是一个社会的内在精神和生命之魂，所谓价值体系就是主体以其需求为基础，对主客体之间的价值关系进行整合而形成的观念形态，集中体现主体的愿望、要求、理想、需要、利益等。每个社会出于自己的需要，都在建构自己的核心价值体系。中国传统封建社会的核心价值体系就是以儒家为主流的文化价值观念，具体地说就是礼、义、廉、耻的儒家礼教思想，实际上就是中国传统中和文化与和谐原则。它是古代中国的世界观和方法论，也

是整个中国古代人传统的心理模式和思维模式。表现在道德观念上,"和"就是善,中和、中庸主要表现为伦理学的原则,不偏不倚,执两用中,就是善;表现在哲学认识论上"和"就是真,认识事物要看到两个方面,要全面观察和认识,这样才能把握到真,否则就是"偏伤之患";从思维形式上看,强调理性又不脱离感性,一方面表现为经验的直观,另一方面表现为顿悟的理性,是一种混沌的总体的直观把握,而缺乏分解和分析;表现在生物学和医学上,"和"就是生命和健康,《国语》中说:"和实生物,同则不继。"古代医学把阴阳、虚实的失调看作疾病的起因,用药治病就是调节人体的阴阳、虚实,使之恢复平衡;表现在社会上"和"是君子,是完人。"文质彬彬,然后君子",人的生理与心理、心理与伦理、内在与外在、个体与群体都达到了和谐的高度统一,是古代人追求的理想。儒家所赞同的"大同"世界,就是一个高度理想化的和谐社会,不过不是小人的单一的同,而是包含着对立的大同。

  进入新时期,自党中央提出建立社会主义和谐社会以来,构建社会主义和谐社会的核心价值体系就成为社会主义和谐社会的内在生命和生命之魂。当然社会主义和谐社会的价值体系要以马克思主义为指导,是社会主义和谐社会的意识形态的灵魂,要以建设有中国特色的社会主义和谐社会为共同理想,要以爱国主义为社会主义和谐社会的民族精神和改革创新为时代精神,以"八荣八耻"为主要内容的社会主义荣誉观。当然这四个方面缺一不可,而和谐文化是和谐社会的一个有机组成部分,它要建构社会主义和谐社会中人的思想、观念、理想、目标等,因此我们要在继承中国传统和谐文化的基础上,吸取传统文化的有意义的成分,来培养我们当代人的现代和谐观念,为建设社会主义和谐社会贡献力量。

第二章　西方传统审美文化的核心观念与审美理想

第一节　西方的形式主义与和谐美原则

一、西方和谐美的内涵及其发展演变

上面我们已经详细论述了中国古代的审美文化精神内核是中和主义和中和美原则，不仅知道了"中和美"的主要内涵是反映了人与自然、社会之间宏观的整体的协调关系，以"天人合一"作为其文化背景、哲学依据与美学理想，而且还了解了中国古代的"中和美"主要侧重于社会、强调美与善的统一，主张"诗言志""礼乐相成""温柔敦厚"等。相较于中国的中和主义与中和美原则，西方古代的审美文化精神内核应该是形式主义与和谐美原则。这主要滥觞于古希腊罗马时代人们对物质形式的哲学探讨。毕达哥拉斯学派最早探讨了西方的和谐美思想。他们在研究音乐时发现"音乐是对立因素的和谐与统一，把杂多导致统一，把不协调导致协调"①。他们又推而广之，拟出了十个对立面作为基始：有限/无限、奇/偶、一/多、右/左、阳/阴、静/动、直/曲、明/暗、善/恶、正方/长方。从这些杂多统一、对立统一的根本来看是数。十始基中，奇、偶，一、多，直、曲，正方、长方都明显是数的问题。就是这些因素里面没有明显涉及数的，其实也与数有关，比如

---

①　北京大学哲学系编：《西方美学家论美和美感》，商务印书馆1980年版，第14页。

有限、无限，像 0.3333……就是无限，而用 1/3 来表示，就成了有限的数了。可见，对立的统一，杂多的统一，其本质就在于数的和谐，因此这种统一是一种外在的统一，形式的统一。这种和谐与中国的和谐有异曲同工之妙。虽然在毕达哥拉斯看来，也是一种内在的统一，内容的统一，但是由于后来赫拉克利特的理论取得了优势，因此，毕达哥拉斯的和谐观念就只是外在形式上受到推崇。

赫拉克利特的和谐理论对毕达哥拉斯的理论有所继承，他说，绘画的和谐在于白、黑、黄、红不同色彩的配合，音乐的和谐在于不同音调的高音、低音、长音、短音的配合，音韵的和谐在于元音与辅音的配合，这些艺术和谐在于模仿自然。"自然是由联合对立物造成最初的和谐，而不是由联合同类的东西。"① 这显然就是毕达哥拉斯的思想，也是中国的"和实生物，同则不继"的思想。但是，赫拉克利特对和谐的基本原则却作了全新的解释。他说："互相排斥的东西结合在一起，不同的音调造成了最美的和谐；一切都是斗争所产生的。"② 对立—斗争—和谐，这就是赫拉克利特的公式。毕达哥拉斯曾把世界的本原看成数，和谐是建立在数的和谐基础之上，因此他的和谐是和平的、静态的。赫拉克利特把世界的本原看成火，而火是动态的、运动的，因此，他的和谐是冲突的、动态的，"火产生了一切，一切都复归于火，一切都服从命运，一切都为对立过程所宰制"③。"在对立物中，引起世界变化的，是所谓战争与冲突。"④ "应当知道，战争是普遍的，正义就

---

① 北京大学哲学系编：《西方美学家论美和美感》，商务印书馆 1980 年版，第 15 页。
② 北京大学哲学系编：《西方美学家论美和美感》，商务印书馆 1980 年版，第 15 页。
③ 北京大学哲学系编：《古希腊罗马哲学》，商务印书馆 1980 年版，第 15 页。
④ 周辅成编：《西方伦理学名著选辑》上卷，商务印书馆 1964 年版，第 10 页。

是斗争，一切都是通过斗争和必然性而产生的。"① 数是静态的、空间性的东西，火是变化的、时间性的东西，数的和谐体现了一种空间静穆理想，火的和谐反映了一种时间的变化趋向。赫拉克利特在西方文化上第一次提出了"一切皆流，无物常住"② 的辩证发展思想。他说："同一事物既存在又不存在。"③ 又说："人不能两次踏进同一条河流。"④ 还说："太阳每天都是新的。"⑤ 可见，和谐就是对立面之间的斗争，这是与中国文化"对立而又不相抗"的和谐观完全不同的具有西方特色的和谐观。着眼于对立不相抗和空间和谐，中国文化是五行协调和保存，着眼于对立面的斗争和时间和谐，赫拉克利特强调的是斗争、否定和新生。他说："火生于土之死，气生于火之死，水生于气之死，土生于水之死。"⑥ 虽然在古典圆形宇宙的背景里，他的发展变化也是循环的，"上升的路和下降的路是同一条路"⑦，"土死生水，水死生气，气死生火；反过来也一样"⑧。然而，他强调了否定—前进这一西方文化的根本特色。

毕达哥拉斯的和谐、数的比例，是一种外在形式的和谐，赫拉

---

① 北京大学哲学系编：《古希腊罗马哲学》，商务印书馆1980年版，第26页。

② 北京大学哲学系编：《古希腊罗马哲学》，商务印书馆1980年版，第17页。

③ 北京大学哲学系编：《古希腊罗马哲学》，商务印书馆1980年版，第17页。

④ 北京大学哲学系编：《古希腊罗马哲学》，商务印书馆1980年版，第27页。

⑤ 北京大学哲学系编：《古希腊罗马哲学》，商务印书馆1980年版，第19页。

⑥ 北京大学哲学系编：《古希腊罗马哲学》，商务印书馆1980年版，第26页。

⑦ 北京大学哲学系编：《古希腊罗马哲学》，商务印书馆1980年版，第24页。

⑧ 北京大学哲学系编：《古希腊罗马哲学》，商务印书馆1980年版，第26页。

克利特的和谐、对立面的斗争，是内在内容的和谐，二者的统一就构成了西方和谐的根本精神。亚里士多德曾经给美下过这样一个定义："一个美的事物——一个活东西或一个由某些部分组成之物——不但它的各部分应有一定的安排，而且它的体积也该有一定的大小；因为美要倚靠体积与安排，一个非常小的活东西不能美，因为我们的观察处于一个不可感知的时间内，以致模糊不清；一个非常大的活东西，例如一个一千里长的活东西，也不能美，因为不能一览而尽，看不出它的整一性……"① 看来，这是指形体的和谐，它的原则是大小得体、合适得当。罗马作家西塞罗也认为："美是物体各部分的适当比例，加上悦目的颜色。"② 这里所"加上"的是颜色的和谐，它的准则是明暗适度。

由此可见，西方古代审美文化十分重视审美对象在声音、形体、颜色等物理属性上的和谐，并从中得出了整一、适度、多样性统一等形式美的规律。

二、西方古代和谐文化的特征

（1）古希腊时代的"和谐美"主要侧重于微观的个体自身，以具体的物质形式的对称、比例、秩序为其特征，以毕达哥拉斯作为世界本原的"数"作为其哲学依据。

毕达哥拉斯学派的哲学观认为，数是一切事物的本质，整个自然界就是和谐的数。在他们看来，宇宙就是各种数量关系的和谐系统。在自然界，所有能够被人类认识的事物都与数有关。

据资料记载，毕达哥拉斯在路过一个铁匠铺时，被铁锤击砧的声音的和谐所吸引，经过仔细观察揣摩，他发现了声音的不同源于铁锤重量的不同，即音的长短与铁锤的重量成一定的比例关系。他把这一思考放到琴弦做实验，又发现：琴弦越长，声音就越悠扬；

---

① 亚里士多德著，罗念生译：《诗学》，人民出版社1962年版，第25~26页。

② 北京大学哲学系编：《西方美学家论美和美感》，商务印书馆1980年版，第56页。

震动的速度越快，声音就越高大。于是，他悟出了音乐的基本原理就是一种数量关系：音乐是由不同的音调（长短、轻重和高低等）按照一定的数量比例所组成，音乐就是一种音程与弦的频率的关系。这大概就是最早的音程学原理。

毕达哥拉斯学派把这一发现运用到对于雕刻、建筑等艺术的认识中去，认为艺术所展示的美也体现了一种合理的或理想的数量关系，美的本质就是和谐，即，"美是一定数量关系的和谐"。美在于"各部分之间的对称"和"适当的比例"，他们将和谐原则应用于研究艺术对人的影响，认为人的生命也是一种和谐，它与外界的和谐形成一种感应，同声相应、同气相求，就产生了快感，所以，人才爱美、欣赏艺术。同时毕达哥拉斯学派进一步认为，整个自然界，乃至整个宇宙都展示了数的和谐。他们认为，宇宙间的各个天体的组合也体现着数的和谐，各个天体间的距离有一定的数的比例，天体运行的快慢有一定的数的比率，如太阳与地球的距离是地球与月亮的距离的2倍，金星则是3倍，水星是4倍。他们认为，整个宇宙就构成了数的和谐，因此，天体和宇宙都产生于数。

毕达哥拉斯学派用数量比例所构成的和谐来思考宇宙和宇宙间的天体运动，这就使得他们关于宇宙的思考具有了美学的意味。

西方文化的和谐是强调部分（个体），以部分（个体）的实体性来形成整体的和谐。毕达哥拉斯派雕刻家波里克勒早就说过：艺术作品的成功要依靠许多数的关系，而任何一个细节都是有意义的。比如达·芬奇的著名绘画《最后的晚餐》，在画面中为了突出耶稣的形象，画家就把耶稣置于画面正中，两边各有六个他的门徒相对而立，这样就形成了以耶稣为中心，以十二门徒对称分布的一个和谐、对称的画面，为了突出耶稣的高大形象，画家用耶稣身后的窗户和仿佛以他为中心而散开的天花板的放射线条，从视角上给人以比他本身实体更高大的感受。拉斐尔的名画《柏拉图学院》要突出柏拉图和亚里士多德的形象也是采用的这一手法。为了不损害任何个体的实体性而达到整体的和谐，西方画家寻找着各种最美的人体姿势，表现各种意蕴的明暗手段，适于各种情欲的构图方式。重实体和形式、重光线和色彩、重比例和构图、重实在和力的样式……正是西方和谐由个体形成整体的艺术表现。

（2）受西方古代重分析的科学主义理性分析传统的影响，西方古代的"和谐美"侧重的是客观自然，强调美与真的统一，主张"模仿说""必然律"等。

西方古代文化一直重视科学的分析，期望从众多的现象中发现事物的本质。众所周知，毕达哥拉斯学派是以毕达哥拉斯为首的一些数学家、天文、物理学家组成的带有神秘色彩的哲学、宗教、政治宗派。毕达哥拉斯的基本哲学观念是宇宙万物的本源是"数"。因为万物都能用数去计算，所以认识世界就是认识支配世界的"数"。他认为数的原则是一切事物的原则，整个天体就体现着一种数的和谐。

从这个基本观点出发，毕达哥拉斯学派研究了艺术和美学。他们从数量比例关系上着力探寻艺术的形式美，得出"美是和谐统一"这一结论。

他们研究音乐，指出音乐的节奏及音调的高低是由一定的数量关系组成的，根据高低强弱的音调又将音乐分成刚柔两种风格，认为不同的音乐风格可以在听众中引起不同心理反应和性格变化，因此对人有不同的感染作用。

受毕达哥拉斯学派美在于一种"数的和谐"关系启发，柏拉图认为美的本质不是超验的"数"，而是一种"理念"。柏拉图认为，美分为美的现象和美的本质两部分，美的现象就是"美的事物"，它们是相对的、变化不居的，只有其背后的"美本身"才是绝对的、永恒不变的。他又认为，这个抽象的"美本身"不是从具体的"美的事物"中概括出来的，恰恰相反，具体的"美的事物"只是由于"分有"了这个"美本身"才会显得美。"美本身"就是一种理念。到了古罗马的新柏拉图主义者普罗提诺，他不仅继承了柏拉图的"理念论"，而且把最高的"理念"说成了"太一"，是"万物之父"。"太一"既然是万物之父，也毫无例外的是美之源泉。"因为任何一件美的东西都是后于它的，都是从它派生出来的，就像日光从太阳派生出来的一样"①。可见，普罗提诺的"太一"要比柏拉图的"理念"具有更大的能动性和创造性，但它还不是一种人造神。到了中世纪的奥古斯丁那里，他就把柏拉图的"理念"和普罗提诺的"太一"上升为唯一的神——上帝，他说："如果问我们在宗教上所信仰的是什么，那么，我们不必如希腊人所说的物理学家那样考问事物的本性；我们也无需唯恐基督教不知道自然界各种原素的力量和数目——诸如天体的进行，秩序及其亏蚀；天空的形状；动、植、山、川、泉、石的种类与本性；时间及空间的意义；风暴来临的预兆；以及哲学家所发现或以为发现了的其他千万事物……我们基督徒，不必追求别的，只要无论是天上的或地上的、能见的或不能见的一切物体，都是因创造主（他是唯一神）的仁慈而受造，那就够了。宇宙间除了上帝以外，没有任何存在者不是由上帝那里得到存在。"② 这样一来，美的本质问题便从形而上学的一个组成部分彻底变成了神学的附庸品。从而美的事物之所以美，不再是由于数目的体现，不再是由于理念的分有，也不再是由于太一的流溢，而是上帝一手创造的结果。

从毕达哥拉斯学派滥觞的从众多现象中力求寻找本原性的物质开始，西方的哲学家乐此不疲地从自然界中寻找事物的本原，像泰勒斯的"水"、阿那克西美尼的"气"、赫拉克利特的"火"、德谟克利特的"原子"等。这种自然哲学的探究实际上是西方人在人与自然关系上的一种探究，是西方文化在和谐美的原则上侧重客观自然，并从万千的自然现象中探究客观自然的本质（真），强调的是美与真的统一。

鉴于西方古代文化侧重内在本质的科学探究，西方艺术在创作上也一直重视认识论范畴的"再现论"，创作过程成为物质对象的"再现"，即是对于对象的"摹仿"。柏拉图首次提出了"镜子

---

① 《九章集》，《西方哲学原著选读》上卷，商务印书馆1985年版，第215页。

② 《教义手册》，《西方哲学原著选读》上册，商务印书馆1985年版，第219页。

说",同时柏拉图也同亚里士多德与贺拉斯一样坚持艺术创作的"摹仿说"。这就是柏拉图在《理想国》卷十中著名的关于"床"的理论,即所谓艺术世界是"摹本的摹本""影子的影子"。由此可以断言,古希腊的艺术创作论总体上是在认识论的范围之内。

(3) 西方的和谐美主张人类对自然与社会持一种对立的态度,主体与客体、感性与理性分离,二元对立。

这种思想一直影响到西方的文化发展,如在亚里士多德的悲剧理论中,一方面要求整一的形式,头、身、尾构成一个和谐整体,另一方面是悲剧主人公的反抗、争斗和毁灭。当然悲剧的根本特征是主人公的毁灭。在基督教文化里,基督教《圣经》中上帝创造了人,又造出伊甸园,然后又将人逐出伊甸园。人在自然中生活,自然作为人的对立面存在,以各种灾难作为上帝对人的惩罚。这种观念一直影响到现在。近代社会,霍布斯也是用对立面的斗争来论述社会的和谐:最初人与人像狼一样,然后在相互的斗争中,人与人之间形成明确的个人权利和义务的社会契约。达尔文用对立面的斗争来论述自然界的和谐:物竞天择,适者生存。在黑格尔那里,对立面的斗争是宇宙发展的根本规律,肯定、否定、否定之否定,正、反、合,这就是宇宙发展所发出的和谐的脚步声。现代,法兰克福学派最根本的方法论就是:否定的辩证法。

第二节 和谐文化理想在西方美学中的表现

和谐是中西方古代审美文化都追求的审美理想,但是因为中西和谐的侧重点不同,因此中西和谐在美学上的表现也不同。

一、西方和谐文化主要是一种物理和谐

西方的和谐美在理论形态上非常侧重物体物理上的和谐属性,即非常注重一种具体事物外在的形式和谐,即所谓事物的秩序、整一、对称、比例、黄金分割等规律,而这种规律又是以"数"的和谐为基础的。古希腊一开始对世界的看法与世界上其他文化一样都是以神灵观念来看待世界的。但自从古希腊第一位哲学家兼自然

科学家泰勒斯把宇宙的本原归于一种物质——水的时候，标志着古希腊文化对世界的理性化与实体化的开始。而当毕达哥拉斯学派把宇宙的本原归结为数的时候，则标志着西方文化对世界的形式化的开始。在毕达哥拉斯看来，事物的本质是一种数量关系。长短、粗细可以数量化，冷热、曲直、明暗也可以数量化，数形成对称、均衡、节奏，形成美。音乐的美就是靠音程之间的数量关系，人体的美靠人体各部分的比例。数既是事物的本质，又是从外面可以看到的，而且能明晰地加以计算，给予形式化。当艺术家按照美的比例塑造雕塑的时候，既给了石头一个外形，又给了一个本质。正是在这种氛围中，亚里士多德认为：形式就是本体。形式就是事物明晰的可分性，首先是各部分自身的大小，所谓数；然后是各部分之间的尺度关系，所谓比例；最后，各部分大小和相互比例构成完美和谐的整体，所谓秩序、安排。正是这种形式构成了人们对事物本质的认识，它既是形式，又是内容，是形式和内容的契合无间。形式决定着古希腊哲学的理论结构（柏拉图的理念体系和亚里士多德的逻辑体系），决定着理想的国家结构和心理中实体性的知、情、意结构，同时也是美和艺术的本质。亚里士多德曾认为美是这样的：''一个美的事物——一个活东西或一个由某些部分组成之物——不但它的各部分应有一定的安排，而且它的体积也该有一定的大小；因为美要倚靠体积与安排，一个非常小的活东西不能美，因为我们的观察处于一个不可感知的时间内，以致模糊不清；一个非常大的活东西，例如一个一千里长的活东西，也不能美，因为不能一览而尽，看不出它的整一性……''[1] 看来，这是指形体的和谐，它的原则是大小得体、合适得当。罗马作家西塞罗也认为：''美是物体各部分的适当比例，加上悦目的颜色。''[2] 这里所"加上"的是颜色的和谐，它的准则是明暗适度。这样看来，西方传

---

[1] 亚里士多德著，罗念生译：《诗学》，人民出版社1962年版，第25~26页。

[2] 北京大学哲学系编：《西方美学家论美和美感》，商务印书馆1980年版，第56页。

统的美和艺术就是理想与形式的和谐统一，即就其本身来说，理想已在形式中，形已不纯。比如古希腊的雕塑、绘画、建筑等艺术就是形式与理想的统一。像《掷铁饼者》《维纳斯》等古希腊雕塑都是典型的三角形造型，可以说，美的形式法则集中体现在古希腊最有代表性的艺术门类——雕塑中。古希腊雕塑以人体——符合美的尺度比例的人体，代表了古希腊文化的审美标准和审美理想。人是一个小宇宙，人的秘密包含着宇宙的秘密，和谐的人体体现了宇宙的和谐。雕刻家波里克利特在其著作《论法规》中，以雕塑"持矛者"为典范，定出了人体一切方面的比例对称关系。建筑也"必须按照人体各部分的式样制定严格的比例"①。古罗马著名建筑师维特鲁威记载了一则古希腊故事，"说多立克柱式是仿男体的，爱奥尼亚柱式是仿女体的"②。毕达哥拉斯谈音乐，感叹其数学的惊人一致。亚里士多德论戏剧，要求必须是有头有身有尾的有机整体，符合美的尺度比例。

外观之美在于数的比例和秩序，形式不仅是外观，还是有着数的比例和秩序的外观。由此产生形式的另一含义，形式是事物诸部分的安排。在这一含义中，形式已由外向内挺进了。数的原则毫无例外地体现在一切美的事物中，形式由于数成为美的普遍法则，数也因形式而获得美的光辉。数是美学由外而内、由具体而抽象的中介。由于数，几何形、三角形、圆形是美的，纯粹的直线、曲线也是美的。形式作为数却可以有"一条简单的曲线美，一件平面模塑的美，或一个单独的色彩或乐音的美"③。在美的内化和抽象化的方向中，柏拉图提出美在于理式，也是形式的数的原则的一种自然延伸，而且理式也带有浓厚的形式色彩。由于数，一切都是美的。艺术是美的，数学的线与形是美的，政治、制度、工艺也是美的。"一个政治整体中的一个成员可以同一座雕像的面部的一部分

---

① 陈志华：《外国建筑史》，中国建筑工业出版社1979年版，第29页。
② 陈志华：《外国建筑史》，中国建筑工业出版社1979年版，第28页。
③ 鲍桑葵著，刘超译：《美学史》，商务印书馆1985年版，第53页。

拿来比较。"① 道德也是美的，"善的原则还原为美的法则，因为分寸和比例总要转化为美和优美"②。总之，形式不是随便什么尺度，而是美的尺度比例。艺术家创造艺术品，是给质料以形式，工匠制作产品，也是赋形式于质料，公民制定法律，是给城邦社会以形式……因此形式又引申为事物的感念性本质。形式作为美统治了整个古希腊文化，连灿烂的星空也以点、线、面的形式闪耀着美感的光辉。

美在于形式更多地在于事物的美的物理属性，给人的也是一种物理和谐。

二、西方和谐文化主要是侧重于一种"人神之和"的文化，带有一种超验性

中国传统审美文化是一种宗法文化，主要侧重人人之和，这在上章已有详述。而西方传统审美文化是一种宗教文化，主要侧重"人神之和"。众所周知，毕达哥拉斯学派对音乐的研究似乎具有科学的实证意义。事实上，他们最早发现了发音体数量上的差别（长短、粗细、厚薄等）与音高之间的比例关系。然而他们这样做的目的，却不是为了满足感官的需要，而是为了超验的目的。也就是说，他们要在这些和谐悦耳的声音背后找到一个可供信仰的终极实体——数。正如英国学者吉尔伯特和库恩在《美学史》中所分析的那样，"数把整个世界变成了世界所是的那种东西，又把世界上的每一个对象变成了它们所是的那种个别本质；数促进了人的得救和他们对周围事物的理性认识。在艺术家的意识上，悬着永恒的智慧之数。美以及存在本身的本质，就是数。这样一来，美是形式的和谐的定义，也成就了宇宙学、宗教实践以及人类思维的原则"③。同毕达哥拉斯一样，赫拉克利特一方面分析了音调本身的

---

① 鲍桑葵著，刘超译：《美学史》，商务印书馆1985年版，第51页。
② 鲍桑葵著，刘超译：《美学史》，商务印书馆1985年版，第46页。
③ 转引自《美学译文》第1辑，中国社会科学出版社1980年版，第183页。

和谐及其规律,一方面又明确指出:"看不见的和谐比看得见的和谐更好。"① 这样一来,和谐的审美理想便通过经验的审美对象而指向了超验的彼岸世界,从而具有了形而上学的意义。

亚里士多德对和谐之美的论述也具有超验的意义。众所周知,亚里士多德之所以将美规定为一个有机体、一个"活东西",是与其哲学目的论紧密相连的。在他看来,"自然是一种原因,一种为了一个目的而活动的原因"②。因此,在"第一推动者"直接或间接地推动下,只有作为这原因之结果的有机体,才可能成为审美对象。所以,在亚里士多德所规定的经验形式之外,也还是有一些超验的内容在起作用,尽管美直接地表现为这种经验形式的和谐与整一。

到了普罗提诺那里,他把亚里士多德的"第一推动者"改造成了"理式""太一",从而向宗教神学过渡了。普罗提诺认为:"凡是无形式而注定要取得一种形式和理式的东西,在还没有取得一种理性或形式时,对于神圣的理性还是丑的、异己的。这就是绝对丑。此外,凡是物体还没有完全由理式赋予形式,因而还没有由一种形式或理性统辖着的东西也是丑的。等到理式来到一件东西上面,把这件东西的各部分加以组织安排,化为一种凝聚的整体,在这过程中就创造出整一体,因为理式本身是整一的,而由理式赋予形式的东西也必须在由许多部分组成的那一类事物所可允许的范围内,变为整一的。一件东西既化为整一体了,美就安坐在那件东西上面,就使那东西各部分和全体都美。③ 说得通俗一点,"感官可以察觉到的和谐是由感官察觉不到的那些和谐音调形成的;通过那些感官觉察不到的和谐音调,心灵才能见出音调的美,因为它们把

---

① 北京大学哲学系编:《古希腊罗马哲学》,商务印书馆1980年版,第23页。

② 《物理学》,《西方哲学原著选读》上卷,商务印书馆1985年版,第149页。

③ 《九卷书》,北京大学哲学系编:《西方美学家论美和美感》,商务印书馆1980年版,第54页。

同一性带到一个和心灵不同的领域里"①。这个"和心灵不同的领域"就是神圣的"上帝之邦"。于是,古希腊超验的和谐理想最终便在中世纪的基督教神学之中找到了归宿。

奥古斯丁早年也曾宣扬毕达哥拉斯关于美在事物的整一、和谐的理想,并就审美对象的形式问题写下了题为"论美与适合"的专门论著。他对自己过去所钟情的那些物理形式产生了一些看法,他认为那些物理形式只不过是造物主投在人间的一些模糊影子,只是一种低级的、有限的美,不可能同上帝的"整一"这种高级的、无限的美相比拟。不仅如此,他还声称只有当灵魂受到宗教的洗涤与净化之后,才可能透过物体的和谐直观上帝的和谐,从而在精神上与上帝融为一体。由此可以看出,这种最高的审美理想,就是人与神的和谐统一。

托马斯·阿奎那认为美的理想是对象的形式要素,并明确指出:"美有三个要素:第一是一种完整或完美,凡是不完整的东西就是丑的;其次是适当的比例或和谐;第三是鲜明,所以鲜明的颜色是公认为美的。"② 然而在后一种意义上,他又认为"神是一切事物的协调和鲜明的原因"③。上帝一方面以潜在的方式将灵魂与知识放入人心,另一方面又通过外物发射出种种"意象"或"形态"来启发人心。于是人见到和谐与鲜明的事物便会产生情感上的共鸣,并通过这种共鸣来实现人对神的皈依。

这种将"和谐"归功于上帝的思想直至近代社会仍有一定的影响,例如莱布尼茨就认为,包括审美感受在内的人的普遍观念并非来自经验,而是先天的,是由作为精神实体的"单子"构成的,各个独立的、封闭的单子之间是不能相互作用的,但上帝在创造每一个单子时就已预先进行了必要的安排,从而造成一种"预定的

---

① 《九卷书》,北京大学哲学系编:《西方美学家论美和美感》,商务印书馆1980年版,第55页。

② 《神学大全》,北京大学哲学系编:《西方美学家论美和美感》,商务印书馆1980年版,第65页。

③ 《圣托马斯哲学文选》,北京大学哲学系编:《西方美学家论美和美感》,商务印书馆1980年版,第66页。

和谐",使每个单子既能独立运动,又能自然而然地与其他单子的变化发展和谐一致。这样,整个宇宙就好像一个庞大的乐队,每个乐器都按照上帝预先谱好的乐曲演奏各自的旋律,各种旋律混合在一起便构成了一首完美和谐的交响乐。用他的话来说,"上帝在事实上所已经选用来创造这个世界的办法,乃是最完美的一种"①。毫无疑问,上帝是美的最高理想,是和谐的缔造者。

鉴于以上论述,我们可以得出:西方古代关于"和谐"的审美理想,共包括表里不同的两个层次。表层的和谐是指可以被感觉器官所直接把握的审美对象、物质形态,即所谓"鲜明""整一""多样性统一"等形式特征;里层的和谐则是指感觉器官所无法直接把握的审美对象的精神内容,即所谓"数""理念""第一推动者"乃至"上帝"等超验的宇宙实体。从表层的和谐到里层的和谐,即由经验的对象到超验的实体,这中间有着一个虚幻的精神飞跃。然而在古代的西方人看来,只有完成了这一精神飞跃,才可能真正达到美的理想境界,这一境界便是"人神之和"。

---

① 《形而上学序论》,台湾"商务印书馆"1979年版,第13页。

第三章 建筑的心理和谐
——中国传统建筑的总法则

第一节 儒家的礼乐文化在中国传统建筑中的凸显

中国传统文化是以占人口绝大多数的汉族文化为代表的。从春秋战国的百家争鸣开始，中华民族的文化无论九流百家，礼乐刑政，都是在摆脱原始巫术宗教观念的基础上，建立了一种承认人的认识能力，调动人的心理功能，规范人的道德情操和维系人的相互关系的人本主义文化。这主要表现在以孔子为代表的儒家学说和以庄子为代表的道家学派。正如李泽厚指出的"儒家把传统礼制归结和建立在亲子之爱这种普遍而又日常的心理基础和原则之上，把一种本来没有多少道理可讲的礼仪制度予以实践理性的心理学解释，从而也就把原来是外在的强制性的规范，改变而为主动性的内在欲求，把礼乐服务和服从于神，变为服务和服从于人"，① 而道家，避弃现世，但却不否定生命，追求个体的绝对自由，在对待人生的审美态度上充满了感情的色彩，因而，它以补充、加深儒家文化而与儒家文化共存，形成了历史上"儒道互补"的文化现象。正是这一文化现象，才使一切艺术——美，都是以探讨现实的伦理价值而不是以追求痴狂的宗教情绪或虚幻的心灵净化为主题。"这种清醒的、实践的理性主义，不是排斥人的情感，而是要求情理相依；不是否定美的形式，而是顺理成章。因此，善与美，艺术与典

---

① 李泽厚：《美的历程》，安徽文艺出版社1999年版，第56页。

章，心理学与伦理学，都是密不可分的。"① 在中国古代《六经》之一的《礼记·乐记》中就有明确的阐明："乐也者，情之不可变者也；礼也者，理之不可易者也。乐统同，礼辨异，礼乐之说，管乎人情矣！……乐者，天地之和也；礼者，天地之序也。和，故百物皆化；序，故群物有别"。

可见，"礼乐文化"已成为两千年来中国文化的一个主要形式。"礼"成为规范整个社会的纲，它贯穿了整个社会的政治、经济、道德、宗教、文艺、习俗等各方面的内容，规范了一切的人和事。即"礼乐之说，管乎人情矣"。（《礼记·乐记》）那么，何谓"礼"，礼起源于祭祀山川大地、列祖列宗的仪式，是一种巫觋活动。《说文·示部》："礼，履也，所以事神致福也。从示从豊。"又《说文·豊部》："豊，行礼之器也。从豆，象形。"豊是"豆之丰满也"，它下面的"豆"是"古食肉器也"，∪是盛器，"祀"是牺牲，行礼是一种"事神致福"即原始宗教的祭典活动。远在原始氏族公社中，人们已习惯于把重要的行动加之以特殊的礼仪。原始人常以具有象征意义的物品，连同一系列象征性动作，构成种种仪式，用来表达自己的感情和愿望。后来人们把这种礼仪活动引申为道德伦理秩序。礼也就成了区分等级社会中各阶级阶层的地位，建立起统治阶级的政治秩序一种制度。"贵贱有等，长幼有序，贫富轻重皆有称者也。"这也是"礼"的职能所在，即所谓的"礼辨异"。那么"礼"要实现自己的职能，还必须有"乐"的配合。

何谓"乐"？"乐"字甲骨文为"朱"，据修海林先生考证，原意是谷物成熟结穗而带给人收获的快乐，引申为欢悦感奋的心理情感，后推衍为引发人们情感愉悦的特定形式——艺术。② 郭沫若说："中国旧时的所谓'乐'，它的内容包含的很广。音乐、诗歌、

---

① 王世仁：《理性和浪漫的交织》，百花文艺出版社2005年版，第64页。

② 转引自彭晋媛：《乐从和——中国传统建筑的艺术神韵》；《华侨大学学报》（哲学社会科学版）2003年第4期。

舞蹈,本是三位一体可不用说,绘画、雕镂、建筑等造型美术也被包含着,甚至于连仪仗、田猎、肴馔等都可以涵盖。所谓乐者,乐也,凡是使人快乐,使人的感官得到享受的东西,都可以广泛地称之为乐,但它以音乐为其代表,是毫无问题的。"①可见,"乐"是包括音乐在内的集诗、歌、舞于一体的综合艺术形式。乐在中国古代社会是与宗教祭祀联系在一起的。夏商两代,氏族社会后期乐的职能分化:一是衍化成各种祭祀典礼中的仪式,一是成为节日活动中的群众性的习俗舞乐。

在中国,传说中的三皇五帝之乐,据聂振斌先生考证,② 其性能和实质就是礼。乐的感性形式就是礼的仪式、规范,乐的内容则是尊卑贵贱的等级观念和仁孝亲敬的伦理观念。礼乐是同源的,后来才一分为二。先王作乐亦不是为了审美享乐,而是为了治国平天下。

到了西周,礼乐文化发展到成熟阶段。周公制礼作乐旨在将原只是祀祖祭神的宗教仪式转化为王朝的政治性的礼仪制度。其基本精神是别尊卑、序贵贱,在区分等级差别的前提下纳天下于一统,以使建立在宗法政治基础上的王朝长治久安。历代统治者制定的礼乐制度以此为基本,只不过稍有损益罢了。而且,礼乐制度如孔子言是"礼乐征伐自天子出"(《论语·季氏》),不能和礼乐文化混同。礼乐制度维护封建宗法等级制度,随封建社会的崩溃而灭亡。礼乐文化是群体在社会实践活动中创造的,"礼"是指诉诸理智的行为规范,"乐"是艺术在行为规范基础上的感情调适。与"仁"关系密切,是加强文化修养的主要途径。

西周时代,礼乐的性能仍然保持了原初的综合形态。作为社会制度,礼乐是西周奴隶社会的一项根本制度,承担着维护等级制度和社会统一秩序的政治重任。作为道德规范,礼乐仪式贯穿于西周社会生活的各个方面,政治、外交、祭祀、征战、庆典等活动都少

---

① 王世仁:《理性和浪漫的交织》,百花文艺出版社2005年版,第64页。
② 聂振斌:《礼乐文化与儒家艺术精神》,《江海学刊》2005年第3期。

不了礼乐，成为人际关系的根本规范，承担着培养社会成员的道德素质和文明行为的教育任务。礼乐教化与行政刑罚相辅相成，共同承担着治国安民的神圣任务。《礼记·乐记》云："礼节民心，乐和民声，政以行之，刑以防之。礼乐刑政，四达而不悖，则王道备矣。"可以看出礼乐在中国古代社会中所占的重要地位。

春秋后期至战国时代，礼乐制度进一步瓦解，"礼崩乐坏"已成定局。面对这一局面，孔子提出"克己复礼"的主张，把礼乐教化的思想贯彻在自己的教育实践中，培养了一代又一代的人才。以孔子为代表的儒家礼乐思想，是对西周末期至春秋初期所萌生的礼乐思想的继承、发展和系统化。儒家企图维护和恢复礼乐制度及其政治功能，但因礼乐制度赖以存在的社会政治根基已毁掉，这已不可能。然而，礼乐因为儒家的解释、论述并进一步贯彻于教育实践中，从而脱去了其政治制度的外壳而变成纯文化并流传千古，这不能不说是儒家对中华文化的最大贡献。可以说此时的礼与乐已失去政治功能，礼乐作为社会制度层面崩坏了。但"礼"作为道德规范，作为区分老幼尊卑的伦理等级观念，依然存在于现实中起作用。乐作为艺术，作为审美娱乐品，依然存在现实中起作用。礼乐作为教育思想，作为文化精神，因为脱离了政治束缚而获得新生，得到了新发展。

总之，礼与乐是中国古代社会中极其重要的两件事，是华夏民族古代文明的根本标志。礼乐既是社会政治制度，又是道德规范，还是教育的重要科目。但无论政治实践、道德行为、教育方式都包含艺术——审美因素，都要充分利用美感形式。礼乐相济，虽已别为二物，却仍然密不可分地结为一体：礼是审美化了的乐，乐是仪式化了的礼。礼是根本的，起支配作用。"乐"要服务于礼，附丽于礼，纯粹供个体情感宣泄和官能享受的"乐"并不为正人君所承认。乐借助于礼，变得神圣、庄严，礼借助于乐而产生守礼的快乐，养成守礼的习惯。

儒家提出这一套礼乐说，影响到社会生活的方方面面，其中有关建筑艺术的，主要保存在《礼记》等书中。"昔者先王未有宫室，冬则居营窟，夏则橧巢……后圣人有作，然后修火之利，范金，合土，以为台榭、宫室、牖户……以降上神与其先祖，以正君臣，以笃父子，以睦兄弟。以齐上下，夫妇有所。"《礼记·礼运》显而易见，把建筑的出现归结成为懂得礼乐法度的"圣人"的建制，并且把其提高到了伦理纲常的高度，强调了建筑艺术的礼乐功用。

"礼乐文化"影响到作为造型艺术的建筑，使建筑的艺术形式更是与礼—理性密切结合起来。也许正是由于这一礼乐文化，才促成了秦从某种严格的礼的秩序出发来进行建筑布局，那就是"中国建筑最大限度地利用了木结构的可能和特点，一开始就不是以单一的独立个别建筑物为目标，而是以空间规模巨大、平面铺开、相互联结和配合的群体建筑为特征。他重视的是各个建筑物之间的平面整体的有机安排"①。"百代皆沿秦制度"，② 一切都遵循着秦的建筑规范。显然，礼—理性贯穿了中华民族建筑的始终，决定并影响着中华民族建筑的发展。

一、中国传统建筑的"量"表达"礼制"思想

（一）建筑的"体量"凸显建筑的尊卑有序、贵贱有别的"礼"

的确，由于这礼乐精神的影响，才使得历代统治者都十分注重建筑礼的功用，那么建筑怎样去实现这一功用呢？那就是要有"贵贱有等"的规定："礼有以多为贵者。天子七庙，诸侯五，大夫三，士一……有以大为贵者。宫室之量，器皿之度，棺椁之厚，丘封之大……有以高为贵者。天子之堂九尺，诸侯七尺，大夫五尺，士三尺；天子，诸侯台门"（《礼记·礼器》）。文中的"大""高"以及"量"均指的是体量。体量从来就是建筑艺术中重要的建筑语言，建筑艺术与其他艺术在感染方式上的一个重大不同，就是建筑有其无可比拟的巨大体量。上古的人们，对于天高地厚、昼明夜晦、星辰转移、旱荒洪水、风雨雷电等自然现象表现出敬畏与崇拜，他们从自然界的这些客观现象中感受到了超人的巨大体量，

---

① 李泽厚：《美的历程》，安徽文艺出版社1999年版，第67页。
② 李泽厚：《美的历程》，安徽文艺出版社1999年版，第67页。

并施之于建筑行为中，化体量为尊崇高，所以，体量便成为建筑艺术中一个至关重要的感情传递形式。因此，建筑中尊卑有序、贵贱有别的"礼"首先就反映在建筑的有等级的量上，即所谓的"非壮丽无以重威"（《史记·高祖本记》）。儒家从凸显建筑体现社会伦理等级尊卑秩序的精神功能出发而崇尚"大壮"之美，正是这一观念的反映。《周易·象传》说："大壮，大者壮也，刚以动，故壮。"大壮者，阳刚、威武、雄大、壮美之谓也。这一思想放大到建筑，就是作为主要类型的宫殿、都城、坛庙、陵寝，虽朝代更替，京都变迁，但尚"大"之风，却一脉相承。这种"大"，主要体现在单体建筑的群体组合上。"群是中国建筑艺术的灵魂。"①从古代都城、宫殿、坛庙、寺观、陵寝，到皇家园林以至民居的组群建筑，中国建筑对群体组合可谓情有独钟。在设计布局上特别重视群体组合的有机构成和端方正直，着意于构筑群体组织有序的建筑之美。从群体到单体，从整体到局部，都十分注重尺度、体量的合理搭配，讲究空间程度的巧妙组合，营构出一种和谐圆融之美，使组群既能在远观时给人以整体性的恢弘气势和魄力，又能在近观时予人以局部的审美情趣与亲和感。

我们都知道，我国古代建筑的主流是宫殿与寺庙，而又以宫殿居于更为重要的地位。宫，就是房屋的通称。《易·系辞》曰："上古穴居而野处，后世圣人易之以宫室"。古时不论贵贱，住房都可称宫。秦汉以后，宫专指帝王所居的房屋，也有称宗庙、佛寺、道观为宫的。殿，古时称高大的房屋为殿。《汉书·黄霸传》颜师古注："古者屋之高严，通乎为殿……"后特指帝王所居及朝会之所或供神佛之处为殿。

中国古代社会历代皇宫总是以规模宏大富丽堂皇的建筑形体，来加强和象征帝王权力。它的总体规划和建筑形式体现了礼制性建筑的要求，表现了帝王权威的精神感染作用。我国古代宫殿建筑群，就形制可分为"前朝后寝"的格局。"前朝"，是皇帝举行登

---

① 萧默：《从中西比较见中国古代建筑的艺术性格》，《新建筑》1984年第1期。

基大典，朔望朝会，召见群臣与外国使节，接受百官朝贺的地方，是皇权的象征。所以，这一部分尤其要显示出帝王至高无上的尊严和威势。历代宫殿建筑都是依据这种设计思想，把经营的重点放在这一部分。朝的布局在周代就有所谓"三朝五门"制度。"三朝者，一曰外朝，用于决国之大政；二曰治朝，王及群工治事之地；三曰内朝，亦称路寝，图宗人嘉事之所也。五门之制，外曰皋门；二曰雉门；三曰库门；四曰应门；五曰路门，又云毕门。"① "三朝五门制"，所形成的纵向排列的朝见序列，是古代宫殿建筑中最高级别的建筑制度，体现了封建等级制。它使宫殿建筑成为最受尊崇、最宏大和成就最高的类型，形成了严格的等级秩序和程式化特点，表现出雄伟壮丽、神圣威严的气势。"后寝"是帝王生活区，其规模远小于前朝。"前朝后寝"制也是应礼制而设。再者，中国建筑一向以木结构为本位，受材料的尺度和力学性能的限制，与西方从很早就得以广泛采用并获得充分发展的石结构相比，单体建筑的体量不能太大，体型不能很复杂。为了表达宫殿的尊崇壮丽，很早以来，中国就发展了群体构图的概念：建筑群横向生长，占据很大一片面积，通过多样化的院落方式，把建筑群中的各构图因素有机组织起来，以各单体的烘托对比，院庭的流通变化，庭院空间和建筑实体之间虚实互映，室内外空间的交融过渡，来达到量的壮丽和形的丰富，从而渲染出很强的气氛，给人以深刻感受。在此，以我国历史上几个重要时期为例，作进一步的说明。

秦汉时期，宫殿建筑前朝部分的最主要大殿称为前殿。据《史记·秦始皇本纪》载："先作前殿阿房，东西五百步，南北五十丈，上可以坐万人，下可以建五丈旗，周驰为阁道，自殿下直抵南山，表南山之巅以为阙。"一座大殿，不唯体量高大，空间宏阔，竟可以叱咤河山，足可以见其气势的宏放。唐代诗人杜牧在《阿房宫赋》中写道："覆压三百余里，隔离天日。骊山北构而西折，直走咸阳。二川溶溶，流入宫墙。五步一楼，十步一阁；廊腰

---

① 转引自《刘敦桢文集》（三），中国建筑工业出版社1987年版，第456页。

缦回，檐牙高啄；各抱地势，钩心斗角。"可见阿房宫确为当时非常宏大的建筑群。汉之未央宫"周回二十八里，前殿东西五十丈，深十五丈，高二十五"，① 其"非令壮丽，无以重威"（《史记·高祖本记》）的大汉风范，又何其壮阔！

隋唐都城长安，东西9721米，南北8651.7米，其面积84.10平方千米，乃古代世界帝都之冠，不可谓不大，一幅天下太平的大唐气象被勾画得淋漓尽致。而隋唐以来的宫殿，都是仿照《周礼》的三朝制度，将前朝分为大朝、日朝、常朝三部分，以数进门殿院落沿着宫城的中轴线，层层推进，成为整个宫殿建筑群的核心。例如，唐代的大明宫的建筑构造是以丹凤门—含元殿（外朝）—宣政殿（中朝）—紫宸殿（内朝）为中轴线，构成二个空间（即外朝、中朝及内朝）。大明宫中轴线，对应太极宫、承天门（外朝）—太极殿（中朝）—两仪殿（内朝）的中轴线，其来源于《周礼》外朝—中朝—内朝三朝制的理念。

明清时期，宫城的紫禁城规模已远远不能与汉唐鼎盛时期的巨大宫殿同日而语了，但也基本上附会了"三朝五门"的礼制来布置。紫禁城的太和殿、中和殿、保和殿附会三朝，紫禁城中轴线上的一系列纵深排列用以划分系列空间的门则附会"五门"制。那么中国古代的建筑设计家是如何来凸显紫禁城前朝的尊贵地位呢？实际上我们知道，作为皇帝居住的紫禁城在明清北京城的规划中是处于整个城市中轴线的核心位置，而由三大殿所构成的前朝部分更是整个中轴线核心的核心，虽然旧日的三大朝已演化为三大殿，坐落在同一高大的台基上，即使是这样，我们也同样可以感受到帝王宫殿所特有的那种威严、壮丽的艺术气氛。像大殿的巨大体量，它和层台形成的金字塔式的立体构图，以及金黄色琉璃瓦、红墙和白台，使它显得异常庄重和稳定，这是"礼"的体现。"礼辨异"，强调区别君臣尊卑的等级秩序。同时，又在庄重严肃之中蕴含着平和、宁静和壮阔，寓含着"乐"的精神。"乐统同"，强调社会的

---

① 傅熹年：《中国古代建筑十论》，复旦大学出版社2004年版，第52页。

统一协同，也规范着天子应该躬行"爱人"之"仁"。在这里既要显现天子的尊严，又要体现天子的宽仁厚泽，还要通过壮阔和隆重来张扬被皇帝统治的这个伟大帝国的气概。艺术家通过这些本来毫无感情色彩的砖瓦木石，和在本质上并不具有指事状物功能的建筑及其组合，把如此复杂精微的思想意识，抽象但却十分明确地宣扬出来了。

当然这种艺术成就的取得，也和由大清门经千步廊、天安门、端门到午门的长达1300米的变化丰富的前导空间序列的烘托有极大的关系。这种手法，正是借助了古代宫殿建筑特有的艺术效果，使其更加雄伟、壮观。宫殿、宅邸、坛庙、陵寝等建筑组群，历来都有明确的礼仪要求，至明清多已形成定制，衍为程式化的布局格式。传统建筑意匠顺理成章，将一进进的院落沿着纵深中轴排列成严整的序列，通过对建筑造型和庭院空间的型制规格、尺度大小、主从关系、前后次序、抑扬对比等方面的精心组织，将严密的礼制规矩，演绎为严谨的空间序列。《礼记》中设想的天子五门，在明清北京城的规划中，表现为从大明（清）门到太和门，由主次分明的六个闭合空间构成的脉络清晰、高潮迭起、气势磅礴的时空交响曲。

进入大明（清）门，两侧的千步廊夹峙出一个狭长逼仄的空间，到天安门前扩展为宽阔的横向广场，空间对比相当强烈；晶莹的汉白玉勾栏，与暗红的门楼基座、金碧辉煌的门楼，色彩对比十分鲜明，形成第一个高潮。天安门与端门之间是一个方形的小庭院，空间感觉顿为收敛；过端门之后呈现一个纵深而封闭的空间，尽端是森严肃杀的午门，"其效果是一种压倒性的壮丽和令人呼吸为之屏息的美"，① 形成第二个高潮。午门和太和门之间是一个横向的大庭院，空间感觉舒展开阔。进入太和门，尺度巨大、规格严整的殿前广场与巍峨壮丽、形制至尊的太和殿，交相辉映，营造出至高无上的恢宏气度，形成第三个高潮。由此可以看出，整个紫禁

---

① 美国现代建筑师摩尔菲（Murphy）语，转引自李允鉌：《华夏意匠》，中国建筑工业出版社1985年版，第40页。

城的规划就是以空间序列的大小变化和建筑体量的合理搭配来表现儒家的礼乐文化。

（二）中国古建筑中的"数量"表达"礼制"思想

中国传统建筑和西方古建筑一样都是理性的表达。这种理性表达不是西方的比例，而是表现为"律"，即"数"的等差变化所构成的和谐与秩序，如房屋的进深、台基以至门窗的格式花样、装饰图案的用量等都有数的等差规则可循，而这些规则又直接表示出各类不同等级所使用的建筑等级差别，建筑的数的和谐被赋予了"礼"的规范内容。在居室建筑中，早在先秦就制定了等级制度："天子之堂高九尺，诸侯七尺、大夫五尺、士二尺。"① 住宅的条文也更具体：一品二品厅堂五间九架；二品至五品厅堂五间七架；庶民庐舍不过二间五架且不许用斗拱、饰彩色。明代尊卑有序的原理更加细致入微："王宫门阿之制五雉，宫隅之制七雉，城之制九雉，门阿之制，以为都城之制；宫隅之制，以为诸侯之城制"②"天子七庙，三昭三穆与大祖之庙而七。诸侯五庙，二昭二穆与大祖之庙而五。大夫三庙，一昭一穆与大祖之庙而三。士一庙。庶人祭于寝"。③ 从建筑等级制度的具体规定方式看来，有尊卑差别的建筑体系是靠对帝王以下各阶层的人等所占有的建筑规模和样式加以限定来保证的。人们在这种严格的等级秩序中可以感觉到一种有序的秩序美，这是"乐"的表现。

当然，这种礼乐实用观念不仅仅表现在我国古代宫殿建筑的"量"上，也反映在我国传统民居的等级秩序中，现以北京明清时期的四合院为例来分析。

北京明清时期的四合院是我国民居的典型代表。它分为前、后两院，两院之间由中门相通。前院用作门房、客房、客厅，后院非请勿入。其中，位于住宅中轴线上的堂屋，规模形式之华美，为全宅醒目之处。堂的左右耳房为长辈居室，厢房为晚辈居室。生活在

---

① 杨天宇：《礼记译注》，上海古籍出版社1997年版。
② 孙诒让：《周礼正义》，中华书局1987年版。
③ 杨天宇：《礼记译注》，上海古籍出版社1997年版。

其中的人们，都遵循着"男治外事，女治内事，男子昼无故不处私室。妇人无故不窥中门，有故出中门必拥蔽其面"（《事林广记》）的原则。如此严格的封建等级制度，使得北京四合院以其强烈的封建宗法制度和空间安排，成为我国最具特色的传统民居。而最为重要的是，这"尊卑有分，上下有等"的严格礼制规范，使得我国古代建筑从群体到单体，由造型到色彩，从室外铺陈设置到室内装饰摆设，都被赋予了秩序感，既所说的"礼者，天地之序也"（《礼记·乐论篇》）。这种强烈的儒家礼制思想既规定了封建社会君君、臣臣、父父、子子的社会秩序，又构成了封建社会建筑的等级秩序。而这种包含着社会的、伦理的、宗教的以及技术内容的秩序美，又大大加深了建筑美的深度和广度，使建筑更富壮丽。四合院体现了传统伦理观念中严肃冰冷的一面，但它又反映了温馨和乐的人情关系。所谓"天伦之乐"，四合院中追求的"四世同堂"是传统家庭大团圆的理想。四合院有效地培育了尊长爱幼、孝悌亲情的伦理美德。除此，中国建筑还通过院落空间尺度对比变化产生不同的气势或通过精雕细琢的彩画产生富丽堂皇的气氛，给人以享受和愉悦，它们所营造出的场面气氛，已超出了建筑本身对实用和技术的要求，目的也在于追求某种礼乐秩序。

二、群体布局中强调建筑的方位在于烘托尊贵地位的重要

《礼记》还第一次提出："中正无邪，礼之质也"的看法，礼制规定"中正"之位为至尊，以"中正"来显示尊卑的差别、等级的秩序。表现在建筑上就是主要殿堂应该建在中轴线上接近中心的最重要的位置。这一观念，又叫做"择中论"。在中国古代建筑中，为强调"尊者居中"、等级严格的儒家之礼，其平面便常作对称均齐布置，正如梁思成先生所说："……宫殿、官署、庙宇乃至于住宅，通常均取左右均齐之绝对整齐对称之布局。庭院四周绕以

建筑，庭院数目无定。其所最注重者，乃主要轴线之成立。"① 在中国古代社会，王权是至高无上的，于是国都要设在国之中，而王宫设在都城之中，即"择中立宫"。王行使最高权力的场所——"三朝"（外朝、治朝、燕朝），则布置在宫的中轴线上，以中央方位中心轴线来显示王权的威严。礼制思想定"中央"这个方位最尊，其崇高的地位被看成是统治权威的象征。荀子说得更具体，认为君王应该住在天下的中心，才符合礼仪。《吕氏春秋·慎势》载："古之王者，择天下之中而立国，择国之中而立宫，择宫之中而立庙。天下之地，方千里以为国，所以极治任也。"这个择中统治的思想一直为统治者重视和继承，它的规整方正，中轴对称，以君权为中心，以族权、神权为拱卫等规划思想，完全符合儒学的理念，成为中国古代城市规划的指导思想和设计理论。

中国历代都城的建造都基本采取这种布局，典型的有隋唐时期的西京长安、东都洛阳、元大都、明清北京城。北京城在南北长约7.5千米的中轴线上，排列着五门五殿及钟鼓楼，皇宫位于轴线的中段，太庙、社稷坛分居宫前左右，显示族权、神权对皇权的拱卫。城外四面分设天地日月四坛，与高大的城墙一起，成为皇宫的呼应。在向外，则是府第、寺庙及低矮的民居、胡同等建筑，起着映衬、烘托的作用。全体一气呵成、气势宏伟、序列层次丰富、强烈显示了都城设计中以皇权为中心的中轴对称意识。

宫殿建筑也以南北为轴线，取中轴对称格局，沿中轴线作纵深对称构图，主要的殿堂都放在中轴线上，次要的建筑以对称方式映衬在中轴线的两侧。而在中轴线上的殿堂又以"前殿后寝"的方式，营造出庄重、宏伟、严肃的氛围。这种对称之美，不仅彰显建筑物的阳刚壮大之美，更渲染了帝王权威的至高无上以及都城的雄伟和华美。更为有趣的是，受印度佛教影响下的寺院建筑，无论是平面布局还是整体建筑都以中轴为对称。寺院建筑大多以山门、天王殿、大雄宝殿、藏经楼为中轴，表现出强烈的尚中意识。

---

① 梁思成：《梁思成文集》（三），中国建筑工业出版社1982年版，第239页。

寺庙建筑也接受了这种中轴线的空间意识。梁思成说："我国寺庙建筑，无论在平面上，布置上或殿屋之结构上，与宫殿住宅等素无显异之区别。盖均以一正两厢，前朝后寝，缀以廊屋为其基本之配置方式也。其设计以前后中轴线为主干，而对左右交轴线，则往往忽略。交轴线之于中轴线，无自身之观点立场，完全处于附属地位，为中国建筑特征之一。故宫殿、寺庙、规模之大者，须在中轴线上增加庭院进数，其平面成为前后极长而东西狭小之状。其左右若有所增进，则往往另加中轴线一道与原中轴线平行，而两者之间，并无图案上联系，可各不相关焉。"① 所谓"庭院深深深几许""侯门深似海""深宅大院"等文学描写也生动地反映了这一点。

这种关于中轴线的建筑空间意识，也体现在北京明清时代的四合院民居形制上。其平面布局特征一般为：矩形平面，四周以围墙封闭，群体组合大致对称。大门方位一般南向，往往位于整座住宅东南一隅。进大门，迎面为影壁，入门折西，进入前院，前院尺度一般不大，视感较浅，就此建筑空间形象审美角度而言，采用的是"先抑后扬"法。继而穿过前院，跨入院墙中门（常为垂花门）到内院。内院以抄手游廊左右包绕庭院之正房。正房为整座四合院的主体建筑，尺度最大，用材最精，品位最高，其以耳房相伴，左右配以厢房。大型四合院可多种进深，庭院接踵，先是纵深增加院落，再求横向发展为跨院。但不管怎样，四合院的基本美学设计思想是，其正房（主体建筑）、厅、垂花门（中门）必在统一中轴线上。

中国传统建筑这种空间处理上的平面布局和群体组合，在于讲究建筑个体与群体组合的和谐统一，在地面上热衷于建筑群体的四面铺排，象征严肃而有序的人间伦理，鲜明地体现了中华先民的空间观念和审美意识，是中国建筑有异于西方建筑的重要特色，历经千年而持久不衰。从建筑文化的角度加以审视，既是高度重视现实

---

① 梁思成：《梁思成文集》（三），中国建筑工业出版社1982年版，第239页。

人生、具有实用理性取向的文化精神的表现，也融渗了中国人的宇宙观、人生观和审美理想，充满了既理性又浪漫的艺术精神，展现了中华先民的无比智慧和独特风采，也展现了中华传统建筑的强烈个性和艺术魅力。

其实，"择中"的观念起源很早。远在仰韶文化时期的西安半坡村遗址中，其居住区的46座房屋就是围绕着一所氏族成员公共活动用的大房子而布局的。无独有偶，在陕西临潼姜寨仰韶文化村落遗址中，居住区的房子共分五组，每一组都以一栋大房子为核心，其他较小的房屋环绕中间的空地与大房子作环形布局。可见，村落中的大房子和中间的空地有着特殊的功用，具有崇高的地位。这说明，早在石器时代人们就有了"择中"的思想意识，并且存在着一种"向心型"的建筑布局。

到了商代，"中央"的概念已很强烈。甲骨文中有"中商"名词出现，据考证，"中商"即择中而建的商王城或位于中央的大邑。

周人也沿袭了商人在"中央"位置建王城的传统思想，《逸周书·作雒》有："坐大邑成周于土中"的记载。其实，"中国"的称谓就是源于地理方位中央的概念，《诗·大雅·民劳》说："惠此中国，以绥四方。"《集解》中刘熙曰："帝王所都为中，古曰中国。"在观念上，"中央"这个方位最尊，是一种最高权威的象征，故"天子中而处"（《管子·度地》）。在城市规划布局上，以中央这个最显赫的方位来表达"王者至尊"再合适不过了。因此，自商周之际始，"择中"思想一直为后世所传承，并广泛地指导着城市的规划布局，以至形成了中国古代城市颇具特色的格局。这在中国最早一部关于工艺的文献《考工记·匠人》中有明确的规定："匠人营国，方九里，旁三门，国中九经九纬，经涂九轨，左祖右社，前朝后市，市朝一夫"。可见这是一座规整方正的王城，它的主体结构是以宫为中心，贯穿三朝的南北中轴线为全城规划的主轴线，连接左祖右社而组成。这便是周人所崇奉的按"择中论"来选择国都位置的规划思想，即"择中立宫"。考察我国历代王城规划布局，从明清的北京向前历数，元大都、金中都、北宋东京、隋唐长安……以至距今二千七百年前的周王城，基本上都遵循着这一王城规划布局。

古人"尚中"的意识，在儒学中被发挥为"中庸""中和"思想。儒家认为："中也者，天下之大本也；和也者，天下之达道也。致中和，天地位焉，万物育焉。"(《礼记》)故无论"天文""地理""人道"，都不能离"中"而"立"。"天""地""人"三者只有"合"于"中"，才能真正做到"天人合一"。这样，"中"的概念已不仅是一个地理方位的词，而且发展成了整个中华民族的一种凝固的民族意识、历史意识与空间意识。可以说，在中国古代建筑中，几乎无处不渗透着这种中和的美学思想，就连清故宫三大殿的取名也都有"和"字：太和、中和、保和。"中庸之道"强调社会的一种"内聚"性，即团结和睦。国家、民族、家庭的全体都应"向心内聚"。在建筑中就表现为"中心"的强调，均衡对称的布局，明确的中轴线，突出了王城的中心——皇宫，使国家、臣民团结，向心于帝王，服从于王的统治。在传统的四合院民居中则以居中的天庭、内堂作为全家人活动的中心。

这种建筑的规划结构体现了古代中国对"中"的崇拜，将"中"定为最高地位，严格的礼制规定了它的等级秩序，违者就是僭礼。没有"中"就难以体现礼制秩序，因此，中国古代建筑的"尚中"的风格才如此明确，这正是儒家礼制思想最集中的表现。同时，"中"即对称，是稳定，是充实，是和谐，因而也就成了永恒的象征。因此，"择中立宫"体现着君权的永恒；祭祀、宗教活动场所的依中轴对称布局体现着人道的永恒，建筑群体在中轴线上达到统一和谐，在和谐中达到永恒。如北京故宫，从各个局部看，处处是对比，庭院的尺度，房屋的形制，空间的节奏，变化的幅度都很大，但最终抓住了总体气度这一关键，使一切对比统一在以中轴线为主体的总体艺术效果中，达到了高度的和谐，使人深感其气度风格之美，因而人们对封建社会秩序的永恒产生了皈依的情感。这种建筑艺术的永恒观念带有对封建制度的痴迷性，同时也深入到中国古代的审美心理中。于是，关于对称均齐的历史嗜好，不仅具有礼的特性，而且具有乐的意蕴，可以说，是中国式的以礼为基调的礼乐中和、礼乐和谐。西方著名美学家乔治·桑塔耶纳从人的视觉角度说明"对称"对人的心理机制所造成的影响:"对称所以投合我们的心意,是由于认识和节奏的吸引力。当眼睛浏览一个建筑物的正面,每隔相等的距离就发现引人注目的东西之时,一种期望像预料一个难免的音符或者一个必需的字眼那样,便油然涌上心头"。① "在对称的美中可以找到这些生理原理的一个重要例证。为了某种原因,眼睛在习惯上是要朝向一个焦点的。例如,朝向门口或窗洞,朝向一座神坛,或一个宝座、一个舞台或一面壁炉,如果对象不是安排得使眼睛的张力彼此平衡,而视觉的重心落在我们不得不注视的焦点上,那么,眼睛时而要向旁边看,时而必须回转过来向前看,这种趋势就使我们感到压迫和分心,所以对所有这些对象,我们要求两边对称。"②

第二节　道家的美学观念在中国古典园林建筑中的彰显

在中国传统文化的历史长河中,儒家、道家还有佛教作为中国传统文化的三大组成部分,各以其不同的文化特征影响着中国文化。同时,三者相互融合,共同作用于中国文化的发展,其直接结果是导致了中国文化多元互补特色的形成。中国的建筑艺术,堪称儒、道互补的产物。一方面,中国建筑中的理性秩序、严格的规则,特别是中轴对称、等级规则,是典型的儒家气质。这种以儒家为代表的"以人为本"的思想,侧重于人与社会、人与人的关系以及人自身的修养问题,强调以家庭为本位,以伦理为中心,是一种有着严密等级制度并且以家庭为核心的社会文化。所以,中国的建筑从庶民的庭院到帝王的宫殿,从院落的经营到城市的布局,处

---

　　① 乔治·桑塔耶纳著,缪灵珠译:《美感》,中国社会科学出版社1982年版,第61~62页。

　　② 乔治·桑塔耶纳著,缪灵珠译:《美感》,中国社会科学出版社1982年版,第61~62页。

处以严整的格局、强烈的秩序来反映社会生活中人与人之间的关系以及人应当遵守的政治伦理规范。另一方面，道的意境的渗入建筑，缓和冲淡了儒家的刻板和严肃。这主要体现在对中国古典园林意境的营造上。中国园林区别于世界上其他园林体系的最大特点在于它不以创造呈现在人们面前的具体园林形象为目的，而追求一种象外之象，言外之意，即意境。园林景物，取自然之山、水、石组织成景，寥寥几物便使游人大有"所至得其妙，心知口难言"①之感。这正是人对物的感受，心与物的交融的道家风范。正是这两种美学思想的互补互渗，使中国建筑很早就出现一种既亲切理智，又空静淡远，既恢宏大度，又意蕴深长的艺术风格。

  道家以"道"为万物生成的本质与变化的原则，但是老子和庄子对"道"的理解却不同。老子侧重于对"道"的本体论和宇宙论的探讨，它的"道法自然，自然无为"恰恰是为指向应合人生和政治的需要而说的，是在处处顺应自然的规律之中，也使自己的目的得到实现。而庄子则把"道"落实到精神上，追求精神完全解放的逍遥游，是一种心灵的境界。同时更提出"心斋""坐忘"作为体验"道"的手段。这种功夫必须以"无欲、无知、无己"的修养而得虚静之心，并对事物作纯知觉的直感活动，同时以通天地之情的共感而求达到物我两忘的境地。这种思想表现在造园上，就是不能照搬照抄自然山水，而是对大自然进行深入的观察和了解，并从中提炼出最富感染力的艺术形象，用写意的方法创造出寄情于景、情景交融的意境，而所谓"外师造化，中得心源"正是最好的概括。中国古典园林之所以崇尚自然，追求自然，实际上并不在于对自然形式美的模仿，而在自然之中融入个体的意识却又不留痕迹，这种意识的体现更多的是人对自然的亲和、平等，并融为一体。

  中国园林不求轴线对称，没有任何规则可循，山怀水抱，曲折蜿蜒，不仅花草树林任自然之原貌，即使人工建筑也尽量顺应自然

---

① 苏轼：《怀西湖寄晁美叔同年》。

而参差和谐地融合,"虽由人作,宛自天开"。① 中国园林把建筑、山水、植物有机地融合为一体,在有限的空间范围内用有限的景物,经过加工提炼,创造出与自然环境协调的共生之境。当然追求这样的境界,得从审美感受的角度即以"无为而无不为"② 的逍遥虚静的自然之境界来获得。这种逍遥虚静的自然之境界的形成,不是由简单的建筑山水植物的融合而成,而是在深切领悟自然美的基础上,加以萃取、概括、典型化,这种创造投注了老庄自然观中美在自然、无为的观念。从庄子"乘物以游心"③ 可以窥见,中国园林艺术审美的构建是建立在顺应自然之后的自然拟人化,以致达到物我两忘"逍遥虚静"的境界。

一、老庄的"游心"思想对中国古典园林建筑的影响

老庄的"游心"思想对中国古典园林的意境创造影响极大。老庄认为要"以天地之心为心",④ 方可"默契造化,与道同机"(韩拙《山水纯画集》),才能不受现实的拘束,在切实认识客观事物后,经过主观的美的感情,构成美的意象,从而"由无得一,由一得多,由多归于一"。中国传统审美文化很重视"养心",儒家把人的身心修养安放于文学艺术之中,以尽善尽美的文艺滋润人心,以形成内心情感的和谐和均衡,进而由人心之和扩大到人人之和、人与社会之和、人与自然之和,开创了中华审美文化的心学滥觞。而道家则把人的身心放到山水自然之中,反对儒家严密而又繁琐的礼仪约束,强化人的身心的释放,追求一种精神的逍遥游,这就是庄子的"游心"思想。庄子在《庄子》⑤ 一书中多次提出"游心"这个概念,如《人间世》的"且夫乘物以游心,托不得已以养中,至矣"、《德充符》的"夫若然者,且不知耳目之所宜,

---

① 计成著,陈植注释:《园冶注释》,中国建筑工业出版社1998年版。
② 《老子·三十七章》。
③ 《庄子·人间世》。
④ 《老子·三十八章》。
⑤ 本书所引庄子的话都引自王世舜:《庄子注译》,齐鲁书社1998年版,后不一一列出。

而游心乎德之和"、《应帝王》的"汝游心于淡,合气于漠,顺物自然而无私焉,而天下治矣"、《田子方》的"游心于物之初"、《则阳》的"游心于无穷"等。从所举例子可以看出,庄子的"游心"都是通过"于"同"某某对象"结合在一起,是从物与心的关系来阐释的。在庄子看来"物"一方面指客观的、有形的外在之物;另一方面还包括一些人为制定的规章制度以及人的肉身,庄子一方面反对这些有形之物和无形之物对人心的羁绊和约束,另一方面还反对人心各种各样的欲望和愿望的滋长,认为只有完全摆脱客观万物和人自身心智的自私和狭隘对人的限制和束缚,才能达到一种精神的完全超脱和解放,实现天人合一的境界,这就是游的境界。正如庄子所说:"吾师乎!吾师乎!棘万物而不为戾,泽及万世而不为仁,长于上古而不为老,覆载天地刻雕众形而不为朽。此所游已。"从这里可以看出,庄子所谓的"游"的境界不是空间性的山水之游,也不是"对象化"的"物"或"事"之游,甚至不是"游世"之游,而是一种精神性的"神游"和"心游"。它追求的是一种与天地万物和其一的"道"的境界,正如陈鼓应先生所说:"庄子所谓游心,乃是对宇宙事物做一种根源性的把握,从而达致一种和谐、恬淡、无限及自然的境界。在庄子看来,'游心'就是心灵的自由活动,而心灵的自由其实就是过体'道'的生活,即体'道'之自由性、无限性及整体性。总而言之,庄子的'游心'就是无限地扩展生命的内涵,提升'小我'而为'宇宙我'。"①

中国古典园林艺术最终目的在于人与自然的天人合一,是人在大自然中为自身划出一块人为的空间,以便安放自己的身心,放飞自己的梦想,实现自己生命的价值。它处理的是"景"与"情"即"物"与"心"的关系,而实现庄子"游心"的关键是"顺物自然而无私",顺物自然就是顺物之性,只有万物各安其性,人心才会无私,才能自由,这也是"物"和"心"之间的一种和谐关系;中国古典园林艺术的审美境界是"意境",这也和"游心"境

---

① 陈鼓应:《老庄新论》,上海古籍出版社1992年版,第27页。

界是一种"道"的境界，美的境界是一致的；达到"游心"境界的手段是人的"心斋"和"坐忘"，而中国古典园林艺术的营构则采取"虽由人作，宛自天开"等。因此，庄子的"游心"思想和中国古典园林艺术的营构在很多方面是一致的，也可以说，庄子的"游心"对中国古典园林艺术的营构具有直接的指导作用。

(一) 心与物

老庄的"游心"表面上反对"物"对"心"的约束和羁绊，实际上是渴望物和心的契合无间，物不是心的所累，心不是对物的所求，而是物和心的同一，这时的心是一种自由自在之心，没有任何的束缚和羁绊；这时的物也不是完全的自然之物，而是具有自然之道之物。庄子认为实现"游心"的关键是"顺物自然而无私"，顺物自然就是顺物之性，只有万物各安其性，人心才会无私，才能自由，这也是"物"和"心"之间的一种和谐关系；中国的古典园林艺术把人的身心安顿于人为划出的自然空间，即把心安顿于物中，心从物中感悟到生命的律动，物的生命律动与心契合。因此，物的自然的本性最为真实，真实的也是最为素朴的、简洁的，也最为符合道的境界。鉴于此，中国古典园林追求一种"虽有人作，宛自天开"的自然美，反对人工造作，当然反对人工造作不是不要人工造作，只是要求人工的痕迹不要显露出来，不要过多地显露人工的匠气。道法自然，追求自然美，反对人工造作，是老庄对美的追求、自由的追求，是一种审美理想。在老庄看来，自然就是道，因为"人法地，地法天，天法道，道法自然"①，自然是有生命的，若以人工加以约束就是以人害天，以人害命，因此如果像西方古典园林把自然界的具体花草树木修剪成各种各样的几何图形，再用此组合成整体的几何图案，就违背了自然物的天性，就违背了自然之道，这样心的呈现也不是真心，不是自由之心，而是一种匠心。正如《红楼梦》第十七回中，贾宝玉评稻香村时说："此处置一田庄，分明见得人力穿凿扭捏而成。远无邻村，近不负郭；背山山无脉，临水水无源……峭然孤出，似非大观。……虽种竹引泉，

---

① 老子：《道德经·第二十五章》。

亦不伤于穿凿。"可见园林营构时人力穿凿扭捏就要损害自然物的天性，进入这样的环境，使人感觉进入了一个人造的世界，人心也会感到突兀，不自由。因此为避免人工之气，中国古典园林建筑艺术在营构时力求简洁，避免繁琐，所谓"宜简不宜繁，宜自然不宜雕斫"①，就是这个道理。造园家认为，简洁是自然的一种表现，而繁琐则是人工斧雕的痕迹，这就是老子所说的"见素抱朴"，庄子所说的"天地有大美而不言"，也像中国绘画和诗歌艺术所讲究的"清水出芙蓉，天然去雕饰"②。

首先，这种简淡自然表现在园林的设计布局上就是很注意和自然环境的协调一致，尽量依据自然地理之势造园，是什么样的地势就造什么样的园，正如计成在《园冶》相地时强调"相地适宜"，就是要求园林营构时要依据地势而建，地势有高有低、有深有浅、有平有坦、有险有峻，均要以势而建，只有这样才能遵守自然地理之天性，感悟自然之生命，才能有趣，才不失去自然之天真。

其次，设计布局上的以少胜多。园林布局设计上的简淡，不是简单，而是形简却又充满意味。如北宋司马光"独乐园"的几座建筑，都设计得小巧自然，而又充满象征意味。池岛上的钓鱼庵，就是用竹子扎成的一个上栋下宇的简陋的小屋，但它却是慕严子陵而设，钓鱼避世。还有"读书堂者数十椽屋，浇花亭者益小，弄水种竹轩者尤小，见山台者，高不寻丈"（司马光《独乐亭记》），读书堂是羡慕董仲舒而建，意在勤学；浇花亭取意于白乐天；种竹轩则取意于东晋王徽之；而见山台则取意于陶渊明"采菊东篱下，悠然见南山"③的诗句。可以说，不光独乐园景点设置有典故，中国园林景点设置基本上都有一个典故，以彰显文化的意蕴，体现士人们的精神人格。

很显然，中国古典园林建筑很注重简淡自然之物，这种自然之物不是天然之物，而是人在掌握自然之美、体味自然之趣的基础

---

① 李渔：《闲情偶记》。
② 李白：《经乱离后天恩流夜郎忆旧游书怀赠江夏韦太守良宰》。
③ 陶渊明：《饮酒》。

上，以微缩的形式圈点自然。自然美的独立呈现是在晋宋时期，以后经历唐、宋、元、明、清的发展逐步成为一种独具中国特色的古典园林艺术，其特色就在于追求一种人与自然的和谐相处，心与物的和谐统一。当然，这种和谐统一在不同的时期具有不同的特色。

晋宋时期，随着人的主体性的高扬和人的审美能力的提高，人心体会到了山水的自然之美。所谓的"会心处不必在远，翳然林水，便自有濠濮间想也。觉鸟兽禽鱼，自来亲人"（《世说新语·言语》），就是晋宋时期自然美的一种独立彰显。它一改魏晋之前自然的神秘、恐怖和威严，自然成为人类亲和的对象，成为人安放身心的处所，成为与人没有区别的天然知己。这里消失了任何的自然掌握、图腾崇拜，也不见了人对于自然的主宰性、优越感，天与人、物与我是契合无间的，同构同源的，心与物是同一的。之所以晋宋出现自然美的凸显和生成，是因为般若佛学的以心为本体的主客两忘、物我同一的认知模式，消失了客观对象和主体人的差别对立，物的世界不再是人的对立物、异己物，不再作为人的仆役、衬托、喻体、背景而存在，而是与人（精神我）泯然无别、淡然两忘、和谐如一了，这很契合老庄的"游心"思想。

晋宋时期的"会心山水"是心与物的和谐如一。晋宋时期的士人把自然看成最亲近的，最同情的、最能理解人的人。自然在动乱频繁、生命朝不保夕的险恶处境中安顿了人的孤独、寂寞、担惊受怕之心，在花草树木、山水虫鱼之中找到了沟通和寄托，获得了抚爱与安慰。所以，亲近自然，与自然相处为乐就成为当时士大夫的一种普遍心态和共同情趣。据《世说新语·任诞》记载："王子猷尝暂寄人空宅住，便令种竹。或问：'暂住何烦尔？'王啸咏良久，直指竹曰：'何可一日无此君？'"这"何可一日无此君？"说出了晋宋士人们须臾之间离不开山水林木，把自己的身心优游在山水林木之间，相互交融，以达到内在心灵的无限自由和山水林木之间的相契相通。这是人的自由心灵与自然界结构形式的同构相应，互契交融。

晋宋以后，有很多的士人把优游山水看成自己内在精神生活的需要。像刘宋时代的高士宗炳一生优游在自然山水之中，后因老之将至,身体不好返回江陵,竟感叹曰:"噫!老病将至,名山恐难遍游,唯当澄怀观道,卧以游之。"于是,他将自己一生所游历的名山大川,"皆图之于壁,坐卧向之"(张彦远《历代名画记》),其对山水的狂热痴迷由此可见一斑。更有甚者,谢灵运担任永嘉太守时,贪婪此地山水之美,竟"肆意游遨,遍历诸县,动逾旬朔,民间听讼,不复关怀"。这可不是一般的山水迷。后谢灵运回到会稽老家"修营别业,傍山带江,尽幽居之美",又依靠父祖留下的雄厚资财,"凿山浚湖,功役无已。寻山陟岭,必造幽峻,岩障千重,莫不备尽""尝自始宁南山伐木开径,直至临海"(《宋书·谢灵运传》)。可见,谢灵运把身心安顿于自然山水之中,他追求的自由心灵和自然所具有的无尽意味与空灵境界是互契同构、息息相通。这也是我们理解他做官时不理民间听讼,醉心于山水之间的原因。

再次,与谢灵运优游大山水之间不同,到了中唐之后,园林更多地向城市和人工艺术性的小园林转移,出现了"壶中天地"和"芥子纳须弥"的小园林。园林的审美倾向已从自己身边的小空间去体味大宇宙的情韵,出现了"一池水可为汪洋千顷,一堆石乃表崇山九仞"(计成《园冶》)。这种小园林通过以小见大,于有限中体味无限的艺术手法,追求一种虽居于闹市却仍然能够体味出如在山林中体悟的大宇宙的人生境界。这是士人们在城市中的宅院中置石、叠山、理水、莳花等精心雕刻的园林中以悟道,是超脱的、出世的,而这种悟道又含着平常的生活情趣,又不是出世的。显然,中唐的士人们既想在城市的宅院山水中实现悠然意远,而又怡然自得的禅道境界,又不想脱离现实生活与享受,想过一种亦官亦民、亦朝亦隐、亦仕亦闲的生活。这种心态,正如白居易在《中隐》诗中所说:"大隐住朝市,小隐入丘樊。丘樊太冷落,朝市太嚣喧。不如作中隐,隐在留司官。似出复似处,非忙亦非闲。不劳心与力,又免饥与寒。终岁无公事,随月有俸钱。君若好登临,城南有秋山。君若爱游荡,城东有春园。君若欲一醉,时出赴宾筵。洛中多君子,可以恣欢言。……人生处一世,其道难两全。贱即苦冻馁,贵则多忧患。唯此中隐士,致身吉且安。穷通与丰约,正在四者间。"

最后，宋人庭院在园意观念和园境实践方面都沿着白居易的"中隐园林"继续发展。正如苏轼所说："古之君子，不必仕，不必不仕，必仕则忘其身，必不仕则忘其君……今张氏之先君……筑室艺园于汴、泗之间……开门而出仕，则跬步市朝之上，闭门而归隐，则俯仰山林之下，于以养生治性，行义求志，无适而不可。"（苏轼《灵璧张氏园亭记》）宋人园林相较于唐代的中隐园林，一个显著的特点就是更加注重和强调心灵的作用，强调人能否体悟万物的理趣。像苏轼在《记承天寺夜游》所说"何夜无月？何处无竹柏，但少闲人如吾两人耳！"把人与物统一起来，分不清是月、竹，还是人，万物理趣自在其中。外在园境上的创造与完善体现在置石、叠山、理水、莳花的更加精致，如色彩上的白墙青瓦、淡雅趣味的栗色门窗、象征意味的梅、兰、竹、莲，具体实景营造上的以少胜多等。内在心灵方面的提升则表现为士人们把园境的山水草木变为心灵的有机组成部分，如周敦颐的莲，"出淤泥而不染"，如林逋的梅，"暗香浮动月黄昏"；另一方面宋人把绘画、书法、诗词、音乐、文玩、品茗、棋局等具有很高文化修养的种类化为园林不可分割的一部分。这些种类里面尤其强调品茗和文玩，这是宋人园林的一大特色。士人们在园林中品茗茶的性淡与味长，获得"城居可似湖居好，诗味颇随茶味长"（周紫芝《居湖无事，日课小诗》）的园林雅趣。另外，士人们在园林中对不惜重金、多方收集的古器文物的赏玩雅多好之，并精致于几案屋壁间，日夜把玩，乐此不疲，以便从中引发历史的幽思，彰显玩赏者的学识，凝结玩赏者的高雅情趣。它呈现的是一种胸怀、一样情性、一片趣味、一颗心灵。正如："（袁文）有园数亩，稍植花竹，日涉成趣。性不喜奢靡，居处服用率简朴，然颇喜古图画器玩，环列左右，前辈诸公笔墨，尤所珍爱，时时展玩。"（袁燮《行状》）明清园林基本上是沿着宋人的园林发展，只不过更加精致化，没有什么独创性的特点，这个就不再多说。

（二）庭院深深与游目骋怀

老子的"反者道之动"、《易传》的"易者，逆数也"，表明了中国哲学的一个重要原则就是欲擒故纵，欲露还藏，将动还止。影响到艺术上，要求艺术在创造时要讲究张力，也就是说要寓静于动，动静结合，没有冲突的艺术不算成功的艺术。像王维诗中的"行到水穷处，坐看云起时"；绘画中的山欲断不断，水欲流不流；书法的逆势运笔等。那么中国古典园林艺术也把这种冲突带入园林的营构之中，讲究相对相成的造园原则，像动与静、实与虚、开与合、聚与散。山是静的，水是动，山水花木是实的，烟霞光影是虚的，这些无非是让园林的营造显得以小见大、曲折有致、含蓄内敛，进而达到一种象外之象、味外之味、境外之境的天人合一的意境美。这种意境美可用庭院深深来表达，庭院深深是中国古典园林艺术的结构和形式，也是意蕴和境界。"深"的结构和形式的营构需要采用构园的具体方法，那就是"通""隔""曲"。而要欣赏到"深"的意境美，还必须走入园林，游在其中，移步换景，园景是参差错落、欲遮还露的，人的心情也是起伏荡漾、兴趣盎然的。

首先，气韵流荡是庭院深深的灵魂。中国古典园林的小空间和宇宙大空间是相互交融、融合为一的，这是因为古代中国人认为宇宙之间充满着"气"，"气"为万物的根本，万物都来源于"气"的运行，气聚则物生，气散则物亡。老子认为："道生一，一生二，二生三，三生万物。万物负阴而抱阳，冲气以为和。"一就是未分阴阳的混沌之气，它由道化生，却又化生万物。庄子继承了老子的观点提出了"通天下一气耳"的观点。这就是中国的"元气"论。用这个"一气"来看待世界，认为世界是一个气的整体，各个层次的物处于阴阳之气的包围之中，进而有节奏有层次地相互感应，形成一个和谐的整体。另外这个和谐整体的万物都是气韵流荡之物，是充满生命活力的万物，是不断循环往复、生生不息的万物。

中国的造园家也把自己所造的园林空间世界看成一个气韵流荡的生命的世界，它和整个宇宙大空间是相互贯通的。因此，强调空间的贯通就成为园林创造的成功命脉之一。朱良志在《中国艺术的生命精神》中说："《周易·泰·渚案》云'天地交而万物通'，通是生命有机体之间的相互推挽，彼伏此起，脉络贯通，由此形成生命的联系性。通就是中国艺术的极则之一。"① 那么中国的造园家如何贯通园林的小空间和宇宙自然的大空间呢？这就要用"借景"的手法，计成在《园冶》中曾指出："园林巧于因借，精在体宜。……因者，随基势高下，体形之端正，碍木删桠，泉流石注，互相借资，宜亭斯亭，宜榭斯榭，不妨偏径，顿置婉转，斯谓精而合宜者也。借着，园虽别内外，得景则无拘远近，晴峦耸秀，绀宇凌空，极目所至，俗则屏之，嘉则收之，不分町疃，尽为烟景，斯所谓巧而得体者也。"也就是说，借景就是把园林外面、远近的景都拿来成为自己的一部分，这样就能扩大园林的空间，实现园林小空间与宇宙自然大空间的融合贯通。但是因外面的自然空间或他人的空间难免有缺陷，这就要运用艺术手段进行弥补，所谓"俗则屏之"；也会有美物美景，就"嘉则收之"以弥补园内想有因其局限而不可能有的。所以，"借"更多地涉及园林空间贯通的艺术手法和艺术境界。"借"又分为远借、邻借、仰借、俯借、应时而借，如北京颐和园远借玉泉山的塔，苏州留园冠云楼远借虎丘之景，拙政园靠墙的假山上建"两宜亭"，邻借隔墙的景色等。

不仅"借"能贯通园林小空间和宇宙自然大空间，而且园林建筑要讲究"透"。园林建筑的围墙是透的，亭、台、楼、阁是透的，这些"透"主要靠窗户在贯通空间。宗白华先生说："窗子在园林建筑艺术中起着很重要的作用，有了窗子，内外就发生交流。窗外的竹子或青山，经过窗子的框框望去，就是一幅画。颐和园乐寿堂差不多四边都是窗子，周围粉墙列着许多小窗，面向湖景，每个窗子都等于一幅小画（李渔所谓'尺幅画''无心画'）。而且同一个窗子，从不同的角度看出去，景色都不相同。这样，画的境界就无限地增多了。"② 宗先生还指出"不仅走廊、窗子，而且一切楼、台、亭、阁，都是为了'望'，都是为了得到和丰富对于空

---

① 朱良志：《中国艺术的生命精神》，安徽教育出版社2006年版，第210页。

② 宗白华：《美学散步》，上海人民出版社1981年版，第64~65页。

间的美的感受"①,还举例说,颐和园有一个"山色湖光共一楼"是说这个楼把一个大空间的景致都吸收进来了。还有杜甫的诗"窗含西岭千秋雪,门泊东吴万里船"诗人从一个小房间通到千秋之雪、万里之船,也就是从一门一窗体会到无限的空间、时间,都是从小空间进到大空间,以小见大,浑然一体,等等。明代的计成《园冶》所谓"轩楹高爽,窗户邻虚,纳千顷之汪洋,收四时之烂漫",就是说的窗户的内外疏通作用。

中国园林空间既讲"通"还讲"隔",没有隔也就没有通,这是中国古典哲学朴素辩证法的基本观念,这也符合生命的真实。隔就是所说的"隔"景,"分景",以花墙、山石将连片的景致隔开。而"隔"又隔不断,墙上有窗,山上有洞,透过窗能看不尽的景色,转过山也别有洞天,生命仍是生生不息的。隔也就是"抑"的艺术处理方式,先抑后扬是符合艺术审美心理的。"通"是生命的准则,"隔"也是生命的律动。"通"能让小空间和大空间融合为一,气韵生动,"隔"也能让空间欲遮还露。因此,中国的园林不仅讲究一种绵绵不绝的通感,还要注重一种欲断不断的阻感。

其次,曲折有致是庭院深深的表征。空间的疏通让我们感受到气韵流荡的运动,那么园林的曲线、流水更能让我们感受到"活"的生命。"曲"是中国园林的特色之一。曲折造园是山水式园林修建的一个规则,水是曲的、蜿蜒流淌;路是曲的,曲径通幽;廊是曲的,廊腰缦回;墙是曲的,起伏无尽,连属徘徊;桥是曲的,九曲卧波;这些曲线,不仅给人一种婀娜多姿的逗人姿态,而且还让人感到一种似尽不尽、无限遐想的诱惑。曲线是一种优美的形式,相较于直线的力量和稳重,曲线则多了柔和与活泼,所以曲线给人一种运动感、优美感和节奏感,山曲水曲,廊曲桥曲,于是人的情感也被曲折了,一波三折,兴趣盎然。

"水"是园林的命脉。园林缺了水就少了灵气,水的流动表现出生命的生生不息,水流在蜿蜒曲折的渠道里、垒石间,时而平缓,时而跌落,显得活泼灵动,富有生机。"水流山转,山因水

---

① 宗白华:《美学散步》,上海人民出版社1981年版,第65页。

活""溪水因山成曲折,山蹊随地作低平"。正如宋朝的郭熙在《林泉高致》中写道"水,活物也","山以水为血脉,以草木为毛发,以烟云为神采,故山得水而活",园林就像一个生命体一样,有骨肉,有血脉,有了节奏也就有了生命感。

最后,游目骋怀是对庭院深深的欣赏,是心与物交融的结果。造园的"通""隔""曲"造成了中国古典园林的庭院深深,那么欣赏中国园林,要走进去,游在其中,要"步步移,面面看",移步换景,情随境迁,所以,老庄的游心在园林的欣赏中最能体现。中国的观察方式是"散点透视",就是不要在一个固定的地点来看,一个点只能看到有限的景,而不能一览全貌,要想一览全貌,必须游在其中。不像西方的观察方式是"焦点透视",居于园林中的一点,就能一览无余。因此,游目就成了中国人欣赏园林的独特的观察方式。游目有两层含义:一是人在园林中来回走动进行欣赏,像中国古典园林中有很多可供观察的景点,特别是园林中的亭、台、楼、阁,四面皆空,人可以来回走动,慢慢欣赏面对的景物,景色不同,心情各异,或平静或惊叹,或高呼或低吟等。苏轼的"赖有高楼能聚远,一时收拾与闲人"(《单同年求德兴俞氏聚远楼诗》),张宣的"江山无限景,都聚一亭中"(《题冷起敬山亭》),都带有四面游目的意味。还有王维的《终南山》"白云回望合,青霭入看无。分野中峰变,阴晴众壑殊",也是人的游动之观;宋人郭熙所说的三远:平远、高远、深远,让人"仰山巅,窥山后,望远山",也是人在移动中观赏。二是人不动而视觉移动。古代西方人的空间是由几何、三角测算所构成的透视学的空间,这种透视法要求艺术家由固定的角度来营构他们的审美空间,固守着心物对立的观照立场。正因为人固定了,审美对象应有的尺度范围也就固定了,因而图画的意蕴也就有了固定性,不再是流动的、变幻的。而中国人的观赏,就是人不动,人的眼睛也一定会"仰则观象于天,俯则观法于地,观鸟兽之文与地之宜,近取诸身,远取诸物"(《周易·系辞下》)、"仰观宇宙之大,俯察品类之胜"(王羲之《兰亭集序》),俯仰往环、远近取与是中国人独特的观察方式。正如宗白华先生所说"画家的眼睛不是从固定角度集中了一个透视的焦点，而是流动着飘瞥上下四方，一目千里，把握全境的阴阳开阖，高下起伏的节奏"。① 这种节奏化的律动所构成的空间便不再是几何学的静的透视空间，而是一个流动的诗意的创造性的艺术空间。"俯仰往环，远近取与"的流动观照并非只是简单的观上看下，而是服从于艺术原理上的"以大观小"。由这种观照法所形成的艺术空间是一个"三远"（高远、深远、平远）境界的艺术空间，集合了数层与多方视点，是虚灵的、流动的、物我浑融的，是既有空间，亦有时间，时间融合着空间，空间融合着时间，时间渗透着空间，空间渗透着时间。对于中国人"空间和时间是不能分割的。春夏秋冬配合着东西南北。这个意识表现在秦汉的哲学思想里。时间的节奏（一岁十二月二十四节）率领着空间方位（东西南北等）以构成我们的宇宙。所以我们的空间感觉随着我们的时间感觉而节奏化了、音乐化了！画家在画面所欲表现的不只是一个建筑意味的空间'宇'而须同时具有音乐意味的时间节奏'宙'。一个充满音乐情趣的宇宙（时空合一体）是中国画家和诗人的艺术境界"②。

二、"唯道集虚"：老庄的空间建筑美学思想

中国古典园林艺术是一种空间艺术，它必然要受到围墙、亭、台、楼、走廊等所隔的静态空间的束缚和限制，而在园林中增加流动感，正是要在静中显动，在空间中体现出时间，在流动中展露生机。园林中的水能让静态的园林活起来，水流其间，花草树木，亭台楼阁都活起来。游走在园中，游人渴望探寻水流的源头，曲径通幽，别有洞天。中国园林空间很重视时空关系的设计，即按照线的运动，将空间的变化融合到时间的推移中去，又从时间的推移中呈现出空间的节奏。因此中国古典园林建筑特别重视群组规划，重视序列设计，重视游赏路线。中国很多园林从一进门就不畅通，往往是障碍层出不穷，给人以"山重水复疑无路，柳暗花明又一村"

---

① 宗白华：《美学散步》，上海人民出版社1981年版，第97页。
② 宗白华：《美学散步》，上海人民出版社1981年版，第106页。

的节奏感。这种节奏就是让游览者心意或开或合，或抑或扬，给人无限的遐想。乾隆时在避暑山庄松林峪沟底建一小园林，由峪口几经曲折，才到园林门前。这园取名"食蔗居"，就是将"玩景"比作吃甘蔗，由头至尾，越来越甜，渐入佳境。人们步移景随，在行进中心的变化富有节奏性，给人以极为美妙的审美感受。

在中国古典园林里，游人进行仰观俯察、远近游目无非追求一个"乐"字，因为中国园林不仅在安顿性灵，还在愉悦情性，园林能给人带来快乐。但是这种快乐是分层次的，像祁彪佳就说："旷览者，神情开涤，栖姹者，意况幽闲"。这里就有一般的登临游览之乐和身与之游、心与之会，进而陶然物化、自臻其乐两个层次。白居易《草堂记》中说："乐天既来为主，仰观山，俯听泉，旁睨竹树云石，自辰及酉，应接不暇，俄而物诱气随，外适内和。一宿体宁，再宿心恬，三宿后颓然嗒然，不知其然而然。"很明显，白居易把愉悦分为三个层次：一是"体宁"阶段，就是园林欣赏中的一般愉悦；二是"心恬"阶段，也就是所谓的"内和"，是人心和园林妙然相契，是"会心山水"之乐；三是物化之乐，亦即庄子所说的"忘适之适"，是"不知其然而然"，是"游心"之乐。这三个层次之间存在着一个由"体宁"之外到"心恬"之内，由一般的"悦耳悦目"快乐到较高的"悦心悦意"的渐进过程。而由"心恬"上升到物化，则是会心山水之间的心灵体验最终泯然物化，达到一种"悦志悦神"的终极快乐。

实际上，真正能够在园林中获得宇宙的真谛，实现物化的终极快乐只是极少数人。游目园林之乐多数人处于体宁阶段的"悦耳悦目"之乐，而士人在园林品赏中所追求的快乐，主要是第二阶段的"悦心悦意"之乐，这就让很多士人居庙堂之高或失意时仍然把羡慕的目光投向山林之远，投向精心营构的园林而乐此不疲，只是为了消除胸中块垒，解臆释怀，抚慰现实人生，让不平衡的得以平衡，让匆忙的人生变得旷达、悠闲些。正如宋代冯多福在《研山园记》中说："酣酒适意，抚今怀古，即物寓景，山川草木，皆入题咏……夫举世所宝，不必私为己有，寓意于物，故以适意为悦。"这里一草一木，都含有诗人之意，而诗人之意以适意为悦，正点出了园林欣赏的会心山水之乐。又如白居易所说:"静得亭上境,远谐尘外踪。凭轩东南望,鸟灭山重重。竹露冷烦襟,杉风清病容。旷然宜真趣,道与心相逢。即此可遗世,何必蓬壶峰。"诗人与亭台景物悠然心会,在旷然中发现了"真趣"——自我与大自然的真实生命,获得了极大的快乐。在造园家看来,外在景物只不过是生情的媒介,而特别注意到景物的象征性和处理的含蓄性。因唯有象征性,物体以有限的形象而求无穷无尽的意义;唯其含蓄性,人的想象才能得以自由驰骋而获不尽的气韵。这时景物已不再是纯粹的线条、色彩、质感等的组合,而是在传统体验下给予人们以心理的暗示,造园时多以象征的手法,不论景物的名称、形状或布置均别有深意,以扩大人们的艺术联想力。于是中国古典园林中有"一池水可为汪洋千顷。一堆石乃表崇山九仞"(计成《园冶》)之说,从而以少胜多,产生无穷无尽的意境。

意境,是由情景、虚实、有限无限、动静与和谐诸因素有机构成的。中国古典园林意境是造园主所向往的,从中寄托着情感观念和哲理的一种理想审美境界。通过造园主对自然景物的典型概括和高度凝炼,赋予景象以某种精神情意的寄托,然后加以引导和深化,使审美主体在游览欣赏这些具体景象时,触景生情,产生共鸣,激发联想,上升到"得意忘象"的纯粹的精神境界。园林意境是园林审美的最高境界,是造园立意的本质所在,亦是欣赏过程的终点。它起于情景交融,情由外景相激而启于内,景因情起而人格化,物我同一主客相契,这是自然之"道"与人心之"道"的往复交流,是心与物的统一,是心理的和谐。

意境都要讲到虚实问题,中国古典园林意境的虚实问题,可以理解为园林之平面布置与空间序列问题。虚虚实实,虚实结合。无"虚"则不成意境,这种"虚"即意境之"意",便是审美主体超脱于功利、伦理与政治羁绊的自由自在的内心。因而宗白华先生在《艺境》中深刻指出:"化景物为情思,这是对艺术中虚实结合的正确定义""唯有以实为虚,化实为虚,就有无穷的意味,幽远的意境"。清人笪重光在《画荃》亦指出:"实景清而空景现""真境逼而神境生""虚实相生,无画处皆成妙境"。其实,园林之意境亦然。中国古典园林要在有限的地域内创造无穷的意境，显然不能照搬自然山水，而必须通过造园家对自然的理解，并加上主观创造才能达到目的。在造园活动时主要靠园林空间的创造来得以实现。而虚实空间的变化与小中见大又是中国古典园林空间的两大特色。

中国古典园林的各个构成要素本身颇富虚实的变化：山为实，水为虚，敞轩、凉亭、迴廊则亦虚亦实，再加上园林中花木的配置，都造成了虚以接实，实以亲虚的效果。在平面布局上，不像西方园林那样规则、几何、对称，而是参差、曲折、错落有致，空间布局上相互流通，前呼后应，花草树木穿插其间，使景物或隐或现，或藏或露，从而产生了更多的虚实变化。

建筑艺术是一种空间艺术，没有空间，即没有虚空，建筑就不是真正意义上的建筑，所以，空间就成为建筑的本质，是建筑有用的标志。关于这一点，老子论述得十分精到："三十辐共一毂，当其无，有车之用；埏埴以为器，当其无，有器之用；凿户牖以为室，当其无，有室之用。故有之以为利，无之以为用。"车毂、器皿和室（建筑）都是因为"无"，即虚空，才能满足人们的实用要求，没有"无"，车毂、器皿和建筑不能成为真正的车毂、器皿和建筑。当然老子重视"无"并没有否定"有"，在他看来，只有"有"，即实体，才能带给人们便利。在老子看来，有无是相生的、有无是相对的，两者缺一不可。车、器、室是有形的东西，它能给人们带来好处和利益，但"无"——无形的东西、无形的部分才是最大的作用，正是有了"无"，"有"才能发挥作用，这就是老子"有无相生"和"贵无"的思想。这种思想是符合于建筑的空间原理的，因为一个建筑物如果没有"无"即虚空，是不堪设想的，最起码不是一个真正的建筑物。这种重视虚空的"贵无"意识使得中国的艺术作品突破了实体的具体局限，具有了空间的无限表现力和空间蕴含量。

到了庄子，他继承和发展了老子的"有无相生"的"贵无"思想，提出了"唯道集虚"的思想，他说："气也者，虚而待物者也。唯道集虚，虚者，心斋也。"（《庄子·人间世》）这里庄子把

"道""虚""气"和"人心"四者相互融合为一体，指出只有"道"才能把"虚"全部集纳起来，而只有"虚"才能很好地对待和集纳万物，所谓"虚"就是"空"，也就是所谓的"气"，而把握"虚"，只有靠人的内心的虚静，也就是"心斋"才能获得。这样庄子就在老子的虚空之中用"气"充溢其中，这就增加了空间的灵动性和生命感，在体验与感悟这种灵动性与生命感的同时又能获得一种超越感，即"道"的获得。这样庄子的"唯道集虚"的空间观就打破了现实空间的有限性，拓展了无限性和宇宙意识，增加了空间的流动性与生命感，使得庄子的"唯道集虚"的空间观对后来的美学、艺术特别是园林建筑影响甚大。

"唯道集虚"的空间观表现在中国园林艺术的营构上就是"意境"。"意境"是中国美学的核心范畴，是评价中国艺术水平高低的标尺，中国园林艺术当然也不例外。但是中国园林艺术和音乐、舞蹈、绘画、书法、文学等其他艺术门类相比，无论是在构成的材料上，还是审美欣赏的观照方式上都差距甚大，中国园林是用真实的山水、花草树木在天地间作画，要想欣赏，你必须进入其中，和山水、花草树木融为一体，是身之所历、心之所悟的真实的体验与感悟，而音乐、舞蹈、绘画、书法、文学等其他艺术类型要么被人把玩于掌上反复评鉴，要么放置于耳边细细倾听，总之是一种外在于人的感悟与体验，是人们想象出来的产物，这只能满足少数人的精神需求。也就是说，中国园林艺术的意境相对于音乐、舞蹈、绘画、书法等是具有真实空间的艺术境界，这种真实的空间在园林艺术的营构中呈现出一种"既是'实'的空间，又是'虚'的或'灵'的空间，二者互渗互补，契合而成以不测为量的、令人品味不尽的空间美的组合"。① 这种空间美的灵魂就是富有气韵生动的生命感，它需要"隐秀"的艺术手法创造出来。

刘勰在《文心雕龙·隐秀》篇中对"隐秀"作出了解释，他说："情在词外曰隐，状溢目前为秀"，很明显，"隐"与"秀"

---

① 金学智：《中国园林美学》（第二版），中国建筑工业出版社2005年版，第317页。

实际上就是隐蔽与显现的关系。接着刘勰进一步分别解释了何谓"隐"？何谓"秀"？

"隐也者，文外之重旨者也""隐以复意为功""夫隐之为体，义生文外，秘响旁通，伏采潜发，譬爻象之变互体，川渎之韫珠玉也。故互体变爻，而化成四象；珠玉潜水，而澜表方圆""深文隐蔚，余味曲包"。"隐"在刘勰这里是指"文"的字面意义背后所传达出的多种思想情感。这些思想情感最主要的特点就是隐而不显，就像爻象的变化蕴含在互体里，像川流里挟着珠玉，就是因为有了爻象的互体和川流中的珠玉，卦象才有各种各样的变化，水流才有变动不居的涟漪。同样，文章中蕴含的思想情感，才会有价值，才会余味无穷。那么，"隐"的含义就有两个方面，一是隐藏、潜藏，不显山，不露水；二是还要从所显露的层面传达出无限悠远的情意和旨味。这在文学艺术上就是含而不露、意在言外的含蓄美。但是"隐"不等于"隐晦"或"晦涩难懂"。"或有晦塞为深，虽奥非隐"，有的人以为用意越是晦涩难懂，就是"隐"，刘勰认为这恰恰不是"隐"，而是装腔作势，真正的"隐"是情之所至，自然天成。

再看"秀"。刘勰认为"秀也者，篇中之独拔者也"，"秀以卓绝为巧"，再加上张戒在《岁寒堂诗话》中所引"状溢目前为秀"。可以看出"秀"是文章句子的美学特征，是文章中画龙点睛之笔，也就是我们常说的"文眼"。这些"秀句"具有什么样的美学特征呢？按刘勰的话来说就是："彼波起辞间，是谓之秀。纤手丽音，宛乎逸态，若远山之覆烟霭，姣女之靓容华。然烟霭天成，不劳于妆点；容华格定，无待于裁熔；深浅而各奇，秾纤而俱妙，若挥之则有余，而揽之则不足也。""秀"是文辞间的水波，呈现出一种动态的美感，有了"秀句"，文章才能一波三折，引人入胜。这些"秀句"就像"纤手丽音""远山雾霭""姣女容华"一样都是自然天成的，没有一点雕琢的成分，给人的美感是飘逸、神秘、容光焕发的。

关于"隐"与"秀"之间的关系，刘永济在《文心雕龙校释》中说："盖隐处即秀处也"即有机统一关系。"隐"侧重于不在场的深邃意蕴、思想情感；"秀"侧重于在场的表层形象、形式创造方面。隐是秀的基础，秀是隐的显现。一方面是隐待秀而明，另一方面是秀以隐而深。所谓"隐秀"，正是含蓄与鲜明交织，形似与神似结合、实境与虚境的兼美。

中国古典园林从审美理想上来看是追求一种"虽由人作，宛自天开"的意境美。这种意境美的营构要借助于"隐秀"的艺术手法而完成，中国古典园林的总体风格是"尚韵"的，即"含蓄慰藉"。"含蓄"就是"隐"，就是欲说还羞、"犹抱琵琶半遮面"，就是遮蔽、曲折。但隐的目的是为了"显"或为了美，而显或美的呈现必须要借助的手段是"秀"，就是那些鲜明突出之物。

这样"隐秀"所达到的整个中国古典园林的效果是充满生命的气息和生命的意味，即"气韵生动"。"气"重在生命意味的显露一面，动态一面，劲健一面，发展一面，可以明确把握的一面；"韵"重在生命意味隐蔽的一面，静谧的一面，柔和的一面，精细的一面，无限发展的一面，难以把握的一面，气韵组成一个概念时，更多地指生命精神存在的阴性状态：静态，深沉，悠长，绵远，无限，亲和，精微。

如何达到"气韵生动"的意境美效果，就要突出中国园林艺术的"园眼"，也就是园林中能够"奠一园之体势"的建筑物、山水或者是花草树木，等等。因为园林艺术的各个组成部分是有主有次、相互协调的美学关系。正是这种关系，才使园林艺术有机整合为一个和谐一致的、生气灌注的意境美整体。

在园林中，因为分区不同，各个区的主体也不同，有的是建筑物、有的是山、有的是水、有的是花草树木等，不一而居。各种主体，要起到控制整个园区的作用，它要有一种凝聚力，要把其他的山水树石形象聚引到自己的周围，组合成完美的构图。清人沈元禄曾说："奠一园之体势者，莫如堂；据一园之形胜者，莫如山。"这里的"堂"和"山"就是整个园林的主体、园眼，就是园林营构手法上的"秀"。之所以选择人工所建造的"堂"，无非就是在功能上"堂，当也，当正向阳之屋。又明也，言明礼义之所"（苏鹗《苏氏演义》），即"供园主团聚家人，会见宾客，交流文化，处理事务，进行礼仪等活动的重要场所"①。既然是礼仪活动的场所，"堂"的建筑不仅要"凡园圃立基，定厅堂为主"（《园冶·立基》），也就是说整个园林布局要以厅堂为中心，还要建得高大、精丽，因为"堂，犹堂堂，高显貌也"（刘熙《释名·释宫室》）。"堂之制，宜宏敞精丽，前后须层轩广庭，廊庑俱可容一席……（文震亨《长物志·室庐》），也就是说厅堂首先必须朝南向阳，居于宽敞显要之地，并有景可取，而其建筑空间本身也有其美学要求，这就是宏敞精丽，堂堂高显，表现出严正的气度和性格。之所以选择自然形成的山或者人工堆积的假山，无非就是让山的坚固性、静态性彰显出来。孔子曰："知者乐水，仁者乐山；知者动，仁者静；知者乐，仁者寿。"（《论语·雍也》）这段话，很明确地说出了山水的自然特性与人的心理变化的同构对应，那就是水的不停息的动的现象让知者思维活跃、通达，从而感到茅塞顿开的喜悦；而山的旷阔宽阔、岿然不动的静的身姿，又能让仁者时刻处于"旷然无忧愁，寂然无思虑"（《嵇康·养生论》）的虚静状态，从而得以健康长寿。因此，山，令人产生静态，静，能使人释放躁动不安的心灵，从而使人达到心情平和，"静然可以补病"（《庄子·外物》）的效果。

突出主体建筑物的体量与装饰，是为了画龙点睛、引景标胜的需要，它能让周围的建筑物环绕朝揖，如众星拱月一般成为一个有机整体，又能借助于自己高大的体量、峻拔的身影，把整个园林的二维平面变为三维空间，极大地丰富了整个园林的立面造型，特别是延伸了以建筑为中心的天际线，使得平坦的地平线上的建筑组合结构，不再是横向展开，平铺直叙，毫无起伏，而是立面不一，造型多姿，高低错落，宾主分明。在中国古典园林中，我们常常可以看到高大挺拔的楼阁、翼然展开的空亭、耸入云霄的佛塔等耸立在园林的高显之处，以自己的拔地而起改变了横向的平面铺排，发挥着以竖破横的作用，又以自己的高大透空吸纳着周围空间的美丽景

---

① 金学智：《中国园林美学》（第二版），中国建筑工业出版社2005年版，第121页。

色，发挥着气韵生动的意境美。如杭州西湖的保俶塔，高傲地耸立于宝石山巅，把西湖周围的建筑、山水花草树木等都吸引在自己的周围，使得杭州西湖的景色成为一个和谐的有机体。特别是那耸入云霄的塔身倒影在清澈的湖水中所形成的美丽倩影，以非凡的魅力把人们诱向如诗如画的西子湖，怪不得袁宏道说："望保俶塔突兀层崖中，则已心飞湖上也……即棹小舟入湖。"（袁宏道《西湖一》）在袁宏道看来，这个塔之所以有勾魂摄魄的魅力，就在于它所处的位置，作为艺术的"场"，有引景标胜的作用。

李允鉌先生就曾指出这种视觉的美感，他说："在视觉的意义上，建筑物所表现的形体应该分别以远、中、近三种不同的距离来衡量它的效果。在远观的时候，立面的构图只是融合成一个剪影，看到的只是它的外轮廓线，与天空相对照，就成了所谓的天际线。在中国古典建筑中，无论什么建筑，很少是简单几何图形的'盒子式'的外形，它的屋顶永远不会只是一些平坦的线条，因此，外轮廓线永远是优美的、柔和的，给予人一种千变万化的感觉。"①

实际上这是说的面积较小的园林与面积较大的园林在主体控制上的不同，较小面积的园林要以体量适中的建筑物为中心来布置整体，当然不限于建筑物，还可以用水、花草树木为中心，这样才能显出建筑物体量的高大，姿态的壮丽；而面积较大的园林最好还是以体量较大的真山为中心来营构，这样才能显出山的高峻挺拔。

如果说中国古典园林中以山水、花草树木等为主体控制的空间还是一种可见的实景空间的话，那么由其实景空间所蕴含的虚景空间才是中国古典园林追求的本质所在，即"隐"的空间。这种"隐"的空间从审美观照的视野来看，给人的是一种意趣深隽的美感；从哲学的视角来看，给人的则是一种道的境界。即中国人在园林中身之所历、心之所悟的生命感、宇宙感。这恰恰是中国古典园林的空间感的独特之处。这种独特之感的获得一方面靠"秀"的凸显来聚拢视觉的中心，另一方面则是靠"亏蔽"来获得景深。

---

① 李允鉌：《华夏意匠——中国古典建筑设计原理分析》，天津大学出版社2005年版，第167页。

所谓"亏蔽"就是通过一定的遮隔,使景观幽深而不肤浅孤露。在中国古典园林中,为了营造这种幽深而静谧的园林意境美感,造园家常常用围墙、花木、山石、屋宇、廊、桥等物来遮隔空间,形成许多既相互独立,又互相贯通的小空间。这些空间景色既藏中有露,又露中有藏,一层之上,更有一层,使游人观之,感到触目深深,幽蔽莫测。陈从周先生指出:"园林与建筑之空间,隔则深,畅则浅,斯理甚明,故假山、廊、桥、花墙、屏幕、槅扇、书架、博古架等,皆起隔之作用……日本居住之室小,席地而卧,以纸隔小屏分之,皆属此理。"[①]

很明显,中国古典园林"隐"的空间就是"深"的空间。而最能体现"深"的空间美学特征的则是"曲径"的运用及其审美特征的彰显。那么,何谓"曲径"的审美特征呢?唐朝诗人常建曾写过:"曲径通幽处,禅房花木深"的著名诗句,在此诗句中,他指出了"曲径"的审美特征是通向"幽""深"的审美境界的。"可见,引人入胜,让人探景寻幽的导向性,正是曲径十分重要的审美功能。……更为重要的是,曲径不只是'曲',而且还'达',是通此达彼的。在这条曲径上,随着审美脚步的行进,前面总会不断地展现出不同情趣的幽境,吸引着人们不断地去探寻品赏。曲径那种几乎无限的导向性,归根结底是由几乎往复无尽的通达性所决定的。"[②] 正因为"曲"具有如此的审美意蕴,所以"曲折造园是山水式园林修建的一个规则,水是曲的,蜿蜒流淌;路是曲的,曲径通幽;廊是曲的,廊腰缦回;墙是曲的,起伏无尽,连属徘徊;桥是曲的,九曲卧波。这些曲线,不仅给人一种婀娜多姿的逗人姿态,而且还让人感到一种似尽不尽、无限遐想的诱惑。曲线是一种优美的形式,相较于直线的力量与稳重,曲线则多了柔和与活泼,所以曲线给人一种运动感、优美感和节奏感,山曲水曲,廊曲桥

---

① 转引自金学智:《中国园林美学》(第2版),中国建筑工业出版社2005年版,第293页。

② 金学智:《中国园林美学》(第2版),中国建筑工业出版社2005年版,第298页。

曲，于是人的情感也被曲折了，一波三折，兴趣盎然"①。

中国古典园林美学是一种特意人为营构的空间美学。它直接受老庄空间美学的渗透和影响，使其具有了"唯道集虚"的哲学特征和"气韵生动"的意境美特征。而在具体的营建上则靠"隐秀"的艺术手法。

虚实相涵的空间处理，同时造成中国古典园林的另一特征："小中见大"。在空间处理上，经常采用含蓄、掩藏、曲折、暗示错觉等手法并巧妙运用时间、空间的感知性，使人莫穷底蕴；另外借景、对景、隔而不死、对比等手法如能灵活运用，均能丰富空间层次，使人感觉景外有景、园外有园的感觉，从而达到"小中见大"的效果。苏州留园入口处理最具代表性。在其入口流线上，有意识地安排了若干小空间，运用明暗、虚实、曲折闭合、狭长等欲扬先抑的手法取得了很好的效果。

中国古典园林的目的之一就是要摆脱传统礼教的束缚，给人以修身养性之所。因此，中国古典园林的时空观，不是去追求获得某种神秘紧张的灵感、体悟和激情，而是提供某种明确实用的观念情调，把自然美与人工美高度地结合起来，把艺术的境界与现实的生活融为一体，形成了一种把社会生活、自然环境、人的情趣与美的理想都水乳交融般交织在一起的既"可望可行"又"可游可居"的现实的物质空间。它不重强烈的刺激和认识，而重在潜移默化的生活情调的陶冶上。它强调古朴、淡雅、幽静和闲谧的潜在情趣与自然环境的共鸣。这些都完全符合老庄的清谈哲学思想。

---

① 参看拙文《心与物的和谐——老庄游心思想与中国古典园林艺术》，《美与时代》2012年第3期，第18页。

第四章 建筑的物理和谐（数的和谐）
——西方传统建筑的总法则

第一节 古代西方的审美观

正如古希腊、罗马文化是欧洲文明的源头一样，古希腊、罗马的建筑形制也对西方的建筑造型起着一个规则和示范标本，因此，探讨古希腊、罗马建筑法则对了解整个西方建筑有巨大的作用。古希腊、罗马的建筑法则是在其建筑美学的影响下建立起来的。古希腊、罗马建筑美学是建立在数学比例基础上的一种形式美学，它和古希腊毕达哥拉斯学派对数的和谐的探求，古罗马建筑学家维特鲁维以及文艺复兴时期的建筑美学家的学说有关。

公元前6世纪末，在古希腊由第一个美学家及哲学家毕达哥拉斯（前580—前500年）及其信徒组成的毕达哥拉斯学派，其成员多为数学家、天文学家和物理学家。他们认为宇宙万物最基本的元素是"数"，"数为万物的本质"。数的原则统治着宇宙的一切，从这个观点出发，他们认为美是和谐与比例。毕达哥拉斯就认为："美就是和谐，一切事物凡是能够看出一定和谐关系的就是美的。"这实际上是经过一种理性思维后得出的一个判断，概括出了当时的审美与艺术活动的成果。他还说"数是万物的本质，一般说来，宇宙组织在其规定中是数及其关系的和谐体系"，[①] "一切立体图

[①] 转引自陈志华：《外国建筑史》，中国建筑工业出版社1979年版，第28页。

形中最美的是球形，一切平面图形中最美的是圆形"。① 黄金分割比1∶0.618就是其早期研究的结果。他们很注重审美对象的数学基础，力图为艺术家们找出产生最美效果的经验性规范。他们也应用这个原则来研究建筑与雕塑等艺术，想借此找到物体的最美形式。

哲学家亚里士多德（前384—前322年）也提出：美存在于具体的美的事物之中，美首先取决于客观事物的属性，这主要是体积的大小适中和各种组成部分之间的有机的和谐统一。美的主要形式是秩序、匀称和明确，不能把数排斥在美的范围之外。"美是由度量和秩序所组成的。"②

可见，古希腊人推崇"数"的原则，他们认为精确"比例"比感官可靠得多，不会透视变形而被扭曲。这种美学思想导致了古希腊人在高、宽、厚的关系中寻找建筑的美，在对角线与边长中获取建筑美的奥秘。

在神学主宰的中世纪，数学原则在艺术中的权威地位仍然不可动摇。在宗教哲学家看来，美是适当的比例和鲜明的旋律。圣·奥古斯丁认为美是数学的和谐关系的显示。他在《论音乐》一书中说："美丽的东西所以使人喜欢，就是全靠有数字的关系。"③ 而圣·托马斯·阿奎那更明确提出："美有三个要素。第一是一种完整或完美，凡是不完整的东西就是丑的；其次是适当的比例或和谐；第三是鲜明，所以鲜明的颜色是公认的。"④ 宗教理论家的观点充分地反映在宗教艺术之中。米兰大教堂等哥特式宗教建筑，都表现为严格的几何体尖角，圣坛的长度、高度都无不表现出和谐的比例。它的迷人之处正在于数学智慧与宗教精神的有机结合。

---

① 转引自陈志华：《外国建筑史》，中国建筑工业出版社1979年版，第28页。
② 转引自陈志华：《外国建筑史》，中国建筑工业出版社1979年版，第28页。
③ 圣·奥古斯丁著，周士良译：《忏悔录》，商务印书馆1963年版，第64页。
④ 《西方美学家论美和美感》，商务印书馆1980年版，第65页。

到了文艺复兴时期，由毕达哥拉斯、亚里士多德、维特鲁维所开创的以数的和谐为标准的形式主义美学被文艺复兴的理论家所继承。但是这些理论都是在维特鲁维的强烈影响之下，都没有超出维特鲁维著作的体系。文艺复兴时期的理论家仍然崇奉"和谐是美"这个观点。文艺复兴时期伟大的建筑学家阿尔伯蒂说："我认为美就是各个部分的和谐，不论是什么主题，这些部分都应该按这样的比例和关系协调起来，以致既不能再增加什么，也不能再减少或更动什么，除非有意破坏它。"同时，阿尔伯蒂还在他的《论建筑》书中对建筑设计下了一个定义："整个建筑艺术，是由设计与结构所组成的；整个设计的力量与规则，是将组成建筑外观的线与角，加以正确而准确地适应与连接而构成的。设计的本质就在于：将一座大厦的所有部件放在它适当的位置，决定它们的数量，赋予恰当的比例与优美的柱式。"从他的言论和著作可以看到阿尔伯蒂与希腊罗马时期的建筑师一样信奉数的关系和比例的规则。阿尔伯蒂的建筑理论在当时影响甚广，同时他也是一位有很多建成作品的建筑师，他的建筑是他的理论的最佳范例，阿尔伯蒂设计的位于佛罗伦萨的新圣玛利亚教堂的立面由一系列正方形和平行线来控制整个建筑的比例的，新圣玛丽亚教堂的立面取得了良好的视觉效果，并且成为建筑和谐优美比例的典范。

文艺复兴时期另一个建筑大师帕拉第奥写了一套四本的著作《建筑四书》，他的著作同样以维特鲁维的理论为基础，只不过更加完善和精妙，《建筑四书》同阿尔伯蒂的《论建筑》和维尼奥拉的《五种柱式规范》成为当时建筑界的圣典，并成为后来欧洲建筑师的教科书。帕拉第奥在书中向人们揭示了一系列复杂的、建立在音乐尺度之上的和谐关系，这些各种比例之间的关系，不仅仅是涉及某一个房间的比例，而且要涉及一个空间序列中的每一个房间的比例关系。由此他建立了一套自己的关于比例几何及和谐的理论。帕拉第奥认为："被人觉得美的比例除了（正方形和圆）和黄金比以外，还有许多黄金比和基本比例的组合。"同时他还说："美产生于形式，产生整体和各个部分之间的协调，部分之间的协调，以及又是部分和整体之间的协调；建筑因而像个完整的、完全的躯体，它的每一个器官都和旁的相适应，而且对于你所要求的来说，都是必需的。"帕拉第奥所说的整体的完整，本来是维特鲁维反复论述过的。阿尔伯蒂也说："有一个由各个部分的结合和联系所引起的，并给予整体以美和优雅的东西，这就是一致性，我们可以把它看作一切优雅的和漂亮的事物的根本。一致性的作用是把本职各不相同的部分组成一个美丽的整体。"

同样，他在自己的作品中实践着自己的建筑理论，他最著名的作品是维晋察的圆厅别墅。圆厅别墅采用了正方形平面，立面严格四面对称，正中上部有穹隆的圆形大厅。文艺复兴时的建筑设计深受欧几里得几何学的影响，建筑师执着于对完美的几何形的追求。坦比哀多是文艺复兴盛期的建筑代表作之一，平面为圆形，分析其剖面可以看到它的构图遵循着一定的几何关系。

文艺复兴时期的建筑师们认为复杂的比例关系比简单的比例关系达到更高的美学境界。他们在设计中追求这种复杂的比例关系，并且在设计中使用了"控制线"作为追求复杂的比例关系的手段。控制线包括对角线和基本几何形两种。对角线的原理就是：如果一系列方形的对角线是平行的，那么它们的长和宽具有相同的比例；如果它们的对角线是垂直的，那么它们具有相同的比例并且是旋转了90度的。基本几何形，控制线包括圆三角形、黄金分割矩形以及各种动态矩形等简单而又有确定的比例关系的几何图形。

文艺复兴时期对建筑和谐的美的研究达到了一个高潮。古典建筑在西方各个国家广泛的传播开花结果。这之后，关于建筑比例尤其是柱式的规范逐渐僵化教条。有两种建筑风格突破了这种教条，一种是标新立异力求突破既有形式的巴洛克风格，另外一种是主要在法国大行其道的古典主义。巴洛克建筑师贝尔尼尼（1598—1680年）说："一个不偶尔破坏规则的人，就永远不能超越它。"[1]巴洛克是创新的，但是处处留着古典主义的影子，甚至还遵循着古典主义的某些原则，使用柱式作为建筑造型的主要手段。法国古典

---

[1] 转引自陈志华：《外国建筑史》，中国建筑工业出版社1979年版，第133页。

主义的大本营是1677年成立的法国皇家建筑学院，学院致力于建立更加严谨的建筑艺术规则，他们认为这种规则就是数和几何。他们把比例作为建筑造型中唯一的主导的因素。建筑学院的第一任教授弗·勃隆台（1617—1686年）说："美产生于度量和比例"，"建筑中，决定美和典雅的是比例，必须用数学的方法把它订成永恒的稳定的规则"①。只要比例恰当，连垃圾堆都是美的。它们用以几何和数学为基础的理性判断完全代替直接的感性的审美经验，不信任眼睛的审美能力，而依靠两脚规来判断美，用数字来计算美。奥古斯丁也认为，美的基本原理在于数。"数始于一，数以等同和类似而美，数与秩序不可分。"②他的关于比例、尺度、均衡、对称、整一和谐等形式美概念，都被当成法则一直使用到现今。

古典主义建筑以使用严谨的柱式为特征。卢浮宫的东立面是古典主义的经典之作，卢浮宫的立面具有简洁的几何关系：中间突出部分是一个正方形，柱距是柱高的一半，基座是整个高度的1/3。卢浮宫优美动人的外观使其成为建筑史上熠熠生辉的一颗明珠。

自毕达哥拉斯和维特鲁维以来，都相信客观存在着的美是有规律的，而这个规律就是几何和数的和谐。而且，这个规则是存在于整个宇宙的。文艺复兴时期的理论家，也相信世界是统一的，世间万物存在着普遍的和谐。科隆主张，建筑物不仅要自我完整，而且应该是整个世界的和谐的一部分，服从于世界整体。他们认为，建筑美的内在规律和统摄着世界的规律相一致。这个规律，就是数的规律。阿尔伯蒂、赛利奥等认为建筑就是以数字转化为空间单元的艺术。以数学为基础的比例，就是几何关系的依据。

第二节　"人体的美"与"柱式"

古希腊哲学家认为，在万物中唯有人体具有最均匀、最和谐、

---

① 转引自陈志华：《外国建筑史》，中国建筑工业出版社1979年版，第143页。

② 圣·奥古斯丁著，周士良译：《忏悔录》，商务印书馆1963年版，第64页。

最庄重和最优美的特色。对于人体美的欣赏，希腊民族基于两方面的原因。一方面，为了保卫国家和进行战争，他们用严格的军事训练来塑造吃苦耐劳、体魄矫健的勇士，希腊人的这种风气产生了特殊的审美观念，在他们的心目中，最美最理想的人物是身手矫健、比例匀称、擅长各种运动的裸体，而全民族的盛典以致奥林匹克运动会等都成为展览和炫耀裸体的场所。正是在这种民族心理和民族感情的支配下，裸体雕塑艺术得到了很大的发展。因为，在他们眼里没有什么与比例匀称发育良好的人体相比更美的了。另一方面，希腊的宗教也反映了希腊人的这种美学观念，宗教与艺术总是密切相关的，古希腊人的宗教观念是神人同形和同性的，在他们看来神的世界是光明与信心的世界，希腊人认为神和人一样只是更加完美，因此希腊神话中诸神拥有世俗的美。他们体态高大健壮，相貌俊美，拥有超人的能力和与人一样的感情。希腊神话中的美神阿弗洛狄忒丰满而性感，代表了希腊人眼中女性美的极致。希腊人认为人是万物的尺度，人体的和谐比例也是希腊人关注的焦点。公元前5世纪毕达哥拉斯说："人体可以作为万物的量度。"① 具有美感的男人和女人的身体具有一定的比例规律。因而，雕塑家们所注目和公认的最美的造型就是表现人体力量、健美敏捷和灵巧的形体和姿态。三四百年之间，他们正是根据人体的理想模型来不断地修正和改善对于人体美的观念。这种特殊的审美观念使雕塑成为希腊艺术的中心。古希腊人也把最完整、最崇高的"人体美"赋予古希腊建筑艺术。

雅典卫城建筑的总负责人雕刻家费地说："再没有比人类形体更完善的了，因此我们把人的形体赋予我们的神灵。"② 在古希腊最重要的纪念性建筑——神庙上，古希腊人也自然把人体的美赋予了神庙的柱子。

---

① 转引自陈志华：《外国建筑史》，中国建筑工业出版社1979年版，第28页。

② 转引自陈志华：《外国建筑史》，中国建筑工业出版社1979年版，第28页。

古希腊对后世影响最大的柱式也参考了人体美。古罗马建筑师维特鲁维（前1世纪）在他的著作《建筑十书》第三书第一节里写道："神庙的设计由均衡来决定。……它是由比例——希腊人称为类比——得来的。比例是在一切建筑中取得均衡的方法，这方法是：从细部到整体都服从于一定的基本度量单元，即与身材漂亮的人体相似的正确的肢体配称比例。……既然大自然按照比例使肢体与整个外形配称来构成人体，那么，故人们似乎就有根据来规定建筑的各个局部对于整体外貌应当保持的正确的以数量规定的关系。"《建筑十书》记载了希腊人曾经根据男子脚长与身高的比例来决定柱底直径与柱高的比例创造了多立克柱式，而后又根据女性的形象特点创造了象征窈窕修长的女性形象的爱奥尼亚柱式。古希腊更有直截了当的人像柱可以视为抽象之前的柱式。这种严谨的数字关系和对人体的模仿并不矛盾，毕达哥拉斯认为，人体的美也有和谐的数的原则统辖着。当客体的和谐同人体的和谐相契合时，人就会觉得这客体是美的。因此柱式中的度量关系就模仿人体的度量关系。维特鲁维转述古希腊人的理论说："建筑物……必须按照人体各部分的式样制定严格的比例"。

古希腊三种柱式，"多立克"的男性刚劲美、"爱奥尼"的女性柔美及"科林斯"的纤丽美，从诞生起一直到现在都用在欧洲各国的宫殿、官邸、银行、大学、行政大楼等建筑物上，成为西方建筑的基本词汇。

上海作家赵鑫珊教授说："欧洲各大城市不能没有古希腊柱式。拿掉这三种柱式，欧洲城市顿时会减少五分之一的魅力。"[1]古希腊的三种柱式是在崇尚人体的美的观念中诞生，但它没有简单地模仿男体和女体，而是在概括了男性与女性的体态和性格，模仿人体各部分的比例和度量而产生的。可以说，是古希腊精神产生了古希腊柱式。

---

[1] 赵鑫珊：《建筑是一首哲理诗》，安徽文艺出版社2000年版，第45页。

第三节 "柱式"艺术的阶段性发展

　　公元1世纪，古罗马帝国靠血腥武力征服了所有地中海沿岸地区，全盛时期疆土地跨欧、亚、非大陆。他们掠夺了大量的财富，造成了穷奢极欲、腐化享乐的社会风气，也使古希腊神话中的平民的人本主义精神荡然无存。豪华浮艳的审美趣味成了贵族的追求。建筑的尺度远比古希腊时高大，传统的柱式与古罗马建筑产生了矛盾，促使柱式必须与建筑相适应的创新手法也应运而生。这样，古罗马人在继承古希腊三种柱式的基础上，加上罗马原有的塔斯干柱式，同时又增加了由爱奥尼和科林斯混合而成的混合柱式，合称为古罗马五柱式。这时的柱式趋向于细长的比例，复合的线脚，华丽的雕刻，柱子更多地使用作墙面的装饰，不再具备结构骨架与传递力，只在立面构图中表现着其不可替代的存在价值。古罗马柱式的规范程度非常高，柱式成为古典建筑构图中最基本的内容，成为西方古典建筑的最鲜明的特征。罗马人发明了最早的混凝土并创造了拱券结构，先进的材料和结构形式，使大跨度的室内空间成为可能，从而也使空间成为建筑的主角。希腊的建筑尽管外表达到了无与伦比的艺术效果，但是室内空间因为技术落后非常狭仄不便于使用，从这一点来说罗马的建筑成就达到了更高水平。罗马的建筑比希腊的规模更加宏大，古罗马的建筑风格宏伟而雄壮。

　　第二个发展是，柱式和拱券结构相结合。拱券结构体系的完善是古罗马人对世界建筑的伟大贡献。但拱券结构的最大缺点在于有厚实的砖石或混凝土墙体而显得很笨重沉重，采光性不强。为了解决这个建筑大难题，于是，罗马人就发明了用柱式来装饰墙体的办法。在门洞或窗洞两侧，各立上一个柱子，上面架上檐部，下面立在基座上。券洞口用额枋的线脚要素镶边，与柱式呼应。一个券洞和套在它外面的一对柱子、檐部、基座等所组成的构图单元，叫做券柱式。这是直线和曲线、方形和圆形、实体和虚空的绝妙结合，形体变化和光影变化很丰富。最简单的是罗马的凯旋门，小型的只有一间，即只有一个券洞，复杂的例子是罗马的大斗兽场，一圈有

80个券洞，上下三层，一共有240个券洞，都用柱式装饰。

第三个发展是，为柱式的叠层使用制定了规范。罗马人在发明了拱券结构以后，大型公共建筑楼层有三层甚至四层的，叠层使用券柱式的情况很普遍。聪明的罗马人在精心推敲、积累经验的基础上，创造了使用券柱式的规范。规范的要点是，把比较粗壮、比较简单的柱式放在底层，越往上越轻快华丽，符合力学原理。通常是底层为塔斯干，二层为爱奥尼，顶层为科林斯。罗马城里的大斗兽场还有四层，用的是更没有重量感的科林斯方壁柱。建筑的构图手法多了，大型建筑的尺度准确了，但一座建筑用多种作为风格标志的柱式，建筑的风格就不很纯净了。

叠层式大多用于使用券柱式的场合，即上下几层券柱式相叠时所用的柱式规则。因为古罗马的多层公共建筑如剧场、角斗场都用拱券结构。

总体上说，罗马人对柱式的发展有很大的积极贡献，尤其是创造了叠层柱式、券柱式，并且初步制定了它们的规范。柱式的适用性更灵活扩大了，造型能力更丰富多样了，因此，柱式的生命力更强了。现在，柱式已经遍布西欧、北非和西亚。

柱式风格经过古希腊、古罗马时期的发展、演变、充实后，文艺复兴的建筑师在考古的大量测绘中，又对其进行了长期深入的研究，为柱式制定了严格的比例，使其成为欧洲柱式建筑的规范。这主要表现在意大利文艺复兴的领袖人物帕拉迪奥的建筑学专著《建筑四书》及其作品中。帕拉迪奥于1544年设计的维晋察别墅是他的重要作品之一。在该建筑物中他所创造的所谓"帕拉迪奥母题"成为欧洲柱式构图最流行的主题之一。帕拉迪奥在两个大柱子的方形开间中，布置了拱券门或拱券窗，券脚落在两根独立小柱子上，小柱子架着额枋，形成平顶门和平顶窗的形式，每个开间里形成了3个开间，丰富了层次和变化，成对的小柱子和大柱子尺度和谐不乱，小柱子额枋之上开了一个圆洞减轻了额枋的厚重感，增加了虚实对比。大柱子及其檐部与墙上的雕像，形成垂直划分、左右延续的相同构图，极富韵律感。帕拉迪奥的这一大胆创新，成为大型建筑中应用最广泛并最具影响力的特征之一。

总之，作为西方建筑构图"基本词汇"的柱式，因把人体的和谐比例融入其中而具有了人性的魅力，使得西方建筑的单体造型的美感发挥到极致。

当然，西方古代建筑的形式构成因素不光是柱式，还有穹顶、拱券、飞扶壁等，它们都构成了西方主流建筑的几何图案：雅典帕提农神庙的外形控制线为两个正方形；从罗马万神庙的穹顶到地面，恰好可以嵌进一个直径为43.3米的圆球；米兰大教堂的"控制线"是一个正三角形；还有，巴黎雄狮凯旋门的立面是一个正方形，其中央拱门的"控制线"则是两个整圆。即使像充满宗教迷狂，洋溢着浪漫情调的哥特教堂，也跑不出几何法则的控制。始建于公元12世纪的巴黎圣母院，其立面构图就充满了矩形、方形、圆形、弧形等几何元素，显示了丰富的艺术表现力。甚至于像园林绿化、花草树木之类的自然物，经过人工修剪，刻意雕饰，也都呈现出整齐有序的几何图案——它以其超脱自然、驾驭自然的"人工美"，同中国园林那种"虽由人作，宛自天开"的自然情调形成鲜明对比。由此可见，西方建筑美的构型意识，其实就是以"几何意识"为代表的理性意识。

第二编
征服与和谐
——中西自然观的不同及在传统居住建筑和园林艺术中的体现

人和自然的关系，这是从人类诞生以来必须面对和处理的关系，处理得好，人和自然就能和睦相处，和谐发展；处理不好，自然遭到破坏，人也会得到自然的惩罚。中西方各自在不同的地域环境里，因所受不同的文化理念，形成不同的自然观，那就是中国的"和谐"自然观和西方的"征服"自然观。"和谐"和"征服"这两个概念在表述人和自然的关系时侧重点不同，前者重视人对自然的亲和，后者重视人对自然的征服。我们也就是以此不同作为出发点来比较中西方自然观的不同及对传统建筑的影响。

第五章　中西自然观的形成与不同

第一节　自然环境与宇宙观的不同造成中西自然观的不同

自然观是指人们对自然的观念，即对自然和人与自然关系的总体认识，是世界观的重要组成部分。传统建筑中的自然观指设计中所体现的关于自然的理念和审美标准，尤其表现在园林建筑上。造园思想的核心是人们的自然观，不同的自然观念会形成不同的园林体系和审美风格。

既然自然观是人们对自然的观念、理解，那么就应该分成两个方面来理解。一是什么是"自然"，二是如何理解自然（也就是观念）。其中"自然"也有两个不同范围的解释：一是把"自然"作为外在的客观世界，是具体的、客观的；二是把自然作为抽象把握，是抽象的、主观的。对"自然"的理解和"自然观"的形成，是建立在这两个基础之上的。

把"自然"作为外在的客观世界，也就是自然环境，中西方自然环境的不同，形成对自然的态度也不同。

一方面，中华文明的发源地是黄河流域与长江流域，那里有充足的水源、广阔的平原和肥沃的土地，为各种农作物的种植和生长提供了十分优越的自然条件，这就使得中国古人不必外求即可以获得生存和发展。同时中华民族长期从事农业生产，受天气的影响十分明显，风调雨顺，嘉生繁祉，生活就安定欢乐，否则，就灾害滋生。因此，靠天吃饭也就成为农耕文明的一个主要特点，人们祈求天、顺从天也就和祈盼自己的幸福联在一起。另一方面中国位于亚洲大陆的东南部，它东临茫茫的太平洋，西北面多为一望无际的沙漠戈壁，而西南面则为险峻的青藏高原。这种一面临水，其他三面陆路交通极不便利，而内部回旋余地有相当开阔的地理环境，造成一种与外部世界相对隔绝的状态。这种内陆活动为上的生活方式相对平稳而安全，无需过多地像海上生活那样必须承担巨大的风险去与自然抗争。人们只是使自己顺应自然，就可以生存。陆上生活相对安稳使中国人产生了对安定的肯定和对"静"的追求，也形成了他们温和好静的性格。但是，陆上生活也使人的冒险精神难以伸展，使人由追求安全而滋生出逃避风险的心理。一方面，人的潜能受到压制，依附心理得到滋长。另一方面，生活在陆上的人在顺应自然的同时却必须更注意人际关系、伦理道德等。

而西方文明的发源地爱琴海地区包括希腊半岛、爱琴海诸岛、克里特岛和亚细亚半岛的西部海岸地带，有多达400多个岛屿。古希腊是一个半岛，希腊半岛三面环海，周围有良好的港湾。同时，爱琴海地区多山脉，群山如同屏障，把陆地分隔成无数小块地区；在崇山峻岭的环抱中，无处可寻如亚洲大河流域地区那种可供耕种的平原沃野；农耕生产受到极大限制，希腊的雅典连粮食都不能自给。为了获得生活必需品，必须利用有利的航海条件来发展海上贸易，以航海为主的生活方式使海洋民族的活动地域扩大，眼界相对开阔，极易接受不同地区的文化，生活富有冒险性；在人与自然的关系上，强调二者之间的冲突；在人生看法上，突出人对自然的征服。这种观念使"天人合一"的和谐思想失去了根基，也避免了从人出发来臆断自然。海上生活更多地表现为人与自然的关系，比陆上生活所受人际关系方面的约束要少。在海上，自主精神比团结精神更重要，人们更多地需要用个人的智慧、胆识和技能去解决他们面临的问题，而不可能过多地依赖他人。这样，人的个性、人的主体性得到了发展，激发了人们对自由、独立的追求。当然，海洋民族的团结精神和整体意识也较为逊色。

把"自然"作为抽象的把握，从哲学层面上讲，都是形而上的理解。但由于中西宇宙观的不同造成了东方人对自然的亲和，西方人对自然的征服。①

决定中国文化宇宙观的是道、无、理、气等一系列概念，这四个概念是相通的。就中国自身而言，道，是核心；无，表明道的形而上特征，它不是具体的事物，"道可道，非常道"；"道"不是具体的事物，但具体的事物乃至整个大千世界又是因为它才成为这样；气，就说明了"道"的生成运转变化；这种生成运转变化是有规律的，因而是理。和西方宇宙观相比，中国宇宙观"无"的特征就异常突出。无，在先秦就因其对道的根本特征之一的强调而获得了本体论的意义。"道之为物，惟恍惟惚"（《老子二十一章》）。这个恍惚之道就是"无"。"天下万物皆生于有，有生于无"（《老子四十章》）。在魏晋玄学中，"无"堂皇地登上了哲学本体论的王座。佛学的"空"也给"无"以有力的支持。必须强调的是，在与西方宇宙观的比较中，"无"是作为道、无、理、气一体化的中国宇宙观这一整体提出来的。

中国的无之能生有，在于无的广大无限空间充满着生化创造功能的气。气化流行，衍生万物。天上的日月星辰，地上的山河草木、飞禽走兽，悠悠万物，皆由气生。人为万物之灵，亦享天地之气而生。气之凝聚形成实体，也就是"有"；实体之气散则物亡，也就是无。有、无，实体和虚空不是截然对立的，它们都归于气，是气的两种形态，有无相反相成，虚实相宜相生。正是有无的永恒转化，构成中国气的宇宙生生不息的运动，正是气的运动，演出万物竞萌、此起彼伏、生气勃勃的万千气象。

在气的宇宙中，无是根本，是永恒的气。无是有的本源，又是有的归宿，有（实体）则是暂时的、有限的，而且在本质上是与无、气连在一起并由之决定的。这种有无相生的气的宇宙决定了中国人对宇宙整体认识特点在于：实体和虚空不能分离，而是紧密联系在一起成为一个不可分割的物质整体，在这个整体之中充满气，

---

① 这部分对自然的哲学抽象是根据北京大学张法教授的《中西美学与艺术精神》（北京大学出版社1994年版，第12~20页）中"有—无"理论写成的。

气的把握得靠人的经验和体悟而不能依靠分析和试验。还有，物体之气来自宇宙之气，对物体之气的认识必须依赖对宇宙之气的认识。这些造成了中国人看待世界是以气的观点去看的。他们认为人和自然是和谐统一的，是相通的，是有感应的。

西方文化的宇宙观和 Being（有，存在）、God（上帝）、idea（理念）、matter（物质）、substance（实体）、logos（逻各斯）等概念相关。在中国"无"的对照下，西方的"有"的特点也格外突出。西方人认识宇宙，是从认识存在（有）开始的。他们把具体事物作为宇宙的本体，但是具体事物不再是它自身，而是具体事物的存在本身，即只有超越了具体事物的存在，才是永恒的，才是本体，这就把具体事物存在变成了绝对理念的存在。这正是西方人企图通过具体的事物为宇宙的同一性来追求最终的、永恒的、明晰的、带科学性质的答案，都含有实体性。例如，在古希腊与罗马时代，哲学家们在看待自然时注重一种"本原"的探求，像泰勒斯认为万物的本原是"水"，阿那克西曼德认为万物的本原是"无限者"，阿那克西米尼认为万物的本原是"气"，赫拉克利特认为万物的本原是"火"，等等。当然这些水、无限、气、火等都不是在今天科学意义上理解的，他们认为这些自然的东西都具有灵性甚至灵魂，具有生机和活力，因而他们作为"本原"才能衍生出整个世界。这实际上是从个体来理解、认识整体的哲学思维方式的滥觞，同时也是人不能实现超自然的早期阶段则以人格化的神秘力量即上帝主宰自然界的开始。像毕达哥拉斯把"数"、柏拉图把"理念"、德谟克利特把"原子"等都神灵化，用它们来说明万物变化的原因。这种趋势在中世纪得到持续发展，中世纪的上帝是世间万事万物的主宰者，人和自然都是上帝的产物，都是上帝的奴仆。人和自然取得了平等的地位，这也表明了人对自然的分离和对立。

西方人在追求宇宙本体的时候，看重的是有而不是无，是实体而不是虚空。如果说，世界是由有与无、实体和虚空这两部分组成的，那么，当人只看重有、实体的时候，这个世界的有与无、实体与虚空的关系就决定了，世界的基本模式也被决定了。这种宇宙模式决定了实体和虚空是分离的，西方人在实体与虚空合一的宇宙中只重实体,因此西方人在认识实体的时候,就可以把实体和虚空分开,从虚空中独立出来进行认识。由此必然会走向形式逻辑和试验。实体必是人所认识的,是已知的;虚空是未知的,超越了人的认识水平,必给人一种压迫感,但同时又给人一种征服欲。实体与虚空这一内容决定了西方文化在对立中前进的性质。

西方人在文化的创造中把实体从虚空中分离出来,造成了主体与客体、人与自然的对立,越是深入的认识客体,就越感到宇宙整体的虚幻不可捉摸,而越是这样,就越对自然加以更加人工化的改造。

综上所述,从对"自然"作为客观的外部环境和对"自然"的抽象分析,可以得出在人和自然的关系上,中国人和自然是一种和谐相依的关系,而西方人对自然是一种征服改造的关系。

第二节 西方"征服"自然观的形成过程

实际上,在古希腊时期人与自然的关系还是一种和谐关系。英国著名哲学家鲍桑葵在其《美学史》中说:"雅典卫城是一座壮丽的小山,山前有卫城正门,还有巴特农神殿的朴素的美给它锦上添花";[①] 沙里宁在《形式的探索》中指出:如果近代唯美主义者张开眼睛,他们会发现"希腊人在从事建筑布局时,很注意周围的自然景色,以便使大自然的形式与人为的形式,彼此和谐协调"[②]。勒·柯布西耶也指出:"在卫城上希腊人建造了一些生气勃勃的神庙,他们唯一的想法是把它们周围的荒凉景色,组织到整个构图中去。"[③] 可见,古希腊建筑与自然环境相互融合在一起,是一种人与自然的和谐关系。这种和谐关系与古希腊当时盛行泛神论有关。

[①] 鲍桑葵著,张今译:《美学史》,广西师范大学出版社2001年版,第12页。

[②] 伊利尔·沙里宁著,顾启源译:《形式的探索:一条处理艺术问题的基本途径》,中国建筑工业出版社1989年版。

[③] 勒·柯布西耶著,杨至德译:《走向新建筑》,商务印书馆2016年版。

泛神论又称多神教，它是人类社会早期的一个认识阶段：人们认为气象万千的大自然在生生不息的运转中从各方面影响着人类生存，人们对此感到恐惧、敬畏，由此产生了原始自然崇拜，并发展成力图通过某种方式借助自然力的巫术与宗教。

泛神论的产生与盛行是与当时生产力的不发达未导致科学的认识有关。人们对影响人类生命的各种自然事物和现象视为神圣的，认为在各种自然事物和现象背后有一种不可捉摸的、让人恐惧和敬畏的神灵在支配人类的命运。因此，早期人类在面对自然的时候，敬畏和恐惧压住了人类独立思考的意志，使他们在一定程度上丧失了主动改造自然的能力，各种人类心灵中幻化出来的自然神掌控了人类的命运，像古希腊神话、史诗中就有很多这方面的描写。古希腊的泛神论把人与自然的关系神圣化，不同的自然力可以赐福于人类，也可以给人类带来不可抗拒的灾难，这要取决于人类是否在生存活动中与自然保持一致，或通过某种方式同自然神意达成谅解。麦克哈格在论及泛神论中人与自然的关系时就说过："泛神论者认为世界上的所有现象都有神一般的属性；人和这个世界的关系是神圣的。……在这种关系中，既不存在非自然范畴，也没有浪漫主义和多愁善感的色彩。"① 也就是说，泛神论把神视为自然存在的本身，并以一种非常"神圣"的态度把握人与自然之间的关系。实际上，希腊文化的一个重要特征就是泛神论宗教的存在。德国古典哲学的代表谢林说："在荷马的诗歌中，没有超自然的力量，因为希腊的神是自然的一部分。"② 因而，在希腊的泛神论里的神，是直接融合在自然环境中，具有注重人与自然一体关系的可贵意识。

那么，希腊泛神论思潮中的自然并不是纯然外在于人的自然，各种自然事物和丰富的自然现象及其所蕴含的自然力和人一样都有生命的性质，没有本质差别。它们奉行的是神人一体性。

---

① 麦克哈格著，黄经纬译：《设计结合自然》，天津大学出版社2006年版。

② 鲍桑葵著，张今译：《美学史》，广西师范大学出版社2001年版。

就像雷电是宙斯，海洋是波塞冬，太阳是阿波罗，火是赫淮斯托斯，酒是狄奥尼索斯，人类的智慧是雅典娜，爱是阿芙罗蒂特，战争是阿瑞斯等。希腊人把自然界的万事万物都与神联系起来，甚至把自己的思维、情感和活动也视为自然神性存在的一部分，并通过神来表达。

可见，在古希腊泛神论中的自然观下，人与自然对立和抗争中突出人，还没成为左右社会文化发展的基本力量，特别是面对生存环境方面，仍以亲和与借助自然为主。

西方人与自然的对立关系开始于古罗马帝国时期。拉丁人通过野蛮的军事扩张建立了强大的罗马帝国，具有征服者的强权意识。他们羡慕并学习古希腊文化，但又保持了自己的民族特色，那就是崇尚科学实用，忽略哲学思辨。因此，古罗马人对自然的认识在于把自然当做供人役使、为人服务的对象，同时在对这种自然改造的过程中推进实用技术的发展。

古罗马人为了统治侵略扩张并以此建立的欧亚非的大帝国，就需要以自我为中心的场所围合。从征服者的民族中心场所出发，他们驱使异族，同大自然竞争。古罗马的建筑艺术神庙和大型公共建筑表达着罗马人的场所和人力的无比恢宏。

当然，拉丁人也有着泛神论的宗教。我们知道，罗马在同古希腊文明接触中逐渐把自己的神同奥林匹亚诸神对应起来，如罗马的朱庇特、朱诺和明纳尔瓦分别相当于希腊的宙斯、赫拉和雅典娜等。但是，早期的罗马作为一个以农业为主的小小城邦国家，初步认识自然中产生的原始神话不像希腊人那样海阔天空，没有对多样自然形态的丰富幻想。在异族包围中求安定，拉丁民族面对自然、利用自然力的意识，更欲寻求一个安定的生存场所。这个中心的安定生存场所是由"一个地方守护神"来守卫，这个地方守护神是守卫这个中心的，并且用这个中心以及与此相关的交叉轴来控制周围空间，不像希腊众神代表多样化的自然景观。就如舒尔茨在《西方建筑的意义》中所说的："在罗马祭祀圣地的时候，先知坐在中央，手拿法杖。他用两条轴线通过中央，把周围分做前后左右四个领域。这个划分不是随意的,而是代表基本方位。"① 古罗马城就是依照这样的原则建立起来。传说公元前 753 年罗慕洛在台伯河畔建立罗马城时,就依据了这种方式:人们"首先挖了一个坑,每个该城的未来居民象征性地拥有了安家的土地。然后把坑填平,上面放上祭坛。最后划出建城墙的范围……罗马城就是这样建立的"②。

罗马人强调以中心来征服四夷,所以罗马人的世界有两个,一个是自己内部的、有序的,以罗马城、意大利和遍及各地的罗马式营寨为代表;一个是外部的、混乱的、异族人生活的区域。罗马人征服了异族,"崇高"的人也把外在的、宏伟的自然当做竞争的对象。一种普遍的对立关系,在人类利用自然和同外部自然的竞争中产生了。

到了文艺复兴时期,由于高扬人文主义精神,彰显人的权利、知识、财富、荣誉等,中世纪长达 1000 年的笼罩在人们头上的宗教迷雾逐渐散去,以人取代了神,从新的角度逐渐确立了人对自然的统治地位。

文艺复兴时期对人类的热情赞美与恶毒诅咒同在,近乎疯狂的欢乐与近乎疯狂的悲哀并存,对人间伊甸园的精心建构与对人间地狱的冷酷描绘交织,对教会神圣的亵渎与诚挚的忏悔融会。这是在信仰断裂时期——旧的信仰在衰落,新的、建立在自然科学充分发展基础上的理性尚未成熟——人性的全景式展开。精力横溢是这一时代的特征。莎士比亚说:"我就是我。"

文艺复兴人性论的变化也导致了人与自然关系的变化。随着人文主义精神的发展,人们获得了精神自由,对自然美产生了有别于过去时代的体验。古希腊时代,自从毕达哥拉斯提出数的和谐以来,西方具有唯物主义精神的哲学流派在美学上都承认美是客观

---

① 舒尔茨著,李路珂、欧阳恬之译:《西方建筑的意义》,中国建筑工业出版社 2005 年版。
② 转引自王蔚:《不同自然观下的建筑场所艺术:中西传统建筑文化比较》,天津大学出版社 2004 年版,第 41 页。

的，存在于自然世界之中。人们认为美不是丰富多彩的大自然本身，而是从自然本身中发现的抽象形式与和谐法则。在古希腊时期，由于盛行泛神论，神话为自然景色幻化出各种有血有肉的神灵，蕴含着自然美，但对自然的体会更多的是关于神性化的含义。希腊普华和罗马的田园意识，使得人们为了追求生活的安宁与奢华而爱恋身边的自然。而基督教的反人为艺术，也造成了基督教从赞美上帝的角度欣赏自然，但宗教观的本质却阻碍了这种审美的发展。

到了文艺复兴时期，人类的精神解放促使人们能够深入地考察自然面貌，对地理和动植物的兴趣得到了充分的发展。如意大利文艺复兴的先驱彼特拉克不仅是伟大的文学家，还是一位地理学家，他不仅绘制了第一张意大利地图，还游历各地，准备写一部地理巨著。他曾"由于突然看到一处令人难忘的风景而受到感动"，也留下了"以嵯峨秀美，肥沃惊人著称的山陵"[1] 的风景描写。还有对植物的了解方面，丹皮尔的《科学史》指出：中世纪宗教曾肤浅地认为，"植物的叶的形态或花的颜色是造物者给这种植物指定用途的标志"，在实用之外，植物的美是象征神意的。文艺复兴发挥出人类求知欲和占有欲，扩大了对有关植物的认识。搜集各种各样的植物，并研究它们的性状和形态，成为许多人的乐趣。在美狄奇家族加里吉别墅，"几乎是一个无数不同花草树木的标准的植物园"[2]。阿尔伯蒂在《论建筑》中专门辟有专章，讲述利用各种植物造景的方法。

文艺复兴是在突出人的生活享受的基础上发现了自然美，如彼特拉克曾写道："我是多么快乐地在山林间，在河流泉水间，在书籍和最伟大的人物才华间，孤独自由地呼吸着……"[3] 大诗人但丁

---

[1] 布克哈特著，何新译，马香雪校：《意大利文艺复兴时期的文化》，商务印书馆1979年版。

[2] 布克哈特，何新译，马香雪校：《意大利文艺复兴时期的文化》，商务印书馆1979年版。

[3] 转引自王蔚：《不同自然观下的建筑场所艺术：中西传统建筑文化比较》，天津大学出版社2004年版，第83页。

也描写了大自然的美景对现实人生的影响,他写道:"不仅用一些有力的诗句唤醒我们对清晨的新鲜空气和远洋上颤动着光辉或者暴风雨袭击下的森林的壮观有所感受,而且他可能只是为了远眺景色而攀登高峰——自古以来,他或许是第一个这样做的人。"① 实际上,文艺复兴时期人们对自然美的欣赏与古希腊罗马时期一样仍然需要一个安定的与大自然分开的安全场所,所以,当代西方有学者认为,西方人"随着文艺复兴,与自然有了一种新的关系。尽管自然还是有敌意的和不能完全被拥抱的,但它可以像透过一个窗口那样被观望"②。实际上,这个与大自然分开的安定自然场所还是以人为活动中心去改造大自然、观望与欣赏大自然的。如在此时期大量的别墅园中,人们从天然环境中获取的自然事物,被当做人为艺术美的素材——装饰性素材。人们将小溪、山冈、植被等用一种努力地几何加工改变其本来面貌,使其符合环境的规整原则。人为的这种创作使园林中的一切不再体现自然状态下的关系,甚至象征关系,以人力与天然相对立,以抽象的理性法则同感觉中的自然景色相对立,真正的自然之美在这里失落了。相反,一个人所统治的场所,可以立足于此来安全地享受自然美的场所,对天然素材做人工加工的几何样式的世界出现了。这也就预示着人们更加努力地以人工的几何形式来改造自然、征服世界时代的来临。

这一时期的建筑主要关注建筑的形式美,文艺复兴时期的艺术家大多继承古希腊罗马时期的建筑形式美理论,认为美在于抽象的宇宙秩序而不在于自然本身的多样化。舒尔茨就说过:"文艺复兴的人相信有序的宇宙,就像他的中世纪前辈一样,但他对秩序概念的理解是根本不同的,不是把他的场所置于神的王国来获得存在的安全感,而是以数的语言来设想宇宙。"③ 可见,古希腊罗马时期

---

① 转引自王蔚:《不同自然观下的建筑场所艺术:中西传统建筑文化比较》,天津大学出版社 2004 年版,第 84 页。

② 转引自王蔚:《不同自然观下的建筑场所艺术:中西传统建筑文化比较》,天津大学出版社 2004 年版,第 84 页。

③ 舒尔茨著,李路珂、欧阳恬之译:《西方建筑的意义》,中国建筑工业出版社 2005 年版。

建立在以"数"的和谐基础之上的形式美被文艺复兴时期的艺术家所继承。所以,此时的建筑造型几乎都把几何的规则强加于它周围的自然,使得园林环境成为人类主宰的殿堂的一部分。如法国勒诺特式的巨大园林使植被、水流构成一座室外宫殿,明确地表达着人占有和统治了自然的一部分。这种人对自然征服的园林形式扩展至整个欧洲,成为人们利用自然要素来造就艺术性环境美的主要形式。

第三节 中国"和谐"自然观的形成过程

现在的中国人提起"天人合一",就感到有点自豪,因为现如今地球面临着生态危机、环境危机,而解决此危机的办法就是人与自然的和谐相处,中国的"天人合一"恰恰就提供了这种和谐的精神,因此,我们的天人合一好像成了拯救地球生态危机、环境危机的唯一方式,中国人高兴、自豪也在情理之中。于是乎,我们的学者们竭尽所能地从各个方面探讨、挖掘天人合一的内涵,但对于"天人合一"的内涵却有不同的看法和解释。我们姑且不管天人合一到底是什么,但天人合一却充满着中国先人的哲学智慧和方法论精神确实是不争的事实,而这种智慧和精神就是"中和"。天人合一的宇宙观或世界观就是人处理与外部世界和人与人关系的一种总的看法。中和精神就贯穿于传统中国人的天人合一之中,只不过随着时代的不同,人的社会地位和观察角度的改变,出现了侧重人和于天,还是天和于人的不同情况罢了,但追求和谐的精神并没有丝毫改变,"中和"仍然是中国传统审美文化的核心精神。另外,中国传统文化主要由儒、道、释三家构成的,三家都追求天人合一,但三家的天人合一侧重点又不一样,儒家的天人合一告诉人们的是秩序,天已经为人们安排好了人间的秩序,这个秩序就是以天子为核心的家国一体的宗法制度和官僚制度,是不能怀疑的,只能顺从,不能僭越,否则会遭到天的惩罚,因此儒家的天人合一是以人和天;道家的天人合一告诉人们的是自然规律,是一种天然的东西,天生如此,是什么样就是什么样,人要顺从自然之性,而不能违背自然本性,否则就是以人害天,以人害性,因此道家的天人合一是以天和天。禅宗的天人合一告诉人们的是"平常心是道",人心是天,天就是人心,二者是一体的,本来就是不可分的。因此,禅宗要求人们潜心修养,积德行善,在生活中体道、悟道,以实现生活即道。

第一,孔子之前的天人合一主要是和之于天,而非和之于人,天道为本,以天道支配人道,人道受制于天道。

孔子之前的时期分为两个阶段,一个是史前时期,一个是奴隶时期。史前时期是以生产工具的制造和使用为标志的(包括旧石器时代、中石器时代和新石器时代),生产工具的制造和使用逐渐让人成为真正的人,真正人的出现才能让人逐步认识和思索人所处的外部世界及与自身的关系。原始史前时期因为制造和使用工具的水平落后,人就不能真正地认清外部世界的本来面目及其自身的内部奥秘,再加上外部生存环境的严酷,就使得原始先民们产生了万物有灵论和原始宗教意识。万物有灵论是原始先民把外部世界及其自身神秘化的一种反映,是人把握不了外部世界和自身神秘性的一种自然而然的情感流露,也是人渴望掌握外部世界和自身规律的一种彰显。实际上,原始宗教意识就是原始先民对外部自然和自身关系的一种把握,只是这种把握不是清晰化的,而是神秘化的,这也体现了人不是被动地适应自然,而是主动地掌握自然。因此,一方面我们通过原始先民的身体装饰(画身、割痕、刺纹、穿鼻、穿耳)的恐怖,绘画的写实、雕刻的粗糙、舞蹈和音乐的庄严和神秘等原始形象符号的类型就可以看出原始先民试图掌握自然的主动性。另一方面也可以看出,天还是一种让人感到神秘的、敬畏的、恐惧的异己力量,先民用各种符号来顺从、迎合于天,期望从中获得神秘的力量,增强自身生存下去的本领。因此这时的天人合一是和之于天,而非和之于人,天处于主宰的地位,支配了人的一切,以人和和于天和。

在中国成书较早的古籍《尚书·舜典》中出现了"神人以和"的记载。"帝曰:'夔!命女典乐,教胄子。直而温,宽而栗,刚而无虐,简而无傲。诗言志,歌永言,声依永,律和声。八音克谐，无相夺伦，神人以和。'夔曰：'於！予击石拊石，百兽率舞。'"从这里一方面可以看出和谐是与音乐紧密相关的，而音乐又和人心情感塑造有直接关系，人心之和才能达到"神人之和""天人之和"，另一方面还可看出五帝时期外部世界对人来说还是一个异己的对象，威严、恐怖、神秘，人们对它的情感体认是敬畏的，渴望通过中和的理性人格教化来沟通人与神、天与人的关系，从而达到"神人之和""天人之和"的目的。

第二，奴隶时期的夏商周时代，人们认为"天"是有意志，能赏善罚恶的，如"天命有德""天讨有罪"（《尚书·皋陶谟》）等，"天佑下民，作之君，作之师，惟其克相上帝，宠绥四方"（《尚书·泰誓上》），"皇天无亲，惟德是辅"（《尚书·蔡仲之命》）。并且人的德性源于天，如"天命玄鸟，降而生商"（《诗经·商颂·立鸟》），"天生烝民，有物有则。民之秉彝，好是懿德"（《诗经·烝民》）。另一方面，人们必须以德配天，君王必须敬天保民，否则就会受到上天的惩罚，招致灾祸。如"有夏多罪，天命弃之""商罪贯盈，天命诛之"。《周易》说："夫大人者，与天地合其德，与日月合其明，与四时合其序，与鬼神合其吉凶。先天而天弗违，后天而奉天时。天且弗违，而况于人乎？况于鬼神乎？"从这里可以看出，夏商周时期"天"仍然是主宰人类命运的异己力量，人们对它的情感体认仍然是敬天，不要违背天，否则会遭到天的惩罚。但是"奉天时"不是一般人能够达到的，必须是具有大德的圣人才能"与天地合其德"。因此，圣人立德成为与天合的必要条件。实际上所谓的大德的圣人就是君王，只有他们才能担当祭天的"共主"，实现与上天和神的沟通，还是以人和于天。当然，这也是以孔子为代表的儒家为《周易》作的传所反映的儒家的"天人关系"。

第三，孔孟谈天人关系，是从人和推及天和，以天和来论证人和，归于人和，以人和为本，达到天人合一。天人合一，是和之于人，而非和之于天。天和，地和，人和，终归于人和，归之于以修身为本。身正、心和才能"齐家，治国，平天下"，才能"天地位焉，万物育焉"。从《论语》中我们可以看到，孔子的天命观是矛盾的：一方面他受西周天命观的影响之深，认为天有意志，能赏罚的，要求对天要敬畏，要人们顺从于天，如"道之将行也与，命也；道之将废也与，命也"，"君子有三畏：畏天命……小人不知天命而不畏也"。他称颂尧顺天而行，"大哉，尧之为君也！巍巍乎！惟天为大，唯尧则之"。他强调天命不可违："获罪于天，无所祷也。"另一方面他又把"天"理解为四时行、百物生的自然之天，认为天命是可以认识的，可以把握的，强调了人的自觉性和主动性，相较于西周之前的一味祀神，可以说是前进了一大步。他说："不知命，无以为君子"，他本人则是"五十而知天命"。他强调通过自己的努力就能达到天命，"不怨天，不尤人。下学而上达，知我者其天乎？"他还转述尧对舜的忠告："咨！尔舜，天之历数在尔躬，允执其中。四海穷困，天禄永终。"孔子的着眼点在于现实的人生，极力以礼乐来塑造人的身心，以达到推己及人、泛爱众的和谐大同世界，而对于神秘性的东西不否认，但又存而不论。正如李泽厚所说"以儒学为骨干的中国文化的特征或精神是'乐感文化'。'乐感文化'的关键在于它的'一个世界'（即此世间）的设定，既不谈论、不构想超越此世间的形上世界（哲学）或'天堂地狱'（宗教）。它具体呈现为实用理性（思维方式或理论习惯）和'情感本体'（以此为生活真谛或人生归宿）或曰天地境界，即道德之上的准宗教体验。'乐感文化'、'实用理性'乃华夏文化的精神核心"。① 又说"'情本体'恰恰就是无本体，'本体'即在真实的情感和情感的真实之中。它以把握、体认、领悟当下的和艺术中的真情和'天人交会'为依归，而完全不去组建、构造某种超越来统治人们。它所展望的只是普通平凡的人身心健康，充分发展和由自己决定命运的可能性和必要性"②。

孔子很重视人的身心修养，注重培养人的心理情感的和谐和平衡。儒家的完美人性以"和""中庸"为其心理结构和思维模式，形成了人的世界观和道德观；礼和仁则是人实现伦理政治的核心，

---

① 李泽厚：《论语今读》，安徽文艺出版社1999年版，第28页。
② 李泽厚：《论语今读》，安徽文艺出版社1999年版，第10页。

形成了人的伦理观念和政治理想。孔子自觉地把"和""中庸"和"仁"紧密结合在人的道德修养完善、人与人之间社会关系的和谐稳定上。儒家所塑造的人性从心理上来说必须以"和""中庸"为其基点,从行为方式上必须符合中规中矩,认为无论是认知事物、思考问题,还是为人处世、践行事功,都必须把握事物的两个方面,全面观察,允执其中,以找到相互结合的平衡点。既不能不及,也不能过分,不及和过分都不符合"和",都违背了和谐的精神。接着儒家又把这种内心之和扩大到人的道德修养和人与人的社会关系结合起来,所谓的"君子和而不同,小人同而不和"就是说"和"的人是君子,不和的人是小人。到了《中庸》子思提出了"中和"的概念,更是把人的内心和谐与人自身的和谐、推及人与人的和谐、人与社会的和谐、人与自然的和谐,从而把和谐的关系扩展到各个方面已达到天和、地和、人和的至高境界,即达到天人合一的境界。这种思想主导了中国古代文化两千多年。

孟子认为通过自身的修养就能彰显潜在的、先天的道德品性,从而把握天命。"性善论"提供了一条尽心、知性、知天的修身路线。"尽其心者,知其性也。知其性,则知天矣。"尽心就是把固有的仁、义、礼、智四端,给以充分发展扩充。"四端"充分发展就是人性的完美展现,而人性是天赋的,知性就是知天,心性就可以与天相合,天人合一。他要求君子要养浩然之气,存赤子之心,以达到"上下与天地同流",就可以"万物皆备于我矣。反身而诚,乐莫大焉"。性源于天,而天归于心性,人的主体性突显为主导地位。他还引用《尚书·太甲》中的话说:"天作孽,犹可违,自作孽,不可逭。"另一方面,天人相通通过上天一些事件和行动将其意志昭示给人类,"天不言,以行与事示之而已矣"。

道家谈天人关系时,也是这样,一方面重视道的本体作用,由"道"化育万物,由天道到人道,由天道指引人道,道生一,一生二,二生三,三生万物。另一方面又重养生,重"技"的锻炼,从个人的养生出发,内在地体验到生命的奥秘,体验到自然生命向精神自由的超越,从而推己及物,由养生之道推及宇宙自然之道,达到生命精神与宇宙本体的统一,达到"以天和天"的境界。老庄的"以天和天",是人和于天,人和于自然,是个体生命与宇宙本体的结合。

第四,到了汉代的董仲舒,他把"天"人格化了。一方面,天在人化,自然在人化,天是人化的天。说天具有人的意志和情感,并且能赏善罚恶,即天不是和人相对立的,让人感到恐怖、害怕的力量,而是具有"仁",处处爱护人,惠施于人的力量。天和人是相通的。另一方面,人为天下贵。能超然于万物之上,故万物莫贵于人。这实际上是把儒家仁政的君主神化了,也反映了董仲舒借用天的权威,以节制人君的绝对权势来实现儒家仁政思想。尽管这样,这种观点仍然具有美学特色。实际上天人合一思想的核心仍然在于人生。

到了魏晋时代,由于时代发生了重大变化,在这一时期,自然成了艺术表现的主题。人物品藻,优游山水,谈玄论道成了这个时代的风尚。艺术从社会现实走向自然山水,走向自然之本体。其目的正是为了摆脱扭曲、动乱的社会现实,追求人的本体和人生的价值。魏晋人欣赏山水园林,常由虚入实,由虚致远。所谓"目送归鸿,手挥五弦,俯仰自得,游心太玄"(嵇康《赠秀才入军》),有一种超然玄远的意趣。这种飘逸潇洒,不滞于物,简淡玄远,富于情趣的审美品格,来源于老庄哲学的宇宙观和魏晋人特有的人生观。实际上魏晋人还没有完全融入自然山水,只是以自然山水来追求一种玄远的理趣。这时的天人合一还是主体主动地应和自然,自然成为抒发主体理趣之所在。

第五,朱熹的天人合一思想是把天道的生成与人道的仁、礼、义、智,直接连接起来。朱子指出:"天即人,人即天。人之始生,得于天也。既生此人,则天又在人矣。"(《朱子语类》卷十七)"天人本只一理,若理会得此意,则天何尝大,人何尝小。"(《朱子语类》)朱子论天人都渗透着宇宙本原之"理",所以天就是人,人也就是天。天人一体两分。自然的天不比人大,人也不比天小。此乃"理一分殊"理论在天人关系上的推衍。理学家所说的"天人合一",既不是把自然界和人看作毫不区别的混沌一团,说成无自我状态的浑沌状态,也不是把人和自然界根本上对立起来，实现所谓认识意义上的所谓同构。它主要讲的是价值关系，而不是认识关系。在理学家那里"天"和"人"是高度统一的。因为两者在本体上是一致的。朱熹说："人惟其与万物同流，便能与天地同流。"理学家还指出，天人一体不仅表现在两者形器上无间无隔，更为重要的是人的心灵境界与宇宙境界，人的生命律动与宇宙的生命节奏的切合："夫天地之常以其心善万物而无信；圣人之常，以其情欲顺万事而无情。故君子之学，莫若廓然而大公，物来而顺应。与其非外而是内不若内外之两忘也。两忘则澄然无事矣。"他们十分强调："天人本无二，不必言合""道未始有天人之别，但在天则为天道，在地则为地道，在人则为人道"。总之，"天人合一"的宇宙论乃是理学最核心最高层次的理论内容，也是理学的美学观、伦理观、人格观的理论基础。

第六章　中西方自然观在居住建筑与园林艺术中的体现

第一节　西方人的自然观在居住建筑与园林艺术中的体现

中西方文化在人与自然关系方面的差异，在建筑方面，主要表现在居住建筑与园林艺术两个方面。在西方传统建筑方面更多地彰显"神人合一"的思想内涵。当某一建筑力图表现神性或人文特征时，实际上就是在"征服自然"，用人为手段抹去自然的痕迹，使其带有更多的人造因素和人工成分。中国人看西方传统建筑，一个比较普遍的感觉是装饰豪华、气势宏大、工艺精美。比较典型的建筑如古希腊帕特农神庙、古罗马万神庙、巴黎圣母院、凡尔赛宫、凯旋门、英国议会大厦等。这些建筑以石材为主，存在时间长久。其中到处可见具有各种规则几何图案的装饰物（檐壁、浮雕、彩绘等）以及各种人体雕塑。其整体设计严整有序、结构匀称、节奏感强。越是豪华的宫殿，其中人为雕饰的成分越多。我国学者刘天华曾分析过这种建筑风格的文化内涵。他指出，为了表示出永恒的意念和与自然相抗衡的力度，西方古典建筑每每非常强调建筑的个性，每座建筑物都是一个独立、封闭的个体，常常有着巨大的体量与超然的尺度，远远超出人们在内举行各种活动的需要。在造型上，西方建筑更体现出与自然相抗衡的态度。如强调砖石结构的体量，强调矩形、三角形或圆形的几何形，强调凸曲线或凸曲面的张力，特别是那些常见的巨大的穹顶，更是赋予建筑一种向上与周围扩张的性格。①

西方人对自然的征服，使人的主体性、独立性得以突出，而自然却被加以驯化，并纳入一种人工化的规则与秩序之中。例如，中世纪作为居住建筑的城堡往往凸显于山岩或旷野中，成为周围大自然的对立物。早期城堡内并不布置植物性的花园，动物也常常是以标本的形式，即以被征服者的象征物，作为室内的装饰物，也作为城堡主人勇猛征战的标志。文艺复兴时期，在意大利兴起了别墅建造的高潮，最为典型的是维晋寨别墅。这是一座中心构图的建筑，在四个立面上用四个同样的大台阶，和四个同样带有三角山花的柱廊，每个立面都呈对称的构图，中心用了穹隆屋顶。建筑的内部，在中央有一个圆形的中厅，周围环绕一般的起居型空间。这一中心构图的别墅与同是文艺复兴时设计的中心构图式的圣彼得大教堂，都表现了同样的主题，即人是宇宙和自然的主人。人是居于中心，主宰四方的，建筑的品格也是孤高自傲的，建筑物周围的自然景观，似乎被漠视。这一时期的居住建筑周围，即使设置树木花草，也只是作为由自然环境向人工环境的过渡物而创造的，人是整个环境和空间的主人。这种高度突出人的中心地位的建筑思想，反映了文艺复兴时期欧洲人的自然观。

西方人的园林，也具有类似的观念。它的园林是雕刻性的，不过不是写实性的雕刻，而是以山树石等自然为元素，强调大自然符合人工的法则所"雕刻"成的立体图案，人工斧凿痕迹十分显著。公元1世纪的罗马园林已开始采用花坛、剪饰和迷阵。花坛是几何形的，剪饰也把树木修剪成几何形体——尖锥形、多角柱、圆球形、半圆球形和矮墙式的绿篱，甚至剪成动物的形状，被称为"绿色雕刻"。迷阵使用绿篱组成的几何形回路，有许多死胡同，易进难出，以为有趣。到了中世纪的修道院，通常只在教堂旁有一个大型的回廊院组成的花园，院子里没有多少植物、树木，只在草坪中央布置一眼清泉，作为僧人净化心灵之用。因此，中世纪修道

---

① 参见刘天华：《中西建筑艺术比较》，辽宁教育出版社1995年版，第51页。

院花园，与外界隔绝，空间是内向的，景观是单纯的，不具有休息游憩，或与自然交融的作用。在中世纪晚期和文艺复兴之后，渐渐出现了一些别墅花园，挤在一座建筑物周围，布置植物与水池、喷泉。水池与喷泉是经过几何化处理的，植物则经过细致的修剪，几何化和人工味十足。园林的空间布置也十分规则整齐。这种园林一直延续到现代，其中以17世纪法国绝对君权时代的唯理主义园林最为盛行，使自然成为古典主义秩序和规则的驯化物。方正的水池、规则的喷泉、经过修剪的树木、放射性的道路等，表现了自然在人的力量面前的驯化。古典欧洲园林表现了人对生活享乐的追求。这里没有任何天然无琢的东西，所有的园林要素，都透出十足的人工趣味，所有的园林景观，其目的都是为了使人悦目，使人享受，使人感觉到经过驯化的自然的规整与优美，从而表现了一种与中国人截然不同的园林艺术思想。以法国古典主义园林为代表的西方园林就是一种几何形的园林。其特点是讲究整齐一律、均衡对称，具有明确的轴线引导，讲究几何图案的组织，甚至花草树木都修剪得方方正正。凡尔赛宫是典型代表，它是法兰西帝国和国王路易十四强大和威严的纪念碑。它的花园是整个园林的主旋律，而建筑则显得相对单薄。园林占地达100公顷。花园的构图大量采用直线、方角、三角、长方和圆形等图案，突出了人对自然的强大征服力，整个布局严谨、古典，宫殿位于高地上，正门连通城市主道爱丽舍大街，宫殿后面有花园，在远处有园林。

  黑格尔就十分欣赏这种充分几何化、规整化的园林格局，他指出"一座单纯的院子只是一种爽朗愉快的环境，而且是一种本身并无独立意义，不只使人脱离人的生活和分散心思的单纯环境。在这种园子里，建筑艺术和它的可诉诸知解力的线索，秩序安排，整齐一律和平衡对称，用建筑的方式来安排自然事物就可以发挥作用"①，"但是最彻底地运用建筑原则与园林艺术的是法国的院子，他们照例接近高大的宫殿，树木是栽成有规律的行列，形成林荫大

---

① 黑格尔著，朱光潜译：《美学》（三），商务印书馆1979年版，第104~105页。

道，修剪得很整齐，围墙也使用修剪整齐的篱笆来造成的，这样就把大自然改造成为一座露天的广厦"①。然而李约瑟却认为，在熟悉了北京的颐和园再去逛凡尔赛宫时，看到那种禁锢和束缚自然而不是随自然而流动的几何布局，就产生了一种无聊感。②

第二节　中国人的自然观在居住建筑和园林艺术中的体现

相对于西方人对自然的征服，中国人和自然的关系是和谐相处的，人对自然有一种亲和感情。中国的居住建筑，从来是一个将自然景物与居住空间融为一体的环境。老子所说"万物负阴而抱阳，冲气以为和"成为古代中国人空间创造的基本原则。而对居住建筑而言，所负之阴与所抱之阳，都是包括自然景物的室外空间的代名词。像北方四合院建筑，及南方带有私家花园的士大夫住宅，都是由重重庭院组成的中国传统住宅。在进入建筑的主入口之后，还包容了独属于房屋主人的一方天地。在住宅内，天光、水色、山石、树木、花草、丛竹无一不与房屋主人起居、读书、休憩的空间相互交融贯通。还有，所谓"城市山林"，即在喧闹的城市中，自有一方恬静的天光水色、林木树石。而对整座城市而言，由于建筑物并不高大，街道两旁的树木与鳞次栉比的住宅院落中耸露出屋顶院墙的从从落落的树木枝冠，使整座城市掩盖在大片的绿色浓荫之下，使整座城市充满了生机。

人与自然的和谐关系，也在中国园林建筑中，得到了最为充分的体现。中国园林建筑更是巧妙地吸取自然的形式，使建筑、人与自然达到和谐统一。以石、木、池象征自然中的山、林、湖、海，把自然引入院内，意味着自然对人造环境的亲昵。巧于因借，把自

---

①　黑格尔著，朱光潜译：《美学》（三），商务印书馆1979年版，第104~105页。

②　参见李约瑟著，周曾雄等译：《中国科学技术史》（第二卷·科学思想思），科学出版社2003年版，第388页。

然的美景通过窗、阁、亭等引入建筑中，即"借景"的手法。利用借景，一个临江的楼阁可以出现"落霞与孤雁齐飞，秋水共长天一色"①的美景；一个普通的草堂，也可以引出"窗含西岭千秋雪，门泊东吴万里船"②的空间感触。还是《园冶》说得好，通过借景可以"纳千顷之汪洋，收四时之浪漫"。

儒家尽管强调人与人之间的现实关系，但在人与自然方面，儒家从不把自然看作异己力量，而是主张人与自然和谐相处，认为天人是相通的，"天人合一""万物与吾一体"。这些思想的形成，导致了中国人的艺术心境完全融合于自然，"崇尚自然，师法自然"也就成为中国园林所遵循的一条不可动摇的原则，在这种思想的影响下，中国园林把建筑、山水、植物有机地融合为一体，在有限的空间范围内利用自然条件，模拟大自然中的美景，经过加工提炼，把自然美与人工美统一起来，创造出与自然环境协调共生、天人合一的艺术综合体。

另一方面，儒家的"比德"思想也对中国园林的主题思想产生一定的影响。在我国的古典园林中特别重视寓情于景，情景交融，寓意于物，以物比德，人们把作为审美对象的自然景物看作品德美、精神美和人格美的一种象征。人们常把竹子的虚心、有节、挺拔凌云、不畏霜寒、随遇而安的品格象征为美好事物和具有高尚品格的人，常把竹子拟人化。从竹子的人格化可以看出，自然美的各种形式属性本身往往在审美意识中不占主要的地位，相反，人们更注重从自然景物的象征意义中体现物与我、彼与己、内与外、人与自然的同一，除了竹子以外，人们还将松、梅、兰、菊以及各种形貌奇伟的山石作为高尚品格的象征。

道家认为"道"是宇宙的本原而生成万物，亦是万物存在的根据，指出："道生一，一生二，二生三，三生万物"《老子·二十五章》，同时提出"道法自然"的思想。后来，庄子继承并发展了老子"道法自然"的思想，以自然为宗，强调无为。他认为自

---

① （唐）王勃：《滕王阁序》。
② （唐）杜甫：《绝句》。

然界本身是最美的,即"天地有大美而不言"(《庄子·知北游》)。《庄子》在老庄看来,大自然之所以美,不在于它的形成,而恰恰在于它最充分、最完全地体现了这种"无为而无不为"的"道",大自然本身并未有意识地去追求什么,但它却在无形中造就了一切。而中国古典园林之所以崇尚自然,追求自然,实际上并不在于对自然形式美的本身模仿,而是潜在于对自然的崇尚之中和对于"道"与"理"的探求之中。中国园林正是儒家和道家思想完美结合的产物。

明末计成在其造园名著《园冶》提出"虽由人作,宛自天开"的造园指导思想,这是中国古典园林造园艺术最重要的原则。它的最高理想是追求人工造景和自然环境的相像,创造出人和自然和谐相处的生态环境。中国古典园林不是不重视人工对自然的改造,而是这种人工的痕迹不要显露出来。它要追求的是一种"清水出芙蓉,天然去雕饰"①的意境美。意境美是中国古典园林所达到的最高艺术境界,也使中国古典园林在世界上具有了独树一帜的位置,对周边国家和欧洲的英国、俄罗斯等国家的园林创作产生了积极的影响。这种意境美不是简单地再现或模仿自然,而是在深刻领悟自然美的基础上加以抽象、概括和典型化的,它强调的是主、客体之间的情感契合点,即"畅神"。因此中国古典园林的艺术美不仅表现在园林景物的形、神之上,更主要的是表现在与游赏者主观的情感交融的意境之上。

黑格尔对中国古典园林表示了不屑一顾的态度,他认为像中国园林这样,"把整片自然风景包括湖、岛、河、假山、远景,等等都纳到园子里"的做法,"一方面要保存大自然本身的自由状态,而另一方面又要使一切经过艺术的加工改造,还要受当地地形的约束,这就产生一种无法得到解决的矛盾"②。他认为像园林这种"地方却已不是本来的自然,而是人按照自己对环境的需要所改造

---

① (唐)李白:《经乱离后天恩流夜郎忆旧游书怀赠江夏韦太守良宰》。
② 黑格尔著,朱光潜译:《美学》(三),商务印书馆1979年版,第104~105页。

过的自然",① 因而，像中国古典园林那样将各种自然因素杂糅在一起的做法，他将其称为"杂糅"的艺术，并声称这样的园林，"看过一遍的人就不想再看第二遍，因为这种杂烩不能让人看到无限，它本身没有灵魂，而且在漫步闲谈之中，每走一步，周围都有分散注意的东西，也使人感到厌倦"②。这反映了一种全然相反的自然观与艺术观，而这种与自然相关联的审美观念上的差异，正是中西方在如何看待"人与自然"的关系这一问题上，两者之间的文化差异造成的。

---

① 黑格尔著，朱光潜译：《美学》（三），商务印书馆1979年版，第104~105页。

② 黑格尔著，朱光潜译：《美学》（三），商务印书馆1979年版，第104~105页。

第三编
人间与天国
——中西宗教观的不同及在传统宗教建筑中的体现

　　有人说中国文化主要是宗法文化，而西方文化主要是宗教文化，这话虽有偏颇，但确指出了中西文化对宗教的不同态度及宗教在中西文化中的不同地位。宗法文化主要是以血缘关系的亲疏来界定人在国家、社会、家庭等各方面的地位高低，处理的主要是人与人之间的关系。它的立脚点主要是现实人生，执着于人间世道的实用探求，对事物采取现实的、功利的态度，不去追求事物的根底。对待宗教的态度，主要采取敬鬼神而又远之，不允许宗教过多地干预社会，特别是社会政治和经济，同时，又允许各派宗教存在，以便教化百姓崇拜的对象主要是化为鬼神的祖先，在处理人神关系上，宗法文化崇拜的对象主要是化为鬼神的祖先。

　　西方文化主要是一种基督教文化，这种文化把上帝作为永恒、完美、至善和绝对的象征，人类只能信奉上帝，把上帝作为唯一的神。因此，这种文化主要处理的是人与神的关系，它的立脚点不在现实人间，而在虚无缥缈的天国，它要解决的是人类如何才能更好地接近上帝而获得最大的幸福。

鉴于宗法和宗教文化的不同着眼点,中国和西方的宗教建筑在建筑特色、材料、空间、位置等各方面都呈现出不同的建筑特点。

第七章　宗教在宗法文化与宗教文化中的不同地位

　　宗教是人类历史上一种古老而又普遍的文化现象，在人类的文明中都占有一席之地。宗教（作为思想体系）和哲学一样，都处于人类文化的核心，代表着人类文化的深层结构。中西文化是有差异的，有人把中国文化称为儒家文化或儒教文化，把西方文化称为基督教文化。那么宗教在不同文化中的地位是什么样的呢？

　　宗法文化是我国以祖先崇拜为载体，以西周宗法制度为典型的，经历代儒学家们不断改造而绵延下来的，以一定地域为基础、以血缘关系为纽带并以父（夫）权、族权（家长权）为特征的，包含有阶级统治内容的宗族或家族文化。这种文化是以儒家思想为代表的，儒家思想注重现世人生，执着于人间世道的实用探求，它对超越于现实人生的来世存而不论、漠然置之；追求现实功利，鄙视玄想，对事物采取现实的、功利的态度，不去追求事物的根底。表现在对宗教的态度上，就是既敬鬼神而又远之，不允许宗教过多地干预社会，特别是社会政治和经济，同时，又允许各派宗教存在，以便教化百姓。所以，在中国传统社会的意识形态中，任何宗教都不可能取得一家独尊的地位，不可能在对社会生活的影响方面对其他宗教占据绝对的优势，而只能共同处于儒家思想的从属地位，起一种补充作用。王权是中国传统社会的最高权威，它受儒家思想的支配，对宗教采取务实的、功利的态度。从维护和巩固王权的角度来看，各种宗教皆有可取之处，所以，统治者对各派宗教就兼收并蓄，加以扶植，但是绝不允许任何一种宗教的发展危害王权的稳固，更不允许哪种宗教建立自己的神权统治。一种宗教能否存在和发展，在很大程度上取决于统治者的态度是支持还是禁止。因而，中国的各种宗教都必须为谋求自身的生存和发展而竭尽全力，根本没有能力去排挤其他宗教的存在。

正如儒家文化是中国文化的主流一样，基督教文化是西方文化的主流。西方文化从起源上讲有两个源头：古希腊罗马文明和希伯来文明。古希腊文明为西方文化奠定了理性认识的基础；古希伯来文明则为西方文化提供了超越性的宗教尺度。西方的宗教文化主要来源于希伯来文化，古希伯来人最早创立犹太教，犹太教有两大亮点为基督教的发展奠定了坚实的基础，一是信奉的上帝是创世者，是唯一的神，是超越于这个世界的。在公元6世纪之前以色列没有形成宇宙一神的观念，只是在以色列人沦为俘虏的巴比伦囚禁时期出现了以耶和华为宇宙的唯一主宰的苗头，到后来以色列人回到耶路撒冷，奉耶和华为宇宙主宰的思想才最终成为现实，但此时的上帝耶和华还只是犹太人一个民族的神，还不是三位一体的神。基督教继承了上帝的唯一和超越性，又吸收了犹太教的圣灵观念，使得基督教的上帝成为圣父、圣子、圣灵三位一体的特征，并且使上帝超越了犹太民族的狭隘，成为全人类的上帝。这也促使了基督教在全世界，特别是在西方的传播和地位的确立。二是上帝的救赎功能。这是上帝最为世人信仰的原因所在，基督教承继了这个功能并加以发展，使这个功能更加完善。古希腊文明崇尚理性原则，特别是柏拉图的理念论使得古希腊的宗教观念得到升华。按照他的说法，理念是独立于个别事物和人类意识之外的实体，这种神秘的实体是永恒不变的，是个别事物的范型，而个别事物则是这种实体不完善的摹本或影子。在这种理念论的基础上柏拉图形成了一种超验的上帝观念：理念的本质和上帝的本质是同一的，至高理念就是上帝。上帝代表着永恒、完美、至善和绝对，掌握着人类的命运和世间的一切。这种超验的上帝观念使古代宗教的神灵观念一元化并获得了一种超越的意义，从而得以升华。柏拉图的这套理论一方面是西方关于绝对精神的思辨哲学的发端，另一方面也成为西方关于抽象上帝的唯理主义神学的源头。基督教正是古希腊罗马文明和古希伯来文明结晶的产物。它在罗马帝国后期成为古罗马帝国的国教，是由于西欧奴隶社会在蛮族的入侵下分崩离析，原有的古希腊罗马文化丧失殆尽，根本无法继续维系人们的信仰，维护思想的统一。基督教成了唯一能够统一和控制人们思想的意识形态，基督教会是当时西欧最大的社会势力，没有任何世俗政权不是处于基督教的影响之下，这使得基督教能够在西欧的精神生活和政治生活中一统天下，一教独尊，排斥其他宗教。

第一节　西方古代的神灵崇拜与中国人的祖先崇拜

在西方的古代世界，祖宗崇拜从来也没有形成很强的信仰力量，似乎很早就让位给神灵崇拜。古代埃及人崇拜太阳神，连法老也要借助于它的光华来巩固自己的统治，在军人及百姓中灌输自己是太阳神之子的教义，以增强皇帝的威严。庙中的祭祀也乘机大肆吹捧，称法老为"统治着太阳""大神"，借以让人们对其加以崇拜。从表面看来，这种崇拜似乎与我国古代称"皇帝"为"天子"有点不谋而合，但其内涵是不同的。中国称皇帝为天子，主要是因为他是全国最大的宗主，而法老则是神的化身，包含着较多的神灵崇拜。到了古希腊、古罗马，人们都信奉多神教，认为大自然和社会本身都有神各司其职，各个城邦都有自己的保护神。因此，神庙一直是古埃及、古希腊、古罗马的建筑类型，像古埃及的阿蒙神庙，古希腊的帕特农神庙和伊瑞克提翁神庙以及古罗马的万神庙等。到了罗马帝国晚期，皇帝承认了基督教的合法地位，多神的信仰逐步被信奉上帝一人的新型宗教所代替，于是又掀起了兴建基督教堂的热潮。到了中世纪，随着宗教狂热越演越烈，各地教堂的建设一直久盛不衰，一直到文艺复兴之后，教堂等宗教建筑仍然独占鳌头，率领着西方建筑艺术的风骚。

就宗教种类来看，中国古代的宗教信仰亦颇复杂。东汉之际，印度佛教传入中国；汉代末年，神仙道教也土生土长起来；唐代之后，伊斯兰教逐步传入中土以及明代晚期，基督教也姗姗来迟。并且中国文化在唐代以后有一个明显的走势是儒、释、道的"三教合流"，合流后的中国文化以儒家传统的人伦价值观念和人生理想为核心，杂糅了佛教重心性修炼的思维和实践方式，辅之以道教永生信念的诱惑与恐吓手段，在宗教信仰方面形成了一套奇特的多元化和泛神化的天人体系。在这个神谱中占首要和主导地位的，不再是自然神，而是历史人物被神灵化的诸神。这样看来，无论是外来宗教还是本土宗教，都没有取代儒家思想占据社会的主流意识形态，而佛教和道教却成了儒家思想的补充，儒家思想则一直牢牢控制着社会的精神需要和价值需求。儒家是以原始血缘关系为纽带，以孝悌为基础，以强调尊卑有序、上下有等的人际关系为中心的人本主义思想。它的最终目标在于人，在于处理人与人之间的关系，而对超出于人际关系之外的鬼神则"敬而远之"，实在无法避免，则用"未能事人，焉能事鬼"加以搪塞，所以人们一直崇拜的是与自己有着原始血缘关系的先祖和有功于宗族的先人。中国人的祖先崇拜一直很强烈，与此相适应，中国人的建筑差不多是为人建造的，就是不为人建造，也带有很强烈的世俗气息，是世俗引导着宗教；与此相反，西方人的神庙和教堂差不多都是为神建造的，超凡脱俗的精神气息较浓，是宗教引导着世俗。

第二节　人本与神本

中国宗教具有强烈的人本主义色彩，与之相比，西方宗教则具有显著的神本主义特征。所谓宗教，简而言之，就是人对神的信仰。在这种信仰体系中，神、人、神人之间的关系是其基本构成要素。中西宗教精神人本与神本的差异集中体现在它们关于这三者的观念之不同上。

首先，中西宗教关于神的观念有很大的不同。基督教的上帝被奉为宇宙间的唯一真神，至高无上，是宇宙自然和世界万物的创造者，是世界万物运动变化的支配者。对人来说上帝是创造者，是生命的给予者，是人生得失成败、生死祸福的主宰者，是善恶行为的审判者，是人类苦难的拯救者。换言之，上帝是世界之根本，尤其是人之根本，一切都是从上帝出发的，也都是以上帝为最终目的的。

与基督教不同，人是中国宗教关注的中心，其最终目的是人的幸福而不是神的尊严。道教以抽象、神秘的道为最高信仰，奉中国古代历史人物老子为教祖，崇拜神仙，属于多神教。在道教教义中，神，既不是世界的创造者，也不是世界的主宰者，而是抽象、神秘的道的化身；仙是人或其他自然物修炼得道而成。也就是说道教的神仙是人可以修炼而成的。道教的许多神灵，特别是低级神灵往往与人有很密切的关系，具有非常浓厚的人情味和人性，与基督教严厉、独尊、远离人间烟火却又监视着人的一举一动的上帝有很大的不同。佛教信仰的最高神是释迦牟尼佛，其次是菩萨，中国人家喻户晓的是其中的观音，观音菩萨在中国佛教中就是大慈大悲、救苦救难、法力无边、普渡众生的神。与基督教的上帝不同，佛既不是造物主，也不主宰人的吉凶祸福，只消除人的灾难，保佑人的平安，而且，佛教中的佛和菩萨都是人修习佛法可以成就的。根据佛教教义，佛陀本是人，不是神，后来被人神化成为至高无上的神。释迦牟尼原来是古印度一个小邦国的王太子。中国人的祖先崇拜和鬼神崇拜是以死去的先人和天地为崇拜对象的。祖先崇拜认为，已死去的祖先能够在阴间保佑子孙后代的平安和幸福，保佑家族的兴旺和发达。鬼神崇拜以人，以及天地间的神灵为崇拜对象，鬼魂则是人敬畏、回避的对象。

由以上所述可知，在中国宗教中，无论是佛教，还是道教，或是传统的民间信仰，神，更多的是人祈求幸福和平安的对象，是人类生活的保佑者，而不是人的生活的中心和根本目的，这与基督教的神灵观是根本不同的。

其次，中西宗教对人的看法也有很大的不同。关于人的本性，中国宗教受儒家文化性善论的影响，基本上对人性持肯定的看法。中国佛教认为人有佛性，这是人觉悟成佛的根据。佛教禅宗更是主张人的自性即是佛性，觉悟即是佛，沉迷即为凡，人是尚未觉悟的佛，佛是觉悟了的人。道教认为人有道心，有先天之性，此为人修道的前提。基督教对人性基本上持否定的看法，认为人有原罪和罪性。人类始祖亚当和夏娃犯下原罪，遗传给后代子孙，绵延不绝，每个人一生下来就带有原罪。人的原罪是指人的各种违背神意、使人堕落的欲望，特别是人的贪欲。关于人在宇宙间的地位，基督教认为人与世间万物都是上帝的创造，人虽然被称为神的子女，在万物中地位最高，可以管理和利用万物，但是与神相比，人是有罪的、卑微的、低贱的。中国宗教则不同，佛教认为人有修习佛法、顿悟成佛的能力。道教珍视人的生命，认为一切万物，人最为贵，人通过修炼道术就能得道成仙。祖先崇拜和鬼神崇拜是儒家文化的基本内容，儒家文化认为人是与天、地并列的三才之一，天地之间人为贵，人为万物之灵。显然，中国宗教基本上是肯定人在宇宙间的较高地位的。

宗教是人对神的信仰，所以，神人关系是宗教的重要内容之一。在基督教中，神人之间是一种紧张的对立关系：神是人的创造者，人类生活的主宰者，人的善恶行为的审判者，人类祸福的掌握者；人信仰神，遵从神的旨意，向神祈祷，求神保佑。在这种神人关系中，神是人全部生活的中心，具有绝对的支配权；人一无所有，只是神意的服从者，他所能做的只是祈求和服从。在中国宗教中，人与神之间是一种比较和谐的关系。在佛教中，人为现实人生的苦难向佛、菩萨求助，佛、菩萨则以大慈大悲、救苦救难之心解救人的苦难，保佑人的平安与幸福。在道教中，人通过信仰神仙获得它们的保佑和帮助，达到平安、健康、长生不死的目的。天地崇拜和鬼神崇拜认为，天地鬼神主宰人事、赏善罚恶，人应当敬畏鬼神，按时祭祀天地鬼神，积德行善，以求天地鬼神的佑助。在神人关系和人伦关系两者之间，基督教重神人关系，认为神人关系高于人伦关系，爱神是第一位的，爱上帝的心应过于爱人的心，爱人也应当是为上帝而爱人。相对而言，中国宗教更重人伦关系，无论是道教，还是佛教，或祖先崇拜和鬼神崇拜，都没有主张爱神应当过于爱人，相反，却都强调人伦关系的重要，把儒家的忠孝道德作为宗教道德的基本内容，甚至认为爱人高于爱神。

总之，在基督教中神是中心，是一切的出发点，人则是神的附属，人的一切都从属于神，人是为神而存在的，能否得救决定于神的意志。在中国宗教中，人是中心，仙佛是人修炼而成的，是人信仰和崇拜的对象，更是人羡慕的对象，成仙成佛是人信仰宗教的最高目标，能否成仙成佛主要取决于人自身的努力。所以从一定意义上可以说，中国宗教是从人出发来看待和设计一切的，基督教是从神出发来看待和设计一切的。

由于中西宗教人本主义色彩和神本主义色彩的不同，那么影响到作为宗教物态化的建筑也不同。中国的建筑主要是供人居住的，就算是不为人所居住的宗教建筑，也带有很强的世俗色彩；西方的建筑主要是供神居住的，就算是人所居住的建筑，也带有很浓的神本色彩。这主要从中西建筑不同的尺度得到印证。

所谓人的尺度，也就是自然亲切的尺度，即从建筑的空间上看，它能充分考虑到人的活动特点，以形成适度的空间形式（如黄金分割率）；再从建筑的外观上看，它往往比较简洁，没有过多的细部装饰，从而保持适度的体量；最后，那些与人的活动紧密相关的要素，如门、窗、台阶、栏杆等，总是与人体保持相应的尺寸，这些尺寸与建筑的体量、空间协调，从而使一些大体量的建筑也能保持自然亲切的尺度。

中国建筑是以人居建筑为中心，以四合院为基本形式，即使是宫殿建筑、宗教建筑也都与一般民宅一样，采用院落式的平面组织方式，建筑的外观造型基本一致。即以各种有着不同功能的建筑来围护一个庭院空间，而且在庭院空间与建筑体量之间保持着适度的比例，这样就不会因体量与空间的不适使人产生空寂荒凉或拘束不安的感觉。在中国古人看来，大体量的建筑以及大面积的内部空间不能与人形成相应的尺度关系，而当适度体量的建筑又不能满足人们对大面积空间的要求时，中国建筑又巧妙地利用平面空间的有机组合来满足功能的要求。因此，中国传统建筑往往以庭院空间的方式来弥补内部空间较小所带来的不足，再加上通过不同功能的单体建筑的组合，来满足对大面积内部空间的要求。例如宫殿建筑，尽管其外观宏伟、庄重，体量也比一般建筑大，但其内部空间仍保持着适度的比例。故宫太和殿平面，面阔 11 间长 69.93 米，进深 5 间 37.17 米，高为 26.92 米，从这些数字不难看出，其长、宽、高之间是保持着适度的比例关系的。

传统建筑在平面空间上的展开，既能满足功能要求，又能保持一定的尺度。所以，它成为中国建筑的历史传统，无论何种类型的中国建筑，总是保持着适度的内部空间。

由于庭院空间成为中国传统建筑的基本形式，这也就为建筑的园林化提供了前提条件。庭院空间直接承受阳光雨露，通风条件好，宜于种植各种花草树木，美化建筑环境，庭院空间又成为心灵自由、精神放松、自然和谐的所在。这就造成了中国建筑园林化的历史。园林化的目的就是为了形成一个人居的建筑环境，即以人作为尺度，作为中心，在中国的建筑中加以突出。

神的尺度，即超人的尺度。它是指建筑以巨大的体量和空间向人展示一种超越和永恒。它给人的感受是庄严、神圣、永恒、无限，是一种崇高的表现。超人尺度的获得，一方面与数量上的巨大和体量上的庞大相联，另一方面，在这些建筑中，基本单元构件的尺寸被加大了，从而使整个建筑显得更大。超人的尺度多用于纪念式建筑、教堂以及政府官方建筑中。

在中国古代城市中，主体性的建筑一般为宫殿、官署。而在西方古代城市中，主体性的建筑则是宗教建筑，从古希腊的神庙到中世纪哥特式教堂，一直延续了两千多年。无论从功能要求的角度看，还是从精神象征的角度看，西方建筑体量巨大，以超人的尺度即以神的尺度为特征。（当然，西方建筑中也有人的尺度。）

古罗马建筑绝大部分都显示出超人的尺度，非凡的气势。从城市规划上看，帝国的城市是以中心广场为基点加以布局的。作为政治、经济、文化活动的中心，同时作为君权的象征，广场都显得十分壮丽，如恺撒广场。又如图拉真广场，典型地表现着宗教的君权崇拜，广场正面为凯旋门，凯旋门本身是以巨大的体量显示出非凡的气势，门后为一带有柱廊的面积为 120：120 平方米的巨大广场，广场呈轴线对称式布置有各种大型的公共建筑和纪念性建筑。在广场的纵深处，坐落着雄伟壮丽的图拉真祭庙，是整个广场的点睛之处。在城市的主要道路口都建有雄伟的凯旋门，如君士坦丁凯旋门、提图斯凯旋门。同时，超人的尺度还被大量地运用到公共建筑之中，如剧场、角斗场、公共浴场等。

以哥特式建筑为主体的中世纪宗教建筑，从外观造型上看，它排斥了古希腊建筑的平衡，古罗马建筑的圆形拱，不在水平线上展开，而更侧重于垂直线上向高空发展。一方面是庞大的体量，给人以厚实沉重之感；另一方面，又以垂直线上的细部处理，尖拱的采用，使整个建筑呈自由上升之势，仿佛束缚在肉体里的灵魂试图摆脱束缚而自由升华一样。同时，哥特式教堂建筑在内部空间的组织上，其纵深空间和垂直空间形成了巨大的矛盾性，强化了教堂建筑本身所具有的神的尺度。

第三节　木之魂和石之体

有人说，中西传统建筑的最大不同是建筑材料的不同：传统的西方建筑（包括被西方视为东方的埃及、印度、伊斯兰的建筑）长期以石头为主体；传统的东方建筑（包括中国、日本、越南、朝鲜半岛等国家和地区的建筑）则一直是以木头为构架的。这种建筑材料的不同，为其各自的建筑艺术提供了不同的可能性。

石头是一种密度很高、坚固耐久的建筑材料，它的特点是足以承担巨大的压力，宜于向高空发展。与之刚好相反，木头是一种密度较小的柔性的建筑材料，它的特点是容易建造较大跨度的窗框和飞檐，宜于横向发展。

相对于石头的特点，西方的宗教建筑也和宫殿建筑一样注重单体的塑造，而且单体建筑体量比较大，且向高空垂直延伸。因此，西方的神庙和教堂一般都很高大。例如古埃及中王国时期的阿蒙神庙的大柱厅，其面积就达 5000 平方米，密排着 138 个大柱子，中间两排柱高 20.4 米，直径为 3.57 米，其余的柱高 12.8 米，径粗 2.74 米，修长比仅为 1∶4.66，柱间的净距还不到柱子的底径。看上去，密集的柱林像原始森林一样，无限地夸大了幽暗的大厅内部空间。再加上柱子上和梁枋间布满的着色浮雕，给人以强烈的压抑感。正如马克思所说的，压抑之感正是崇拜的起始点。还有古罗马的万神殿，有一个保持世界两千年记录，跨度达 43.3 米的圆形大穹顶，穹顶的最高点也是 43.3 米，人居其中，感到自己的渺小和神的伟大。这一硕大无比的建筑空间被文艺复兴的艺术巨匠米开朗琪罗誉为"这不是人造的而神造的"。当然这归功于罗马人娴熟的工程技术和混凝土的使用。到了宗教迷狂的中世纪,那种直刺苍穹的哥特式教堂更是让人惊心动魄。像欧洲最著名的哥特式教堂——巴黎圣母院,其教堂平面宽约48米、深为130米,可容纳近万人。它中厅高约35米,而两侧的通廊仅9米,相差极悬殊。结构全为柱墩承重,柱间全开有狭长的尖拱窗,窗上的彩色玻璃拼镶出一幅幅《圣经》故事的图画。屋顶采用尖券六等分肋骨拱。两侧和东墙外建有飞扶壁,以平衡屋顶拱券的侧推力,使整个结构呈现出合理而轻盈的美。教堂的西立面很有特色,粗壮的柱墩将它分化成左右中三段,左右各有一高约70米的塔楼。两排水平的带状花饰又将它们紧紧联系在一起。上排雕饰位于塔楼之下,是连续排列的华丽透空尖券券廊;下排尽皆三座尖券形门洞之上,是历代犹太帝王的小形雕像。正立面正中有一个直径达13米的巨大圆形花窗,做玫瑰花图案,故又称玫瑰窗。大厅中部的屋顶上耸立着高达90米的华美尖塔。从正面远处看,这座塔尖正巧露处于两座塔楼之间,直刺向蓝天。

纵观整座建筑。巴黎圣母院很成功地突出并渲染了宗教的主题,它那高峻的柱子、轻盈飞动的尖券肋骨拱、空灵的飞扶壁,以及尖券形门窗,山花、尖塔、都令人产生一种腾空向上、超凡脱俗的精神境界,教堂似乎成了与上帝对话的最理想场所。

相对于木材的特点,中国的传统建筑体量都不是太高大。无论是皇家的宫殿、坛庙,还是佛教寺庙和道教道观以及伊斯兰教的清真寺,建筑的单体都不是很高大,区别也不是太明显。为了弥补单体的不足和烘托皇权的威严,人们采用了群体结合的院落式布局方式。中国的建筑在平面布置上大多采取以单层房屋为主的封闭式院落布置。房屋以间为单位,若干间并连成一座房屋,几座房屋沿地基周边布置,共同围成庭院。其重要建筑虽在院落中心,但四周被建筑和墙包围,外面不能看到。院落大多取南北向,主建筑在中轴线上,面南,称正房;正房前方东、西两侧建东、西厢房。这种四面或三面围成的院落大多左右对称,有一条穿过正房的南北中轴线。院落的南面又建了面向北的南房，共同围成四合院；除大门向街巷开门外，其余都向庭院开门正房、厢房间数的多少而改变。大型建筑群还可以沿南北轴线串联若干个院落，每一个称一"进"。这种院落式的群组布局决定了中国古代建筑的又一个特点，即重要建筑都在庭院之内，越是重要的建筑，必有重重院落为前奏，在人的行进中层层展开，引起人可望不可即的企盼心理。这样，当主建筑最后展现在眼前时，可以增加人的激动和兴奋之情，加强该建筑的艺术感染力。那些前奏院落在空间上的收放、开合变化，也能反衬出主院落和主建筑压倒一切的地位。中国古代建筑，就单座房屋而言，形体变化并不太丰富，主要靠庭院中建筑群与庭院空间变化的艺术。

  作为依附于皇权的宗教建筑，也采用了和宫殿一样的建筑布局方式，很少表现出特定的宗教色彩，只是在建筑的规模和体量上，有次于皇宫的严格的规定。特别是寺庙建筑的官署化现象，除了官署转换为寺观外，更是得益于中国自古就有的"舍宅为寺"的传统，因而中国的寺庙从一开始就表现出与世俗建筑颇多的共性。尤其是因为中国古代官署和宅第本身大多以亭台楼阁的式样为主，同时在它的各种附属建筑物中，尤其重视较好的绿化和精美的园林，这就使寺庙原有的神圣性大为降低，转而表现出许多的尘世气息，后来出现的道观以及其他宗教建筑，无疑也接受了佛寺的这种造型特征。例如，建于清代的北京雍和宫，是中国佛教史上最为典型的官署性寺庙之一，构成这一庞大建筑群的所有单体建筑都严格按照中轴对称的规则展开。它的建筑布局较为完整地体现了中国古代官署建筑的特征，又是一座非常典型的中国式的佛教寺庙。它原是雍正皇帝的行宫，后来雍正过世后，由他的儿子弘历改作寺庙，轮廓还是作为皇宫的雍和宫的轮廓，只是增加了一些体现宗教气氛的雕塑，但总体看还是世俗气息大于宗教气息。道教的白云观的建筑布局也是中轴对称，主要建筑物三清殿，无论是高度还是位置都居于整个建筑群的中心，其他的建筑物布置得也极有秩序，这完全就是人间的上下有等、尊卑有序的象征。

第四节　宗教建筑的神的空间和人的空间

和石料相适应的是，西方的宗教建筑采用了石结构、砖结构或混凝土结构，建筑坚固耐久，外观壮实厚重有力，相对封闭，故其内部空间既高敞而又光线暗淡，且具有浓重威慑信徒心胸的神秘精神氛围。与我们中国以层层院落形成的祠庙群体讲究的轴线和空间序列不同，以精神空间为核心的西方宗教建筑——教堂仅是一个独立的建筑单体，多为四壁围合、内外分明的封闭性空间。正如歌德所说："我们的房屋不是覆盖在四个角的四根圆柱上的，它们是覆盖在四面四堵墙上的。"西方建筑多取砖石结构，用厚重的四壁、凸显的入口将内、外空间截然分开。而木构架梁柱结构的中国建筑则是开敞的，由四柱支撑四壁或前后壁是可以启闭的，甚或是完全开放的空间，内外空间有相互的穿插，也便于气的交流通达。故从结构形式的不同，我们可以理解中西方建筑在空间性质上的一些差异。

无论基督教的教堂是何种建筑风格，基本都会在平面上表现十字形。教堂的圣坛在最东端，象征基督的头部，前面的横向空间象征基督被钉在十字架上的两臂，中部以下设门厅，象征基督的身躯和腿部，整个教堂就是象征着基督受刑。门厅是教徒聚集进行礼拜的场所，横厅是管风琴和唱诗班的位置，也是教士们进行宗教仪式和讲经布道的场所，都是现实性的空间。圣坛是装饰得最为华丽的地方，半穹顶上通常都会有耶稣复活升天的画幅，这个半封闭的空间使得其中的圣坛有很强烈的象征意义，是一种精神的空间。

这种幽暗、神秘的精神空间并不是基督教特有的东西。古埃及的阿蒙神庙也是经过一系列封闭的庭院和密集的柱厅，到达一列小密室的尽端，制造出神秘、压抑的效果。这些小的密室和基督教的圣坛空间一样是精神的空间。在南美洲，玛雅人的多层的金字塔也都是将庙宇建在塔顶，有巨大的阶梯直达庙门，庙不大，室内空间狭小，采光面积也很小，显得非常幽暗。虽然古希腊神庙大多采用庙宇外面一圈柱廊的建筑形式，比例匀称，庄严和谐，似乎已经没有幽暗、神秘的意味。但是神庙的核心圣堂依然是一种非常封闭的小空间，只有一个面可以通向室外，其余都是坚实的墙体，中央供奉巨大的神像。有时周围也布置列柱，以衬托神像的高大。这和前面提到的室内空间一样，属于精神的空间。西方的这些精神空间都采用幽暗、封闭的形式，是因为建筑巨大的形象会使人感到震惊，受到压抑，压抑之感也就产生崇拜，宗教也从此产生。

中国的宗教建筑空间与西方的这种幽暗、神秘的精神空间很不相同。中国传统文化中没有对于幽暗、封闭的空间的追求。天坛是中国一个独特的、至高至上的空间，是帝王用来祭天的地方。祭天是古代最隆重的祭祀，皇帝每年都要祭天，在登基的时候也须祭告天地，表示受命于天。现在北京的天坛圜丘就是三层的圆台，周围绕以圆形平面和方形平面的矮墙，墙内不植树，墙外是大片苍翠浓郁的柏林，造成隔绝的空间，从而表现天的崇高、神圣和皇帝与天之间密切的关系，产生人与天直接交流的空间效果。这种空间不具备精神空间那种神秘、幽闭、深邃的意境。空间性质和基督教堂中的教士主持仪式的空间相似，只是在这里充当"祭司"角色的是帝王本人，是君权神授的天子。所以这些是人与神沟通之所，也是物质性的空间。

中国的佛教是一种外来宗教，起源于印度的佛教最有代表性的建筑是佛塔和石窟，这两种类型的建筑室内空间都很狭小，采光量不大，是属于西方宗教建筑的精神空间。早期中国佛寺的平面布局大致和印度相同，以塔藏舍利子作为教徒崇拜的对象，位于寺的中央，是寺的主体。魏晋南北朝佛教有了很大发展，以殿堂为主的佛寺增多，因为这一时期"舍宅为寺"的情况很多，佛寺要利用原来的住房，使得佛教建筑在很大程度上中国化了。之后，汉传佛教的建筑形式都遵循了我国宫殿的形制，以殿堂、楼阁为主，依中轴线对称布局。中国的寺庙建筑就像是一座座佛的住宅，一门两厢，前堂后殿。中国本土的宗教——道教建筑就更加如此。在中国的这些宗教建筑中都没有出现类似基督教圣坛的神秘的精神空间。

与中国相反，西方基督教建筑大多采用狭长的纵向空间形式。教堂的中厅小宽，但是很长，像巴黎圣母院的中厅，宽只有 12.5

米，而长为127米，这就造成了教堂内部空间导向圣坛的动势强烈。圣坛上，铺金绣银，摇曳的烛光照着受难的耶稣基督像，从而造成强烈的宗教情绪。

第五节　宗教建筑指向天国与归于自然

从古罗马帝国后期基督教成为国教开始，基督教的"上帝观念"和"救赎理论"就一直影响着西方人的精神信仰和文化观念，有人把西方文明称为基督教文明是有其必然的原因的。在基督教看来，彼岸世界才是人类的天堂，幸福的归宿，人在尘世的存在是有限的和罪性的，人靠自救和自我解脱是不可能的，人只能把得救的希望寄托于彼岸的上帝，靠超越的上帝对全人类的审判才能倾听来自天国的福音。所以，基督教要求人们为天堂而不是为现世的幸福而努力，不要留恋和贪求世俗欲望的满足和现实人生的幸福。这种超越的观念影响到西方的宗教建筑，使得教堂以其巨大的体量向高空延伸，指向天国。这特别体现在中世纪的哥特式建筑上，那垂直向上的飞腾动势令人迷惘，又尖又高的塔群，瘦骨嶙峋笔直向上的束柱，筋节毕现的飞拱尖券，仿佛随时能使得这些巨大的石头建筑脱离地面，冲天而起，人们的灵魂也随之升腾，直向苍穹，升到天国上帝的脚下。像一些著名的哥特式大教堂都十分高大：夏特尔市主教堂高达107米，韩斯市主教堂不计塔尖在内还高101米，莱茵河畔法国的斯特拉斯堡主教堂（12世纪末—15世纪末）的高142米，而德国的乌尔姆市主教堂的高度竟高达161米等，这种以造型上的特征与特有的风格来表现出某种观念性的宗教内涵，让人自觉不自觉地体会到一种至高无上的超验无上的吸引力。相比较而言，欧洲的皇宫和贵族的城堡却委琐地匍匐在教堂的脚下，用世俗的手段来尽力显示其权力与财富。

到了文艺复兴，虽说人的力量得到了发挥，但神学力量仍然浸透着人的心灵，以至于在本质上与神学抵触的思想，如人本主义和君权主义，常常以教堂为寄托。欧洲的教堂用石头建造，著名的教堂工程都十分巨大，经常要经历一两百年或更长时间才能建成。欧洲建筑史上早期著名的哥特式教堂的典范——巴黎圣母院始建于1163年，竣工于1345年，历时182年之久。然而时至今日，它还完好无损地屹立在巴黎市中心塞纳河的斯德岛上。比它建筑时间更晚、建筑高度更高，也更具有哥特风味的科隆大教堂的整个建筑时间跨越了近5个世纪，仅石料就用了16万吨。其垂直向上、高耸入云的双塔尖顶，凝结了德意志民族几代人的艰辛和努力。在西班牙的巴塞罗那，有一座至今尚未竣工，却已被写进建筑艺术史的圣家族教堂。这座由著名艺术家高迪设计的造型奇异的庞然大物，从19世纪开始施工，已经建造了一百多年，而按照预期的建设计划，还需要建造一百多年才能完工……在欧洲的建筑史上，这样的例子不胜枚举。之所以这些教堂建造得这么长久，这么高耸入云，是因为它是一种超越的永恒，一种指向天国的期盼，还是一种历史，一种文化，是一代又一代人生命的延续。

　　从印度传来的佛教和中国本土生长起来的道教是中国的主要宗教。在中国，佛教和道教都对现实人生持强烈的关注和对自然生命的执着追求感兴趣，它们对现实的关注使得中国宗教的超越意识一直没有激发出来，在信仰上就呈现出多元化倾向，其核心在于对"自求多福"的功利追求。佛教在中国流行最广、影响最大的应该是佛教中土化的禅宗，禅宗分为北宗、南宗，北宗倡渐悟，南宗重顿悟。真正在中国大行其道的是注重直觉顿悟的南禅宗。禅宗认为人人都有佛性，只要直指人心，就能见性成佛，同时还认为自然的一切都是我心幻化，没有我心，主体意识和客观存在便不能存在。为了摆脱人世的一切痛苦，不必牺牲现世的幸福，而只要在现实冥想和直觉顿悟就能获得。和禅宗这种明净和澄澈的宗教体验比起来，道教更注重人世间的欢乐。道教讲求以生为乐、以长寿为大乐、以不死成仙为极乐。与佛教的禁欲苦修相比，道教主张人通过"炼丹"和"炼气"就可以达到长生不老、得道成仙的目的。道教在炼丹的过程中非常讲究清静的外部环境，于是作为佛教和道教修行和炼丹的场所的寺庙和道观大多建在远离人群的自然山林之中。我国宗教建筑和西方宗教建筑大有不同，它从来没有过分地陷入神学的激动和接受超人性的迷狂，而是要求一种精神的宁静和平安。

道教建筑多在深山峡谷之中，如道教圣地武当山主峰1612米，建有紫霄宫、太清宫、玉虚宫。禅宗主张在个人的内心中去寻求解脱，深山养息、面壁打坐，寻找平和宁静。著名的五台山、普陀山、九华山、峨眉山合称我国佛教四大名山。山洞古刹隐现，林海梵语吟吟，云雾香火袅袅，寺在山中仿佛就是一幅画卷。"刹"是梵语音译，既可指佛国，也可指佛寺。中国的佛寺本身就是佛国精神的象征或净土的缩影。人们在这里应该寻求到安全，体验到解脱，一切都应该是普通人性所能够理解的。佛教纪念建筑物——佛塔，也充满着世俗的情感，它虽具有高耸的形体，但却不像哥特式尖塔那样一味强调升腾，那层层塔檐削弱了垂直的动势，仿佛升腾中时时回顾大地。中国佛塔也是世俗建筑楼阁的仿造。秦砖汉瓦、柱、梁、额、桁、拱、椽的交织网络构成建筑。中国的宗教建筑相比民用建筑来说是宏伟瑰伟的，但相对于代表皇权的建筑而言，始终处于从属地位。在都城，它没有超过皇宫，在郡县，没有超过王府和衙署。我国的佛寺建筑实际就是世俗住宅的扩大或宫殿的缩小。

第六节　立于城市与移于山林

在西方传统城市中，宗教往往成为联系市民精神生活的纽带，城市中的主要建筑多半是供奉着神的神庙和教堂，从古希腊的神庙到中世纪的哥特式教堂，一直延续了两千多年。古希腊时期为了纪念希波战争中雅典的胜利和纪念雅典各个城邦的保护神，人们开始大规模地建设城市。雅典卫城就是这一时期的建筑精华。卫城原意是国家统治者驻地，是建在高处的城市，用以抵御敌人的要塞。雅典卫城建在雅典城中央的一个山冈上，主要由供奉女神雅典娜的帕特农神庙、供奉海神波塞冬的厄瑞克忒翁神庙和供奉胜利女神的胜利女神庙构成。它们相互构成一定角度，创造出极为丰富的景观和透视效果。当人们环绕卫城前进时，就可以看到不断变化的建筑景象。而供奉着雅典娜女神的帕特农神庙位于卫城的制高点上，它控制着整个卫城的建筑群和人们的视觉线。这表明了神庙在古希腊城市建筑中是处于核心地位的，也表明了古希腊人们对个城邦的保护神的崇敬和景仰。因为雅典娜是希腊神话中的战神和智慧女神，是雅典城邦的守护者。雅典人相信是雅典娜保卫、拯救了他们的城市。

古罗马帝国的城市是以中心广场为基点加以布局的。作为政治、经济、文化活动的中心，同时作为君权的象征，广场都显得十分壮丽，如恺撒广场。又如图拉真广场，典型地表现着宗教的君权崇拜，广场正面为一凯旋门，凯旋门本身是以巨大的体量显示出非凡的气势，门后为一带有柱廊的面积为 120×120 平方米的巨大广场，广场呈轴线对称式布置有各种大型的公共建筑和纪念性建筑。在广场的纵深处，耸立着雄伟壮丽的图拉真祭庙，是整个广场的高潮处。建筑艺术的高潮，也就是皇帝崇拜的高潮，但古罗马帝国已把皇帝崇拜宗教化了。可见，神庙在古罗马帝国时期还是处于城市的核心地位，神庙控制着整个广场的建筑，也控制着整个广场。

古罗马后期基督教成为国教，到中世纪基督教不仅统治人们的精神生活，甚至控制着人们生活的一切方面。宗教世界观统治一切，反映在中世纪的建筑上就是宗教建筑在这时期成了唯一的纪念性，成了建筑成就的最高代表。中世纪建筑分为拜占庭建筑和哥特式建筑两大类型，但以哥特式建筑最有名。西欧的城市在公元 11 世纪才开始发展和成熟，其成熟的标志就是城市教堂终于成了一些重要的工商业城市里的主要代表和象征。中世纪的城市在布局上是以巨大高耸的教堂为核心的，周围是一些商业街和贵族、官僚的宅第，但这些平民和官僚的宅第都匍匐在教堂的下面，显得十分萎缩。

在中国古代城市中，主体性的建筑一般为宫殿、官署，佛教的佛寺和道教的道观始终处于城市里坊的规划范围之内，寺庙始终没有突破里坊的限制，而成为一个独立的城市规划因素。即使在旧有的里坊制度瓦解以后，寺庙仍然只是夹杂在街巷之间的建筑组群，其地位并不比一座住宅优越多少，它只处于一个陪衬地位。原因在于中国古代城市是以王权为中心，是按照"崇方"和"尚中"意识，通过院、巷组织城市，城市空间层次分明，秩序谨严，整个城市现出十足的理性和有条不紊的秩序。这说明历史上中国的城市，既是各级封建权力的中心，也是贵族、官僚地主的聚居地。鉴于此，中国古代城市除首都核心地带布置着帝王的宫殿建筑群和官僚机构的衙署外，其余的各级城市核心地带只能布置各级官僚机构的官署而不能布置帝王宫殿建筑群，且这些宫殿和官署建筑群占据了全城大部分地域。如从汉代长安城中的长乐宫、未央宫，一直到明清的北京紫禁城的宫殿建筑群都占据了全城的大部分地域，都处于城市的优越地位或者是核心地带。还有中国古代城市的生活方式是处理人与人关系中突出的血缘关系，重视人伦道德，注重现实生活，缺乏超越的宗教意识，敬祖宗，尚人伦成为一种传统。这使得宗教建筑无论在建筑规模和等级上都处于陪衬地位。

  中国寺庙建筑群是从城市慢慢淡出而移向山林的。佛教最初传入中国时，寺庙基本上都建在城市里，即使建造在都市之外的寺庙，其基本形制也与都市有着许多类似之处，也是都市型，那就是寺庙的官署化、园林化。这与当时官宦大户"舍宅为寺"的风气有关，这一方面造成了南北朝时期寺庙在城市中的急剧增加，另一方面也造成了寺庙建筑的官署化、园林化现象。佛教及其寺庙最初的都市化现象，适合了古代中国上层社会的需要，但却影响了佛教向一般平民百姓的广泛流传。基于此，为了扩大佛教在中国广大百姓中的影响，中国的宗教就从都市开始走向山林。两晋就是这个转变的开始时期，而位于庐山的东林寺就是这种转变的历史见证。东林寺始建于晋，是佛教史上非常著名的高僧慧远所创。它建在庐山的脚下，扼进入庐山的要道，以庐山的秀丽风光为背景，使东林寺具有特殊的韵味。东林寺在中国佛教与寺庙的发展史上具有开拓性的作用，它使中国的寺院不再局限于城市型寺院的庭院点缀，大大拓展了寺院的园林的空间，它一反以前的寺庙将自然山水纳入宗教建筑，将其作为寺庙的一个组成部分的结构方法，而将自身纳入到自然山水其间，使得自身也成为宏观的自然山水在人文领域的延伸。东林寺开创了寺观建筑山林化的风气之先河，也是"天下名山僧占多"的滥觞。与佛教寺庙最初的都市化截然相反，中国土生土长的道教从它诞生之初，就走上了一条山林化的道路。这和道教要求清静的炼丹和修炼环境有关。许多道观最初都建造在深山大川的偏僻之处，如道教第一名山武当山，就一直因为它的偏僻而成为道家和道教非常看中的地方。还有，我国的"五岳"名山都建有早期的道观，如东岳泰山顶峰的碧霞祠就一直是道教的圣地。更不用说在恒山深处，那个至今依然荒野僻郊的所在，道观的建造却也有了相当长的历史。号称"青城天下幽"的青城山也有着早期的道观"上清宫"。这些都说明了道观比起佛教的寺庙更早地进入了山林。

自然美的独立和士人园林和皇家园林①的发展是汉地佛寺园林兴起的主要原因。

中国人对山水自然的审美欣赏是从东晋以降才正式开始的，在此以前自然美往往依附于社会美，一直被社会美所遮蔽。先秦时期，山水自然常常成为"兴"物感发的媒介手段，而不是出于审美欣赏的需要。如"蒹葭苍苍，白露为霜"②"淇水滺滺，桧楫松舟，驾言出游，以写我忧"③ "瞻彼淇奥，绿竹猗猗"④ "荟兮蔚兮，南山朝隮"⑤。在这些诗中所描写的自然景物芦苇、水、竹、山、云等都是作为比兴手法，通过其或动或静的状态来触动欣赏者，引发他们的情感抒发。儒道产生之后，在继承山水自然比兴手法的基础上，儒家发展出了"比德"与"比道"两种山水自然观念。所谓"比德"就是以山水自然的形态来和人类道德上的"仁"和"知"相关联，其代表性言论是"知者乐水，仁者乐山。知者

---

① 关于士人园林和皇家园林的兴起和发展，很多学者进行了研究，取得了丰硕的成果，在此不再详述。
② 周振甫译注：《诗经·秦风·蒹葭》，中华书局 2010 年版，第 166 页。
③ 周振甫译注：《诗经·陈风·衡门》，中华书局 2010 年版，第 178 页。
④ 周振甫译注：《诗经·卫风·淇奥》，中华书局 2010 年版，第 73 页。
⑤ 周振甫译注：《诗经·曹风·候人》，中华书局 2010 年版，第 193 页。

动，仁者静。知者乐，仁者寿"①。朱熹在《论语集注》对此解释道："知者达于事理，而周流无滞，有似于水，故乐水。仁者安于义理，而厚重不迁，有似于山，故乐山。"② 即山水的自然特性可以影响人的心理发展变化，那就是水的不停息的动的现象让知者思维活跃、通达，从而感到茅塞顿开的喜悦；而山的旷阔宽阔，岿然不动的静的身姿，又能让仁者时刻处于"旷然无忧愁，寂然无思虑"③ 虚静状态，从而得以健康长寿。因此，水，令人产生动态，能使人思维活跃，从而获得茅塞顿开的喜悦；山，令人产生静态，静，能使人释放躁动不安的心灵，从而使人达到心情平和"静然可以补病"④ 的效果。在这里，人类道德品格的彰显得靠自然景物的姿态来加以比附，因为二者之间有相似性，这就大大超越了《诗经》的简单比兴。

所谓"比道是通过观察自然万物的四时变化，来进行有关生命本体论的哲学思考，并体悟'道'的超越精神"⑤，其代表性言论是"子在川上曰：逝者如斯夫，不舍昼夜"⑥。在这里，虽然表面上是看到水流昼夜流动不息的自然现象而产生的一种人生短暂、时光流逝的感叹，但深层次却蕴含了对人生的思考和对无限的追求。这种由山水而来的审美体验就是比道的境界。"天何言哉？四时行焉，百物生焉，天何言哉？"⑦ 孔子在《论语·阳货》中对"天"的质问中阐释了"天"的本质只是运行不息、生生不已的自

---

① 杨伯峻、杨逢彬译注：《论语·雍也》，岳麓书社 2009 年版，第 70 页。
② 朱熹：《论语集注》，齐鲁书社 1992 年版，第 57 页。
③ 戴明扬校注：《嵇康集校注·养生论》，人民文学出版社 1962 年版，第 135 页。
④ 王世舜注译：《庄子·外物》，齐鲁书社 1998 年版，第 379 页。
⑤ 傅晶：《魏晋南北朝园林史研究》，天津大学 2003 年博士学位论文，第 89 页。
⑥ 杨伯峻、杨逢彬译注：《论语·子罕》，岳麓书社 2009 年版，第 106 页。
⑦ 杨伯峻、杨逢彬译注：《论语·阳货》，岳麓书社 2009 年版，第 218 页。

然规律本身，并不是什么道德律令，这就表明了孔子通过四时变化和万物运作，直视天地间生生不已的"道"，这是一种精神的超越和升华。在这一命题上，"曾点言志"最能阐释比道的境界。"莫春者，春服既成，冠者五六人，童子六七人，浴乎沂，风乎舞雩，咏而归。"① 在这里，"曾点言志"的自由境界，彰显了儒家对身心放纵于山水之乐，以便获得一种"游"的快乐的向往和追求。当然，这里追求的快乐不仅是山水风物所带来的感官之乐，更是与天地万物相融合的审美境界，道的境界。这也表明了儒家在欣赏山水自然的时候，已逐渐超越了山水自然所带来的感官愉悦，进入了与山水自然融合为一体的道的境界、美的境界。在宋代，这种天人凑泊、生机盎然的美的境界被视为最高的审美境界。对此朱熹解释得十分透彻：

> 曾点见得事事物物上皆是天理流行。良辰美景，与几个好朋友行乐，他看那几个说底功名事业，都不是了。他看见日用之间，莫非天理，在在处处，莫非可乐。②

老庄道家追求的是一种"道"的最高精神境界。在道家看来，"道"既是形而上的最高理想，又是形而下的日常生活存在。形而上的最高存在牢牢掌控着天下的万事万物，是宇宙万物之母、之源，形而下的日常存在又让人感到"道"就在身边，须臾不可离开，因此，一切和于"道"、顺因"道"就成为道家审美文化的最高目标和理想。鉴于此，在行为方式上，追求天然，反对人为，主张"无以人灭天，无以故灭命"的"无为无不为"成为最佳的做事原则；在人的目标上，精神的逍遥游成为人的最高境界；在审美理想上，追求心与物的和谐大美是其最高理想。所以，道家在天与人、人与自然的关系上，侧重的是人与自然的和谐，追求的是

---

① 杨伯峻、杨逢彬译注：《论语·先进》，岳麓书社2009年版，第133页。

② 朱熹：《四书章句》，中华书局2011年版，第117页。

第三编　人间与天国

"天乐"而不是"人乐",人的最理想审美化的生存方式是一切顺应自然,和于自然,以自然为最高准则,以和于自然为最大快乐、最高的美。当然,道家的所谓"自然"不是现代的自然,而是近似于本来如此、天生如此,是什么样就是什么样的"天然"。从这个角度来说,道家对自然山水的赞美实际上是为了阐释"道"的本性,并没有改变先秦时期对自然山水兴物发感,比德、比道的观念。如《道德经》中对"水"的赞美就是如此:

上善若水。水善利万物而不争,处众人之所恶,故几于道。居善地,心善渊,与善仁,言善信,政善治,事善能,动善时。夫唯不争,故无尤。①

天下之至柔,驰骋天下之至坚。无有入无间,吾是以知无为之有益。②

天下莫柔弱于水,而攻坚强者莫之能胜。以其无以易之,弱之胜强,柔之胜刚,天下莫不知莫能行。③

庄子也说:"天地有大美而不言"。④

秦汉时期,随着以君主专制政权为核心的国家大一统局面的形成并占主导地位,儒家思想成为社会的主导意识形态。董仲舒为了让人们接受"罢黜百家,独尊儒术"思想观念,就把儒家思想与阴阳五行观念结合起来创立了内在的"天人感应"的思维方式,进一步把儒学神话、政治化,再加上统治阶级的外在的事功性的开疆拓土的行为方式,这些则塑造了秦汉时期人的主体的自觉性、主动性、开拓性和事功性,同时也展开了对自然山水的积极体认。这

---

① 徐兴东、周长秋编著:《道德经释义·第八章》,齐鲁书社1991年版,第17页。

② 徐兴东、周长秋编著:《道德经释义·第四十三章》,齐鲁书社1991年版,第104页。

③ 徐兴东、周长秋编著:《道德经释义·第七十八章》,齐鲁书社1991年版,第187页。

④ 王世舜注译:《庄子·知北游》,齐鲁书社1998年版,第292页。

一时期对山水自然的观念是盛赞其"视之无端,察之无涯"的宏阔壮丽,并以"模山范水,体象天地"的建筑行为来昭示人的"欲与天地试比高"的雄心抱负和开拓进取精神。如"表南山之巅以为阙,为复道,自阿房渡渭,属之咸阳,以象天极阁道绝汉抵营室也"①的秦始皇咸阳宫;"以水银为百川江河大海,机相灌输,上具天文,下具地理"②的秦始皇陵墓;"视之无端,察之无涯"③的上林苑的山水景观;"离宫别馆,弥山跨谷"④的上林苑的建筑景观;"其宫室也,体象乎天地,经纬乎阴阳,据坤灵之正位,仿太紫之圆方"⑤的西汉宫苑;"左牵牛而右织女,似云汉之无涯"⑥的昆明池;"复庙重屋,八达九房,规天距地,授时顺乡"⑦的东京宫室;"其规矩制度,上应星宿"⑧的鲁灵光殿,等等。秦汉时期,在园林的建筑中逐渐形成了以蓬莱神话为主导的"一池三山"园林建筑布局。如《秦记》云:"始皇都长安,引渭水为池,筑为蓬、瀛。"⑨(建章宫未央殿)"其北治大池,渐台高二十张,名曰泰液,池中有蓬莱、方丈、瀛洲、壶梁,象海中神山龟鱼之属。"⑩ "武帝广开上林……穿昆明池象滇河,营建章、凤阙、神明、渐台、泰液,像海水周流方丈、瀛洲、蓬莱。"⑪ 这些秦汉时期的山水观念虽然带有很强的楚文化的浪漫主义色彩,充满了对仙界的幻

---

① (汉)司马迁:《史记·秦始皇本纪》,中华书局1959年版。
② (汉)司马迁:《史记·秦始皇本纪》,中华书局1959年版。
③ (汉)司马相如:《上林赋》,选自《昭明文选》,中华书局1959年版。
④ (汉)司马相如:《上林赋》选自《昭明文选》,中华书局1959年版。
⑤ (汉)班固:《西都赋》,选自《昭明文选》,中华书局1959年版。
⑥ (汉)班固:《西都赋》,选自《昭明文选》,中华书局1959年版。
⑦ (汉)张衡:《东京赋》选自《昭明文选》,中华书局1959年版。
⑧ (汉)王延寿:《鲁令光殿赋》,《昭明文选》,中华书局1977年版。
⑨ (汉)司马迁:《史记·秦始皇本纪》裴骃《集解》引《括地志》,中华书局1959年版。
⑩ (汉)《汉书·郊祀志下》,中华书局1962年版。
⑪ (汉)《汉书·扬雄传》,中华书局1962年版。

想和追求，但实际上是统治阶级人间享乐生活的缩影和积极乐观、开拓进取的现世情怀的彰显。

在汉代，随着人工改造自然山水的大规模展开和对自然山水审美特征的精准观察，在人工改造的自然山水中逐渐越来越多地融入了自然山水的美感因素。如《淮南子·本经训》载："凿污池之深，肆睒崖之远，来溪谷之流，饰曲岸之际，积牒旋石，以纯脩碕，抑减怒濑，以扬激波。"① 这里细致地描述了如何利用叠石的方法使池岸曲折多姿，从而使得水势获得自然跌宕的变化，继而水流的动态、声响成为独立的审美对象。

魏晋南北朝时期，是中国审美文化的一个重要的大转折时期，也是人们对山水自然的审美得以真正独立的时期。当然它也经历了一个发展变化的过程，那就是"从魏晋之际的偏于社会美、人格美，逐渐转向了自然美、山川美。换句话说，自东晋起，古代现实美领域所发生的一个突出事件，就是自然美终于从社会美的遮蔽中挣脱出来，走向了独立"②。当然，这是由于魏晋南北朝时期的自然美在不同时期的哲学、美学的社会语境中呈现出不同的审美特征决定的。我们知道，在魏晋南北朝长达四百年的历史过程中，中国的社会在思想文化语境上基本是被儒释道相互融合而形成的两大哲学、美学话语，即玄学话语和佛学体系所主导。它们以东晋为分界点，东晋以前，玄学话语在士人生活中占据主导地位；东晋以后，佛学体系则成了社会的主流意识形态。

所谓玄学，从字面意义上来讲，一般指魏晋时期以研究《老子》《庄子》《周易》这三本号称"三玄"的书而得名；从审美文化思潮上来讲，主要指魏晋之际，确切地说是三国西晋时期产生并盛行的一种反映门阀士族生活情趣、思维方式、审美理想等生活状态的哲学文化思潮。这种哲学文化思潮主要探讨的是"本末""有

---

① 陈广忠译注：《淮南子·本经训》，中华书局2012年版，第404～405页。

② 仪平策：《中古审美文化通论》，山东人民出版社2007年版，第300页。

无""形神""动静""体用""名教与自然"等关系问题，表现了一种极强的理性主义思维方式。玄学的理论核心是"贵无"说，在阐释此说时采用的是"统无御有""体用如一"的话语模式，即一方面强调"无"对"有"的本源、本体作用，另一方面则并不排斥"有"的存在。这样，"无"对"有"来说就是"道""本""母"，而"有"对"无"来说则是"器""末""子"，而有、无的关系则是一种"道器""本末""母子""神形"等关系。从"贵无"说发展而来的"得意忘象"论、"形神"论等都是如此，它们在强调以神为本、以意为主时，又不简单地忽视形、否定象，而是把形、象视为达到神、意的中介手段，如同无与有之间一样，也是一种本末、体用的关系模式。

郭象的"崇有"论更是在"独化于玄冥之景"中将"贵无"与"崇有"统一起来。他指出"有""无"都不能成为万物之本源，"无也，则胡能造物焉？有也，则不足以物众形"①；认为万物"块然而自生"，"故造物者无主而物各自造"。② 在郭象看来，万物是自生、自造的，是具有生命的自然。郭象又在审美观照中采用《庄子·天子方》中孔子所谓的"目击道存"的认识方式，认为事物存在即合理。无与有的关系，形如《易》所说的"形而上与形而下"的关系。在此思想基础上，郭象借庄子的"自然"概念，提出了"名教即自然"，"圣人虽在庙堂之上，然其心无异于山林之中"③ 的观点，这就比嵇康的"越名教而任自然"的提法前进了一大步④。很明显，嵇康是把"名教"（即以正定名分为主的封建礼教秩序）和"自然"（主要指人性的天然状态和心情的自得境界）相对立，并抑前者扬后者，而郭象则把二者统一起来，指出圣人在形体上可以是现实社会的最高统治者，在内心精神上却

---

① 郭象：《庄子·齐物论》注。
② 郭象：《庄子·齐物论》注。
③ 郭象：《庄子·逍遥游》注。
④ 郭象对山水的论述较多参考了傅晶：《魏晋南北朝园林史研究》，天津大学2003级博士学位论文，第94~95页。

第三编 人间与天国

因顺自然，达到超然的境界。这就从根本上解决了关注事物感性形象与精神超越之间的矛盾纠结，从而将深受魏晋士人尊崇的庄学心性逍遥引向了审美的境界。而此时的现实的山水自然也已逐渐走向了"人"的生活，成为"人"的生活的重要组成部分，甚至已经成为人的重要审美对象了。

在魏晋时期，随着人物品藻的产生和发展，社会上出现了一种以人物美相标榜的魏晋风度，而自然山水也常常成为士人们神情风貌、个性才情之美的一种背景、喻体和外在的形式。在《世说新语》中就记载了很多将自然风景与人物品行、才情气质、神情风采相比拟和联想的例子：如：

> 世目李元礼，谡谡如劲松下风。①
> 王武子、孙子荆各言其土地人物之美。王云："其地坦而平，其水淡而清，其人廉而贞。"孙云："其山崔巍以嵯峨，其水㳌渫而扬波，其人磊砢而英多。"②
> 嵇康身长七尺八寸，风姿特秀。见者叹曰："萧萧肃肃，爽朗清举。"或云："肃肃如松下风，高而徐引。"山公曰："嵇叔夜之为人也，岩岩若孤松之独立；其醉也，傀俄若玉山之将崩。"③
> 时人目王右军"飘如游云，矫如惊龙"。有人叹王公形茂者，云："濯濯若春月柳。"
> 唯会稽王来，轩轩如朝霞举。④

---

① 刘义庆撰，黄征、柳军晔注释：《世说新语·赏誉》，浙江古籍出版社1998年版，第174页。

② 刘义庆撰，黄征、柳军晔注释：《世说新语·言语》，浙江古籍出版社1998年版，第30页。

③ 刘义庆撰，黄征、柳军晔注释：《世说新语·容止》，浙江古籍出版社1998年版，第256页。

④ 刘义庆撰，黄征、柳军晔注释：《世说新语·容止》，浙江古籍出版社1998年版，第263~264页。

从上面这些拿自然景物的形色品质来赞美人物的形貌之美来看，魏晋人对山水自然的形态、特征的审美观察及认识，已经达到了一种比较精深、细致的地步。但山水自然之美此时还没有独立，还只是一种外在的形式，尚未达到山水两忘俱一的程度，更多地充当了士人们自我人格的一种背景、喻体。这在很大程度上还是对儒家"比德"山水审美观念的一种继承和发展。

儒家的山水"比道"观念在魏晋时期也有很大的发展，典型的就是宗炳在《画山水序》中提出的"仁者所乐何也？在于山水之形与其所媚之道也"①。在这里，宗炳明确提出了山水之形和自然之道的紧密契合。山水之形蕴含自然之道，自然之道外化为山水之形，山水之形还是充当了自然之道的物质载体，即"道"的具体体现。当欣赏者观赏山水的美妙形态的时候，就能从中悟"道"，而一旦悟到了"道"，就可以获得精神的愉悦和心灵的超脱，实现天人的和谐，这正是儒家追求的"能尽物之性，则可以参天地赞化育"②的天地审美境界。

那么这种"山水以形媚道"实质上是晋人以感性直观的心灵去体认和开掘山水精神，从而实现了山水感性形态与审美超越的融合，故此使魏晋士人由"以玄对山水"③变为"以情对山水"。如：

王子敬云："从山阴道上走，山川自相映发，使人应接不暇，若秋冬之际，尤难为怀。"④

望秋云，神飞扬。临春风，思浩荡。⑤

---

① （东晋）宗炳：《画山水序》，人民美术出版社1985年版。
② 《中庸》，（宋）朱熹：《四书集注》，中华书局1983年版。
③ （南朝宋）刘义庆撰，黄征、柳军晔注释：《世说新语·容止》，浙江古籍出版社1998年版。
④ （唐）房玄龄等：《晋书·王羲之传》，中华书局1974年版。
⑤ （南朝宋）王微：《叙画》，人民美术出版社1985年版。

登山则情满于山，观海则意溢于海。①

东晋南朝，随着佛学话语体系逐渐占据主导地位②，自然美才真正开始走向独立。如：

顾长康从会稽还。人问山川之美。顾云："千岩竞秀，万壑争流，草木蒙笼其上，若云兴霞蔚。"③

东晋作家、音乐家袁崧在《宜都记》中说：

常闻峡（指三峡之一的西陵峡）中水激，书记及口传，悉以临惧相戒。曾无称有山水之美也。及余来践跻此境，既至，欣然始信之，耳闻不如亲见矣。其叠崿秀峰，奇构异形，固难以辞叙，林木萧森，离离蔚蔚，乃在霞气之表。仰瞩俯映，弥习弥佳，流连信宿，不觉忘返，目所履历，未尝有也。既自欣得此奇观，山水有灵，亦当惊知己于千古矣。④

从以上所引东晋的两则材料来看，不仅出现了"山川之美""山水之美"这样的命题，还真实地描绘了会稽和西陵峡本身的"山川"和"山水"之美。这种山水之美不再比拟了"道德"而美，也不再是衬托了"人物"而美，而是山水、山川本身之美。会稽和西陵峡的美基本上是一致的：一是都有外在的形态之美：奇构异形的秀岩、湍急的水流、萧森的草木、氤氲的云霞；二是美丽

---

① （南朝梁）刘勰著，刘硕伟笺绎：《文心雕龙·神思》，线装书局2012年版。

② 关于般若佛学与山川之美的关系，参见仪平策：《中古审美文化通论》，山东人民出版社2009年版，第304~305页。

③ （南朝宋）刘义庆撰，黄征、柳军晔注释：《世说新语·言语》，浙江古籍出版社1998年版，第54页。

④ （北魏）郦道元著，陈桥驿校正：《水经注校正》卷三十四《江水》，中华书局2013年版，第759页。

的山水给人有灵气之感，使人惊叹、留恋，以至于忘返。关于山水之美的细腻感受还是陶弘景说得好，他说：

> 山川之美，古来共谈。高峰入云，清流见底。两岸石壁，五色交辉。青林翠竹，四时俱备。晓雾将歇，猿鸟乱鸣。夕日欲颓，沉鳞竞跃。实是欲界之仙都。①

魏晋时期的名士们归隐山林对于宗教建筑的山林化也有推波助澜的作用。在魏晋时代，归隐山林有着非同寻常的意义。它不仅意味着远离尘嚣，拒绝承担社会责任，极力回避官场中最常见的人际倾轧，同时还意味着一种"羽化成仙"的终极理想，即超越现实人生，在精神和肉体两方面重构自己的人格，使之臻于自然，达到纯粹的宗教境界。这种理想在魏晋时代的文人那里，已从谈玄论道变为直接求助于服食丹药，最终隐居到深山里去炼丹的现实行动。像道学大师葛洪就说：炼丹一定要在"名山之中，无人之世……勿近污秽及与俗人人来，又不令不信道者知之"，还有放浪形骸的"竹林七贤"，多数也自称"寄情山水，呼啸山林"。这说明了他们以山林野趣为旨归的标准，也表现了他们对于"羽化成仙"的向往。

可见，寄情山水、崇尚自然的风气对中国人的宗教生活有着极大的影响。这种风气固然出自道家思想与道教，却也很快波及佛教，也就促使佛教寺庙向着山林发展，逐渐避开喧闹的都市，逐渐避开奢靡与豪华，由此还经常导致道教和佛教之间争夺地盘的矛盾。在佛教四大名山中，峨眉山和五台山原来都是道教建造宫观的地方，只是后来被佛教夺走了才成了佛教的名山；而在唐代，佛教两道为了争夺四川青城山，还曾经兵戎相见，虽说最后佛教没有进入青城山，但也说明了佛教对道教所占据的山林环境的羡慕之情。佛教在选取建造寺庙地点的标准上逐渐向着道教靠拢，由此也引出

---

① 陶弘景：《答谢中书书》，《全上古三代秦汉三国六朝文·全梁文》，商务印书馆1999年版。

中国宗教史上一个新的重要发展趋势，即中国寺观的山林化趋势。

"山寺"又称山林佛寺，在《高僧传》中就有很多记载。唐法琳《辩正论》中也说："后梁二帝治在江陵三十五年，寺有一百八十所。山寺有青溪、鹿溪、覆船、龙山、韭山等。并佛事严丽，堂宇雕奇。僧尼三千二百人。"① 山林佛寺是一种不同于城市佛寺的佛教寺院，它主要位于偏僻的山林深处，多数由"精舍"发展而成。因受山地环境的制约，山林佛寺建筑布局较为自由，城市佛寺较为规整的中轴线上布置塔、殿等主要建筑物的布局形式基本上不再适用。它主要出现于东晋十六国时期。在北方，主要是在"石赵时期的北方燕赵地区，释道安在避乱过程中曾到过的太行山、王屋山、女休山与飞龙山……佛图腾弟子僧朗在山东泰山开辟的寺院"。② 在南方，主要是在"成帝、康帝之际，王（导）、庾（亮）谢世，东晋佛教一度转为消沉，佛教僧人与当朝名士相继隐迹山林，群集游处，相应而建造起一批山林佛寺"。③ 这些山林佛寺主要集中于"长江中下游的江陵、庐山、豫章、寿春、会稽等地"。④ 关于这些地方的山林佛寺，王贵祥曾在《东晋与南朝时期南方佛寺建筑概说》中有详细罗列：建康东北的钟山（蒋山）有延贤寺、大敬爱寺、宋熙寺、宗熙寺、灵曜寺、定林寺、定林上寺等；栖霞山（摄山）有庆云寺、栖霞寺、摄山寺等；浙江会稽的剡山有小岭寺、齐兴寺等；会稽的天柱山、若邪山有天柱山寺、若邪山云门寺等；江陵的山寺有青溪、鹿溪、覆船、龙山、韭山等；钱塘的灵隐山有灵隐山寺；虎丘山有虎丘寺、虎丘西寺、虎丘东寺、虎丘东山寺等；江西的庐山有西林寺、东林寺、龙泉精舍、庐

---

① （唐）法琳：《辩正论》，《大正新修大藏经》第52卷《史传部分》，第971页。
② 王贵祥：《东晋与南朝时期南方佛寺建筑概说》，《中国建筑史论汇刊》（第陆辑），2012年8月31日。
③ 傅熹年主编：《中国古代建筑史》（第二卷），中国建筑工业出版社2009年版，第177页。
④ 傅熹年主编：《中国古代建筑史》（第二卷），中国建筑工业出版社2009年版，第176页。

山寺、陵云寺、庐山西寺、禅阁寺等；安徽的涂山、浙江的天台山、罗浮山等都建有大量的寺院①。这些山林寺院主要有皇帝赐建、达官贵人捐建和高僧自建等几种，现检重要的记载罗列如下：

> （梁武帝）于钟山北涧建大爱敬寺，结构伽蓝，同尊园寝。经营雕丽，奄若天宫。中院之去大门，延袤七里，廊庑相架，檐霤临属。旁置三十六院，皆设池台，周宇环绕。……中院正殿有旃檀像……（像）乃高二丈有二，相好端严，色相超挺……梁武帝又于寺中龙渊别殿造金铜像，举高丈八，躬申供养……千有余僧，四事供给。②
>
> （大爱敬寺）面势因大地，萦带极长川。棱层叠嶂远，迤逦蹬道悬。……落英分绮色，坠露散珠圆。当道兰藿靡，临阶竹便娟。……攀缘傍玉涧，褰陟度金泉。长途弘翠微，香楼间紫烟。③
>
> （善觉寺）飞轩绛屏若丹气之为霞，绮井绿泉如青云之入吕。……聿遵胜业，代彼天工。四园枝翠，八水池红。花疑凤翼，殿若龙宫，银城映沼金铃响，风露含月珠幡扶空。④
>
> 开善寺：诘屈登高岭，回互入羊肠。稍看原蔼蔼，渐见岫苍苍。……兹地信闲寂，清旷惟道场。玉树琉璃水，羽帐郁金床。紫柱珊瑚地，神幢明月铛。牵罗下石蹬，攀桂陟松梁。涧斜日欲隐，烟生楼半藏。⑤

达官贵人捐建的寺院如庐山东林寺：

---

① 王贵祥：《东晋与南朝时期南方佛寺建筑概说》，《中国建筑史论汇刊》（第陆辑），2012年8月31日。
② 《续高僧传·梁杨都庄严寺金陵沙门释宝唱传》，《高僧传合集》，上海古籍出版社1995年版。
③ （梁）萧衍：《游钟山大爱敬寺》。
④ （梁）梁元帝：《善觉寺碑》。
⑤ （梁）萧统：《开善寺法会寺》。

桓乃为远复于山东更立房殿，即东林是也。远创造精舍，洞尽山美，却负香炉之峰，傍带瀑布之壑，仍石垒基，即松栽构，清泉环阶，白云满室。复于寺内别置禅林，森树烟凝，石筵苔合。凡在瞻履，皆神清而气肃焉。远闻天竺有佛影，是佛昔化毒龙所留之影，在北天竺月氏国那竭呵城南古仙人石室中……每欣感交怀，志欲瞻睹。会有西域道士叙其光相，远乃背山临流，营筑龛室，妙算尽工，淡彩图写，色疑积空，望似烟雾，晖相炳暧，若隐而显。①

僧人自建的佛寺主要有：

康僧渊在豫章，去郭数十里，立精舍。旁连岭，带长川，芳林列于轩庭，清流激于堂宇。乃闲居研讲，希心理味。庾公诸人多往看之。观其运用吐纳，风流转佳，加已处之怡然，亦有以自得，声名乃兴。后不堪，遂出。②

《水经注》中还记载有一些不知名的山林寺院，也颇具园林化的趣味，如：

肥水西径寿春县故城北，右合北溪。水导北山，泉源下注，漱石颓隍，水上长林插天，高柯负日。出于山林精舍右，山渊寺左。道俗嬉游，多萃其下，内外引汲，泉同七净，溪水沿注，西南径陆道士解南。精庐临则川溪，大不为广，小足闲居，亦胜景也。③

沮水南径临沮县西，清溪水注之，水出县西青山，山之东

---

① （梁）释慧皎撰，汤用彤校注：《高僧传》卷六，中华书局1992年版，第212~213页。
② （南朝宋）刘义庆：《世说新语·栖逸》，上海古籍出版社2007年版。
③ （北魏）郦道元著，陈桥驿校证：《水经注·卷三十二》，中华书局2013年版，第718页。

有滥泉，即青溪之源也。口径数丈，其深不测，其泉甚灵洁，至于炎阳有亢，阴雨无时，以秽物投之，辄能暴雨。其水导源东流，以源出青山，故以青溪为名，寻源浮溪，奇为深峭。盛宏之云：稠木傍生，凌空交合，危楼倾崖，恒有落势，风泉传响于青林之下，岩猿流声于白云之上，游者常若目不周玩，情不给赏，是以林徒栖脱，云客宅心，泉侧多结道士精庐焉。①

这些山林佛寺的出现，预示着此时佛寺的一种变化：那就是由园林化逐渐向山林化转变。都说"天下名山僧占多""可怜湖光山色好，十分风景属僧家"，自从佛教于东汉末年传入中国之后，主要是从上层社会开始传播的，所建造的寺院、佛塔也多集中于城市，并且这些寺院大多是由官署或者是由大户人家"舍宅为寺"转变而来，因而中国的寺庙从一开始就具有较多的世俗建筑特色，像方正的庭院、中轴对称的建筑布局、亭台楼阁的建筑单体、精巧设计的优美园林等都在很大程度上使寺庙的神圣性大为降低，转而表现出许多的尘世气息。再加上由于魏晋以后，玄学思想中的寄情山水、旷达放荡、崇尚自然之风渗入佛教，使得佛教中对山水之趣也日益浓厚，这些促使了中国寺庙建筑加速向园林化布局趋势的转变，于是魏晋之后寺庙追求山水之趣就成了大异于其宗教氛围的另一种气氛。

城市佛寺"多由皇帝敕建，国家供养，以后逐渐出现王公贵族与各级官吏建寺"②。洛阳作为汉朝的首都，据史料记载，东汉末年佛教传入之际就为僧人居住建造了白马寺，除此之外还有菩提寺等。西晋时洛阳作为佛教中心，城内佛寺有42所之多③，据汤

---

① （北魏）郦道元著，陈桥驿校证：《水经注·卷三十二》，中华书局2013年版，第721页。

② 傅熹年主编：《中国古代建筑史》（第二卷），中国建筑工业出版社2009年版，第176页。

③ 《洛阳伽蓝记·序》："至晋永嘉（307—313年），唯有寺四十二所。"（尚荣译注，中华书局2012年版，第1页）。

用彤先生考证，就有十所。"西晋亡后，汉族政权从洛阳南迁健康，偏安一隅；北方少数民族割据势力起而代之，统治中原。但这时洛阳废败，城中佛寺俱毁，遂失去佛教中心的地位。佛教僧人或留北地，或下江左，南北方逐渐形成各自的佛教中心：南方为东晋健康，北方则为后赵邺城及前秦长安。"①一直到北魏孝文帝太和十九年（495年）迁都洛阳，洛阳的佛寺才慢慢恢复起来，后来在胡太后及北魏几代皇帝的崇佛佞佛风气的影响下，到北魏末年，仅洛阳就有佛寺1368所，其中很多是建筑与园林景观和谐统一的寺院园林，形成了我国历史上城市佛寺园林出现的高潮。关于北魏洛阳时期达官贵人城市佛寺园林建设的盛况，杨衒之在《洛阳伽蓝记·寿丘里》中记载：

> 当时四海宴清，八荒率职，缥囊纪庆，王烛调辰。百姓殷阜，年登俗乐。鳏寡不闻犬豕之食，茕独不见牛马之衣。于是帝族王侯，外戚公主，擅山海之富，居川林之饶，争修园宅，互相夸竞。崇门丰室，洞户连房，飞馆生风，重楼起雾。高台芳榭，家家而筑；花林曲池，园园而有。莫不桃李夏绿，竹柏冬青。②

北魏洛阳的这些佛寺园林最有代表性的都被记载于杨衒之的《洛阳伽蓝记》中，从中我们可以看出北魏城市佛寺园林化布局的特色，同时也是魏晋南北朝城市佛寺园林化的代表。

北魏洛阳佛寺园林从建造来源上大致可分为皇家建立、贵族官员建立和舍宅为寺三大类；从佛寺的建筑布局上可分为有塔型和无塔型。当然，这两种分类虽然所采用的标准不同，但在佛寺的园林化景观上基本上相似，"都追求园林与寺庙建筑融为一体，成为寺

---

① 傅熹年主编：《中国古代建筑史》（第二卷），中国建筑工业出版社2009年版，第177页。
② （北魏）杨衒之著，尚荣译注：《洛阳伽蓝记·寿丘里》，中华书局2012年版，第303~304页。

第七章　宗教在宗法文化与宗教文化中的不同地位

院的一部分，构成了独有的艺术特色"。① 我们主要从佛寺中佛塔与园林景观的位置关系来论述北魏洛阳佛寺园林的审美文化意蕴。

北魏洛阳的佛寺布局"大致仍保持了佛塔居中，并在体量上成为寺院主体的格局。特别是皇室所建的永宁寺、瑶光寺、秦太上公二寺以及嵩山闲居寺（后称嵩岳寺）等，均采用这种布局方式"②。而园林化的景观所营造的清幽环境也是为了信徒们净化心灵，便于以虔诚之心礼拜佛塔，突出佛塔。如洛阳最大的佛寺——永宁寺，据《洛阳伽蓝记》记载：

> 永宁寺"中有九层佛图一所，架木为之，举高九十丈。有金刹复高十丈，合去地一千尺。去京师百里，已遥见之。初，掘基至黄泉下，得金像三十躯，太后以为信法之征，是以营造过度也。刹上有金宝瓶，容二十五斛。宝瓶下有承露金盘三十重，周匝皆垂金铎。复有铁锁四道，引刹向浮图四角。锁上亦有金铎，铎大小如一石瓮子。浮图有九级，角角皆悬金铎，合上下有一百二十铎。浮图有四面，面有三户六窗，户皆朱漆。扉上各有五行金铃，合有五千四百枚。复有金环铺首，殚土木之功，穷造型之巧，佛事精妙，不可思议。绣柱金铺，骇人心目。至于高风永夜，宝铎和鸣，锵锵之声，闻及十余里"。③

从上述记载可知，永宁寺中佛塔居于寺院的中心位置，且体量十分高大，不仅是寺院的主体建筑，还是整个洛阳的标志性建筑，"去京师百里，已遥见之"；另外，金碧辉煌的装饰给人一种"骇人心目"的强烈的心灵震撼；另外是园林化景观的整体布局。永

---

① 薛瑞泽：《读〈洛阳伽蓝记〉论北魏洛阳的寺院园林》，《中国历史地理论丛》第16卷第2辑，2001年。
② 傅熹年主编：《中国古代建筑史》（第二卷），中国建筑工业出版社2009年版，第193页。
③ （北魏）杨衒之著，尚荣译注：《洛阳伽蓝记·永宁寺》，中华书局2012年版，第20页。

宁寺内"浮图北有佛殿一所,形如太极殿"①,还有"僧房楼观,一千余间,雕梁粉壁,青琐绮疏,难得而言"②。再加上"栝柏松椿,扶疏檐霤;藂竹香草,布护阶墀"③夹杂其间,这样就形成了这些雕梁画栋的极富视觉冲击力的宗教建筑与松柏、香草枝繁叶茂、高低疏密有致的交相映衬,显示出了永宁寺的壮观景象和美丽景色。正如杨衒之引用常景碑云:"须弥宝殿,兜率净宫,莫尚于斯也。"④关于须弥宝殿,兜率净宫的园林化景观,我们上文已有详细论述,两项比较中可见洛阳永宁寺园林景色的美好与建筑的高大、雄伟与气势辉煌,以及二者融为一体的园林化景观。另外,从永宁寺门外的路途设计上也显现寺院园林整体构建的特色,"四门外树以青槐,亘以绿水,京邑行人,多庇其下。路断飞尘,不由滍云之润;清风送凉,岂藉合欢之发?"⑤可见永宁寺内、寺外都是景色宜人的园林景色。

洛阳瑶光寺是由北魏"世宗宣武皇帝所立。在阊阖城门御道北,东去千秋门二里"。

> 千秋门内道北有西游园,园中有陵云台,即是魏文帝所筑者。台上有八角井,高祖于井北造凉风观,登之远望,目极洛川。台下有碧海曲池。台东有宣慈观,去地十丈。观东有灵芝钓台,累木为之,出于海中,去地二十丈。风生户牖,云起梁栋,丹楹刻桷,图写列仙。刻石为鲸鱼,背负钓台;既如从地

---

① (北魏)杨衒之著,尚荣译注:《洛阳伽蓝记·永宁寺》,中华书局2012年版,第22页。
② (北魏)杨衒之著,尚荣译注:《洛阳伽蓝记·永宁寺》,中华书局2012年版,第22页。
③ (北魏)杨衒之著,尚荣译注:《洛阳伽蓝记》,中华书局2012年版,第22页。
④ (北魏)杨衒之著,尚荣译注:《洛阳伽蓝记》,中华书局2012年版,第22页。
⑤ (北魏)杨衒之著,尚荣译注:《洛阳伽蓝记》,中华书局2012年版,第23页。

踊出，又似空中飞下。钓台南有宣光殿，北有嘉福殿，西有九龙殿，殿前九龙吐水成一海。凡四殿，皆有飞阁，向灵芝往来。三伏之月，皇帝在灵芝台以避暑。①

从西游园建筑布局来看，整个园林是以高大的台、观为主体建筑来统领整个园林的视觉审美焦点，但是台、观又高低错落，再加上雕梁画栋、图写列仙的美好装饰，极富视觉美感；同时台、殿周围都以曲池清水环绕，极富动感和清凉之意；而围绕灵芝台的四殿皆有彩虹般的飞阁相连，登临之上有凌虚清波之感。总之，这是一个以高大雄伟的建筑为主体、以曲池清水环绕的极富清凉之意的整体园林景观。

这个高低错落的园林与当时的瑶光寺遥相呼应，成为洛阳的一处美景。在瑶光寺内：

有五层佛图一所，去地五十丈。仙掌凌虚，铎垂云表，作工之妙，埒美永宁。讲殿尼房，五百余间。绮疏连亘，户牖相通，珍木香草，不可胜言。牛筋狗骨之木，鸡头鸭脚之草，亦悉备焉。椒房嫔御，学道之所，掖庭美人，并在其中。亦有名族处女，性爱道场，落发辞亲，来仪此寺，屏珍丽之服，服修道之衣，投心八正，归诚一乘。②

瑶光寺的整个园林景观是清幽典雅的。一是以高大体量、做工之妙的佛塔为佛寺的主体建筑，统领了整个佛寺的建筑布局，同时也延伸了平面铺排的讲殿尼房的天际线，变二维平面为三位一体。二是"讲殿尼房，五百余间"都"绮疏连亘，户牖相通，珍木香

---

① （北魏）杨衒之著，尚荣译注：《洛阳伽蓝记》，中华书局2012年版，第63页。
② （北魏）杨衒之著，尚荣译注：《洛阳伽蓝记》，中华书局2012年版，第64页。

草,不可胜言。牛筋狗骨之木,鸡头鸭脚之草,亦悉备焉"①。可见,瑶光寺的寺院建筑与花草树木浑然一体,达到了和谐与统一。三是清幽典雅环境的塑造吸引了众多的椒房嫔妃、名族处女等来此修道。

> 宝光寺,在西阳门外御道北。有三层浮图一所,以石为基,形制甚古,画工雕刻。隐士赵逸见而叹曰:"晋朝石塔寺,今为宝光寺也!"人问其故,逸曰:"晋朝三十二寺,尽皆湮灭,唯此寺独存。"指园中一处曰:"此是浴堂。前五步,应有一井。"众僧掘之,果得屋及井焉。井虽填塞,砖口如初,浴堂下犹有石数十枚。当时园地平衍,果菜葱青,莫不叹息焉。园中有一海,号咸池。葭菼被岸,菱荷覆水,青松翠竹,罗生其旁。京邑士子,至于良辰美日,休沐告归,征友命朋,来游此寺。雷车接轸,羽盖成阴。或置酒林泉,题诗花圃,折藕浮瓜,以为兴适。②

宝光寺除了有佛塔所标明的佛寺所具有的宗教性、神秘性之外,还有一个引人注目的面积很大的园池,园池四周美景如画,吸引了大批的民众在良辰美景之时来游此园,佛寺因此具有了公共园林的性质,这充分说明了此时汉地佛寺逐渐往世俗化、审美化发展。

> 景明寺,宣武皇帝所立也。景明年中立,因以为名。在宣阳门外一里御道东。其寺东西南北方五百步,前望嵩山、少室,却负帝城。青林垂影,绿水为文,形胜之地,爽垲独美。山悬堂观,一千余间。复殿重房,交疏对霤,青台紫阁,浮道

---

① (北魏)杨衒之著,尚荣译注:《洛阳伽蓝记·瑶光寺》,中华书局2012年版,第64页。

② (北魏)杨衒之著,尚荣译注:《洛阳伽蓝记》,中华书局2012年版,第281~282页。

相通。虽外有四时，而内无寒暑。房檐之外，皆是山池，松竹蓝芷，垂列阶墀，含风团露，流香吐馥。至正光年中，太后始造七级浮图一所，去地百仞。……妆饰华丽，侔于永宁。金盘宝铎，焕烂霞表。寺有三池，萑蒲菱藕，水物生焉。或黄甲紫鳞，出没于蘩藻；或青凫白雁，浮沉于绿水。碾砲舂簸，皆用水功。伽蓝之妙，最得称首。①

景明寺的佛塔虽说是后来增建的，但景明寺却以其独特的地理位置，再加上巧夺天工的布局，使寺内的讲堂、佛殿等建筑与青林花木、山池绿水等景观交汇而成为一个和谐统一的园林整体，因此在洛阳佛寺园林中获得了一个"最得称首"的崇高地位。

　　东有秦太上公二寺，在景明南一里。西寺，太后所立；东寺，皇姨所建。并为父追福，因以名之。时人号为双女寺。并门邻洛水，林木扶疏，布叶垂阴。各有五层浮图一所，高五十丈。素采画工，比于景明。至于六斋，常有中黄门一人监护，僧舍衬施供居，诸寺莫及焉。②

　　秦太上君寺，胡太后所立也。当时太后正号崇训，母仪天下，号父为秦太上公，母为秦太上君，为母追福，因以名焉。在东阳门外二里御道北，所谓晖文里。……中有五层浮图一所，修刹入云，高门向街，佛事庄饰，等于永宁。诵室禅堂，周流重叠。花林芳草，遍满阶墀。常有大德名僧讲一切经，受业沙门，亦有千数。③

---

① （北魏）杨衒之著，尚荣译注：《洛阳伽蓝记》，中华书局2012年版，第191~195页。
② （北魏）杨衒之著，尚荣译注：《洛阳伽蓝记》，中华书局2012年版，第207页。
③ （北魏）杨衒之著，尚荣译注：《洛阳伽蓝记》，中华书局2012年版，第130~133页。

秦太上公二寺和秦太上君寺都是皇家大寺，不仅寺院建筑与园林环境融为一体，清幽静谧，而且佛事活动庄严崇高，在洛阳诸寺中地位十分崇高。

> 白马寺，汉明帝所立也。佛教入中国之始。寺在西阳门外三里御道南。……浮图前柰林蒲萄异于余处，枝叶繁衍，子实甚大。柰林实重七斤，蒲萄实伟于枣，味并殊美，冠于中京。帝至熟时，常诣取之。或复赐宫人，宫人得之，转饷亲戚，以为奇味。得者不敢辄食，乃历数家。京师语曰："白马甜榴，一实值牛。"①

白马寺作为佛教传入中国之后建立的最早的佛寺，寺中最为醒目的是佛塔前遍植的石榴树和葡萄树，其果实大而味甘，常作为宫中贡品，价值不菲。

魏晋南北朝时期，建康是东吴、东晋、南朝的宋、齐、梁、陈六个王朝的都城。建康的佛寺建筑可分为两个时期："第一期为东吴至西晋；第二期为东晋至南朝"。② 东吴时期建康的第一个佛寺为"建初寺"是吴主孙权惊诧于康僧会祈现佛舍利出现的神异现象而为康僧会所建的，因此又称"天子寺"。

> 康僧会，其先康居人，世居天竺……僧会欲使道振江左，兴立图寺，乃杖锡东游，以赤乌十年，初达建邺，营立茅茨，设像行道。……权大嗟服，即为建塔，以始有佛寺，故号"建初寺"，因名其地为"佛陀里"。由是江左大法遂兴。③

---

① （北魏）杨衒之著，尚荣译注：《洛阳伽蓝记》，中华书局2012年版，第276～278页。

② 贺云翰：《六朝都城佛寺和佛塔的初步研究》，《东南文化》2010年第3期。

③ （梁）释慧皎撰，汤用彤校注：《高僧传》卷第一，中华书局1992年版，第15～16页。

第二座佛寺是孙皓所建的建安寺，记载云：

> 吴时于建业后园平地，获金像一躯……孙皓得之，素未有信，不甚尊重，置于厕处，令执屏筹。至四月八日，皓如戏曰：今是八日浴佛日，遂尿头上。寻即通肿，阴处犹剧，痛楚号叫，忍不可禁。太史占曰：犯大神圣所致。便边祀神祇，并无效应。宫内伎女素有信佛者曰：佛为大神，陛下前秽之，今急可请也！皓信之，伏枕归依，忏谢尤恳，有顷便愈。遂以车马迎沙门僧会入宫，以香汤洗像，忏悔殷重。广修功德于建安寺，隐痛渐愈也①。

东吴后期，在秦淮河南岸的长干里又建了一座小型的"长干里"②佛寺，一直到西晋好像再没有出现过新的佛寺。

可见，从三国时期的东吴到西晋时期，建康的佛寺建造不是很多，虽然此时的佛寺建筑布局由于缺乏直接的考古材料，不是很清楚，但有一点是肯定的，那就是寺中建有佛塔。据《高僧传》记载：

> 至晋成咸和（326—335年）中，苏峻作乱，焚会所建塔，司空何充复更建造。平西将军赵诱，世不奉法，傲慢三宝，入此寺，谓诸道人曰："久闻此塔屡放光明，虚诞不经，所未能信，若必自睹，所不论耳。"言竟，塔即出五色光，照曜堂刹，诱肃然毛竖，由此信敬。于寺东更立小塔，远由大圣神感，近亦康会之力，故图写厥像，传之于今③。

---

① （唐）道世：《法苑珠林》卷十三《敬佛灾第六·感应缘》。
② （唐）许嵩《建康实录》卷三所载东吴权臣孙琳所毁塔寺即为后来的长干寺旧址，参见《南史·扶南等国传》。
③ （梁）释慧皎撰，汤用彤校注：《高僧传》卷第一，中华书局1992年版，第18页。

从东晋到南朝时期,是南方佛寺大发展时期。至于南方佛寺究竟有多少,唐人杜牧有"南朝四百八十寺,多少楼台烟雨中"①的形象说法。而唐法琳《辩正论》则记载了南朝各个朝代的佛寺数量:东晋(317—420年)享国祚104年,有佛寺1768所;刘宋(420—479年)享国祚60年,有佛寺1913所;南朝齐(479—502年)享国祚24年,有佛寺2015所;萧梁(502—557年)享国祚56年,有佛寺2846所;南朝陈(557—589年)享国祚34年,有佛寺1232所。由此可见,南朝佛教兴盛的状况。但要明确一点,各个朝代的佛寺数量都叠加了前朝的佛寺,因此,真实的南朝地区的佛寺究竟有多少,目前学术界还有争议。不过建康是南朝的都城,其佛寺数量据《辩正论》记载"郭内大寺三百余所"。王贵祥认为这应该是比较接近历史真实的一个数字②。可见,建康是南朝各代最为重要的佛教中心,其寺院建筑也应该最有代表性。

关于这个时期建康都城佛寺建筑布局的特点,有学者总结出以下两点:"一是逐步形成了寺庙的特有格局。以寺门、木塔、佛殿、讲堂、僧舍等构成佛寺的基本功能空间。其中对'讲堂'的特别重视,全木结构佛塔的建造、供奉大型佛像的佛殿的出现等,应该被视为六朝都城佛寺的重要特征。二是出现了'平地式'佛寺和'山林式'佛寺或'规整式'佛寺和'自由式'佛寺两种不同风格的佛寺。如栖霞寺、上定林寺都属于郊野'山林式'佛寺。以上定林寺为例,它的总平面不讲究'中轴对称',大殿和僧舍等以及其他建筑物随山形布置,呈现出顺应天然、自由布局的思想;而建造于都城内的佛寺,特别是皇家或贵族出资建造的佛寺可能更多地讲究布局的严整和规范"③。

南朝第二时期的寺庙建筑特点与第一期寺庙建筑特点相比,有

---

① (唐)杜牧:《江南春》。
② 王贵祥:《东晋与南朝时期南方佛寺建筑概说》,《中国建筑史论汇刊》(第陆辑)2012年8月31日。
③ 贺云翱:《六朝都城佛寺和佛塔的初步研究》,《东南文化》2010年第3期。

两点：一是空间逐渐扩大，建筑内容不断增加，即在"佛寺内除中院（即主体建筑如塔、殿所在的院落，称为'中院'）外，又设立众多的'别院'（即职能院、僧房院及陆续扩建的佛殿院、佛塔院等）是南朝大型佛寺布局中的一个突出特点"①。如梁武帝在建康所建的大爱敬寺，"中院之去大门，延袤七里，廊庑相架，檐霤临属。旁置三十六院，皆设池台，周宇环绕"②。二是"寺内建筑物布局自由，是南朝佛寺的另一个特点"③。这主要是因为江南山川形胜之地使得南朝佛寺的建筑布局不得不依山临水而建，布局较为自由活泼；还有南朝士人崇尚优游山水的审美意识也使得佛寺主要向山林转移，使得佛寺建筑与山水自然融为一体。如：

庄严寺："庄严寺院接连南涧，因构起重房，若麟相及，飞阁穹窿，高隆云雾，通碧池以养鱼莲，构青山以栖羽族，列植竹果，四面成阳，木禽石兽，交横入出……"④

从审美文化的角度来看，南朝都城佛寺园林的"艺术"化、"自然"化、"意趣"化特征要强于北朝都城佛寺园林。光宅寺，是梁武帝舍宅为寺而建，里面人工构造的园林景观非常的美丽精致，萧纲对此寺咏赞到：

  陪游入旧丰，云气郁青葱。紫陌垂青柳，青槐拂慧风。八泉光绮树，四柱暖临空。翠网随烟碧，丹花共日红。方欣大云溥，慈波流净宫。⑤

---

① 傅熹年主编：《中国古代建筑史》第二卷，中国建筑工业出版社2009年版，第194页。
② 《续高僧传》卷1《释宝唱传》，《高僧传合集》，上海古籍出版社1995年版。
③ 傅熹年主编：《中国古代建筑史》第二卷，中国建筑工业出版社2009年版，第194页。
④ 《续高僧传·梁大僧正南涧寺沙门释慧超传》，《高僧传合集》，上海古籍出版社1995年版。
⑤ （南朝梁）萧纲：《游光宅寺诗》。

可见，寺中的青葱绿地、紫陌青柳、青槐拂风、绮树丹花等虽然都是人造的自然美景，但却非常的精致，给人一种清新美好之感。还有王筠在《北寺寅上人房望远岫玩前池诗》，咏赞了都城佛寺的园林美景，诗曰：

> 安期逐长往，交甫称高让。远迹入沧溟，轻举驰昆阆。良由心独善，兼且情由放。岂若寻幽楼，即目穷清旷。激水周堂下，屯云塞檐向。闲牖听奔涛，开窗延叠嶂。前阶复虚沿，沵迤成洲涨。雨点散圆文，风生起斜浪。游鳞互瀺灂，群飞皆哔咣。莲叶蔓田田，菱花动摇荡。浮光曜庭庑，流芳袭帷帐。匡坐足忘怀，讵思江海上。①

北寺，是同泰寺之前院，位于宫门北掖，属于都城佛寺。从"入沧溟""驰昆阆"来看，该寺地势高耸入云，有出落尘世之仙境，是安期、交甫等神仙人物的神往之所。寺内周堂激水、檐椽屯云；闲暇时，听奔腾的水流于牖侧，观层峦于窗前；下雨时，雨点圆文，风生斜浪；游鱼互瀺，群飞皆哔；莲叶、菱花随风摇动。这里水乃人引，山为人砌，莲叶、菱花均为手植，游鱼群飞皆为人养。人造佳境如此，真乃巧夺天工。置身其中，庭庑生辉、帷帐流芳，真让人忘却俗世烦恼、清心澄怀。

建康都城佛寺园林最有名的还是梁武帝的同泰寺。关于同泰寺的文献资料主要有《建康实录》，记载曰：

> 帝创同泰寺，寺在宫后，别开一门，名大通门，对寺之南门，取返语以协同泰为名。帝晨夕讲议，多游此门，寺在县东六里。案，舆地志：在北掖门外路西，寺南与台隔，抵广莫门内路西。梁武普通中起，是吴之后苑，晋廷尉之地，迁于六门外，以其地为寺，兼开左右营，立四周池堑，浮图九层，大殿六所，小殿及堂十余所。宫各像日月之形，禅窟禅房山林之

---

① （清）王筠：《北寺寅上人房望远岫玩前池诗》。

第七章　宗教在宗法文化与宗教文化中的不同地位

内，东西般若台各三层，筑山构陇，亘在西北，栢殿在其中。东南有璇玑殿，殿外积石种树为山，有盖天仪，激水随滴而转。起寺十余年，一旦震火焚寺，唯余瑞仪柏殿，其余略尽，即更构造而作十二层塔，未就而侯景作乱，帝为贼幽馁而崩。① 十二年四月，是夜，同泰寺为天火所烧略尽。②

后大通四年三月，因荆州送佛像到建康供养，武帝"又敕于同泰寺大殿东北起殿三间，两厦施七宝帐座，以安瑞像。又造金铜菩萨两躯。筑山穿池，奇树怪石，飞桥栏槛，夹殿两阶又施铜镬一双，各容三十斛。三面重阁，宛转玲珑"。③

从上述文献记载可知，同泰寺位于梁建康宫城的北门，背依鸡笼山，原先是东吴的后苑，晋朝的廷尉之地，后梁武帝将"晋廷尉之地，迁于六门外"，于梁普通八年（527 年）在此地建成的皇家大寺。该寺规模庞大，建筑内容丰富，包括一座九层佛塔、六所大殿、小殿及堂十余所、禅窟禅房、三层的般若台、瑞仪柏殿、三层大佛阁、璇玑殿、盖天仪等，并且较好地把建筑与山水园林融为一体，是南朝皇家大寺的典型代表。梁中大同元年（546 年），同泰寺九层佛塔遭受雷火，殃及其他建筑，除瑞仪柏殿尚存外，全寺化为灰烬。梁武帝又建佛塔十二层，但因侯景之乱未建成。关于同泰寺的建筑布局，"是以宏伟的九层佛塔为中心，周匝合院建筑群，山树园池罗列期间"④。关于这种建筑布局，有学者结合仿自初唐中国佛寺的日本京都法胜寺和法成寺的建筑布局实例，认为梁武帝同泰寺的建筑布局具有他所提出的"天象论"和佛家的"须弥山"宇宙论和中国"盖天说"相融合而形成的崭新的宇宙图式

---

①　（唐）许嵩：《建康实录·高祖武皇帝》卷第十七注引《舆地志》，中华书局 1986 年版，第 681 页。
②　（唐）许嵩：《建康实录·高祖武皇帝》卷第十七，中华书局 1986 年版，第 689 页。
③　《法苑珠林》卷二十一，中华书局 1995 年版。
④　傅晶：《魏晋南北朝园林史研究》，天津大学 2003 年博士学位论文，第 259 页。

的象征性寓意，是该图式的象征性展示，又是梁武帝宣扬儒、佛文化精神和践行政教合一理想的特殊舞台①。兹不赘述。

上述这些城市佛寺园林，以佛塔为寺院园林的主体建筑，统领着整个佛寺的建筑布局，园林美化使寺院建筑和园林美景融为一体。从佛教的角度来看，以佛塔为主体，兼有园林化景观的佛寺是对印度佛寺的一种继承和发展，"它意味着由释迦牟尼开创的佛教所恪守着的某种历史悠久的精神价值的延续，也即佛教原来所具备的那种纯粹的精神信仰，还基本上保持着它的形而上的意义"②。

从审美文化上来说，宗教的神秘性往往和审美性相互融合，才能发挥某种震撼人心的效果，因为两者有某种相似性。正如列·斯托洛维奇所说的"在文化的历史发展过程中暴露出审美意识和宗教意识的复杂交织"，"由此产生宗教体验和审美体验的心理结构的共同性"③。我们可以把这句话作为分析佛塔与园林关系的基础。佛塔是宗教的一种建筑类型，虽说它传入中国之后受到儒道文化的浸染佛性有所淡化，但其神秘性依然存在，特别是在佛教初传中国内地的魏晋南北朝时期。这个时期，佛塔以其高耸的形象矗立于寺庙园林当中，其自身的佛性意味非常强烈，并影响到寺庙园林整体的神秘色彩，即佛塔的形象所流露出来的佛性色彩渲染了周围园林的神秘氛围。正如费尔巴哈在《基督教的本质》中所说："宗教与哲学的区别在于形象"，"谁拿掉了宗教的形象，谁就拿掉了它的本质……形象就是作为形象的实物"④。佛塔就是当时寺庙园林中

---

① 傅晶：《魏晋南北朝园林史研究》，天津大学2003年博士学位论文，第260页。

② 傅瑾、沈冬梅：《中国寺观》，浙江人民出版社1996年版，第69页。

③ 列·斯托洛维奇著，凌继尧译：《审美价值的本质》，中国社会科学出版社1984年版，第100~101页。

④ 费尔巴哈：《基督教的本质》，载北京大学哲学系外国哲学史教研室编译：《十八世纪—十九世纪初德国哲学》，商务印书馆1975年版，第540页。

突出的形象，塔的形象就是作为塔的实物。塔所突出的就是宗教的神秘感，园林景色也就充满神秘感，因此，魏晋南北朝时期的寺庙园林景色因佛塔的存在而呈现出清幽的氛围。具体来说，在有塔型的寺庙园林中，佛塔与园林的关系有两点：一是以高耸的身姿、精美的外观装点了园林，丰富了景观；二是烘托渲染了园林的神秘、清幽气氛，利于人们避俗涤虑，静心修身。如长秋寺"中有三层浮图一所，金盘灵刹，曜诸城内。作六牙白象负释迦在虚空中。庄严佛事，悉用金玉，作工之异，难可具陈"①。

瑶光寺内"有五层浮图一所，去地五十丈。仙掌凌虚，铎垂云表，作工之妙，埒美永宁"②。

胡统寺"在永宁南一里许。宝塔五重，金刹高耸"③。

明悬尼寺"有三层塔一所，未加庄严"④。

秦太上君寺"中有五层浮图一所，修刹入云，高门向街，佛事庄饰，等于永宁"⑤。

景明寺"至正光年中，太后始造七级浮图一所，去地百仞，妆饰华丽，侔于永宁。金盘宝铎，焕烂霞表"⑥。

秦太上公二寺"各有五层浮图一所，高五十丈。素采画工，比于景明"⑦。

---

① （北魏）杨衒之著，尚荣译注：《洛阳伽蓝记·长秋寺》，中华书局2012年版，第60页。
② （北魏）杨衒之著，尚荣译注：《洛阳伽蓝记·瑶光寺》，中华书局2012年版，第64页。
③ （北魏）杨衒之著，尚荣译注：《洛阳伽蓝记·胡统寺》，中华书局2012年版，第80页。
④ （北魏）杨衒之著，尚荣译注：《洛阳伽蓝记·明悬尼寺》，中华书局2012年版，第97页。
⑤ （北魏）杨衒之著，尚荣译注：《洛阳伽蓝记·秦太上君寺》，中华书局2012年版，第133页。
⑥ （北魏）杨衒之著，尚荣译注：《洛阳伽蓝记·景明寺》，中华书局2012年版，第194页。
⑦ （北魏）杨衒之著，尚荣译注：《洛阳伽蓝记·秦太上公寺》，中华书局2012年版，第207页。

第三编　人间与天国

冲觉寺"为文献追福，建五层浮图一所，工作与瑶光寺相似也"①。

王典御寺"门有三层浮屠一所，工逾昭仪。宦者招提，最为入室"②。

白马寺"浮图前有柰林蒲萄异于余处，枝叶繁衍，子实甚大"③。

宝光寺"有三层浮图一所，以石为基，形制甚古，画工雕刻"④。

融觉寺"有五层浮图一所，与冲觉寺齐等"。

大觉寺"永熙年中，平阳王即位，造砖浮图一所。是土石之功，穷精极丽"⑤。

上述这些佛塔基本上都具有高大的体量、富丽堂皇的外部装饰、居于佛寺中心位置的尊贵而成为佛教的先圣释迦牟尼精神不死的象征，人们虔诚礼拜的对象、精神崇拜的丰碑。这其中永宁寺塔以其位于洛阳城的中心位置，耸入云霄的高达上千尺的高度，豪华奢侈、富丽堂皇的外观装饰，高风永夜，宝铎和鸣的美妙声音而成为当时洛阳城最为耀眼的佛教建筑，如"去京师百里，已遥见之""绣柱金铺，骇人心目"；僧侣心目中最为崇高的精神丰碑，如永熙三年二月，永宁寺塔被火所焚烧的时候，"百姓道俗，咸来观火，悲哀之声，振动京邑。时有三比丘，赴火而死"；是各个寺院佛塔建筑竞相模仿的对象。如瑶光寺的五层浮图"作工之妙，埒

---

① （北魏）杨衒之著，尚荣译注：《洛阳伽蓝记·冲觉寺》，中华书局2012年版，第265页。

② （北魏）杨衒之著，尚荣译注：《洛阳伽蓝记·王典御寺》，中华书局2012年版，第275页。

③ （北魏）杨衒之著，尚荣译注：《洛阳伽蓝记·白马寺》，中华书局2012年版，第278页。

④ （北魏）杨衒之著，尚荣译注：《洛阳伽蓝记·宝光寺》，中华书局2012年版，第281页。

⑤ （北魏）杨衒之著，尚荣译注：《洛阳伽蓝记·大觉寺》，中华书局2012年版，第327页。

美永宁";秦太上君寺的五层浮图"佛事庄饰,等于永宁";景明寺的七级浮图"妆饰华丽,侔于永宁"。

对于北方的北魏和南方的梁陈以崇佛、佞佛为尚的封建王朝来说,洛阳和建康这种以佛塔为主体建筑的城市佛寺园林,佛塔造型和装饰不仅对于崇信佛教的信徒和一般的民众具有形式外观的美感,还具有更为强烈的心灵震撼。这种精神上的强烈震撼不仅让人们感受到佛陀的崇高与伟大,神圣与神秘,还能加强审美的力度和力量,使游览寺庙园林的人在惊叹于人间美丽的同时更加感受到佛教所宣扬的天国的美好。如游学中土的波斯僧人菩提达摩见永宁寺内"金盘炫日,光照云表,宝铎含风;歌咏赞叹,实是神功。自云年一百五十岁,历涉诸国,靡不周遍,而此寺精丽,阎浮所无也。极佛境界,亦未有此。口唱南无,合掌连日"①。可见,永宁寺塔鬼斧神工的建造,其所流露出来的神圣性、崇高性给波斯僧人菩提达摩强烈的心灵震撼,再加上佛寺精致的园林建筑风光,使他发出了佛国境界也不如的感叹,于是就"口唱南无,合掌连日"。

另外,审美对宗教也有补充作用,它能使人们产生对宗教的亲近感,利于人们理解宗教、走进宗教。正如列·斯托洛维奇所说:"在文化史上宗教价值有时同审美价值和艺术价值联在一起。……宗教价值中存在着审美根源。"② 宗教需要审美的补充。这从寺庙园林中优美的自然风景就能体现出来。

在北魏洛阳城市寺院园林中,除了以佛塔为主体建筑的寺院园林之外,还出现了很多没有佛塔的寺院园林或原先没有只是后来再加以补建佛塔的寺院园林,这种现象的出现始于东晋时代达官贵人舍宅为寺的社会风尚,到北魏末年的"河阴之变"之后,舍宅为寺的社会风尚达到高潮,随之寺院园林发展也达到顶峰。据《魏书·释老志》记载:"河阴之酷,朝士死者,其家多舍居宅以施僧

---

① (北魏)杨衒之著,尚荣译注:《洛阳伽蓝记》,中华书局2012年版,第27页。

② 列·斯托洛维奇著,凌继尧译:《审美价值的本质》,中国社会科学出版社1984年版,第106页。

尼。京邑第宅，略为寺矣。"① 杨衒之在《洛阳伽蓝记》中也说："经河阴之役，诸元歼尽，王侯第宅，多题为寺。寿丘里间，列刹相望，祇洹郁起，宝塔高凌。"② "舍宅为寺的社会风尚使得豪门贵族把自己的私宅舍给寺院，同时宅院中原先拥有的园林景观也自然而然成为寺院园林的一部分，从而使寺院园林也具有达官贵人园林的特色，即奢侈豪华、胜概一时。"③ 《洛阳伽蓝记》中记载了很多达官贵人舍宅为寺的寺院园林，如"愿会寺，中书侍郎王翊舍宅所立也。佛堂前生桑树一株，直上五尺，枝条横绕，柯页傍布，形如羽盖。复高五尺，又然。凡为五重，每重叶椹各异。京师道俗，谓之神桑。观者成市，布施者甚众。帝闻而恶之，以为惑众。命给事黄门侍郎元纪伐杀之。其日云雾晦冥，下斧之处，血流至地，见着莫不悲泣"④。愿会寺园林的特别之处就是佛堂前的桑树，桑树的高大神奇为寺院增色不少，这也加深了对佛教神秘性信仰的推崇。在北魏洛阳城东的绥民里东有崇义里，里内有京兆人杜子休宅。因杜子休听信了隐士赵逸说此宅是晋朝的太康寺，于是"舍宅为灵应寺"，"时园中果菜丰蔚，林木扶疏"⑤。从杜子休宅邸里种植水果、蔬菜来看，此时的园林还带有农业经营性质的特点。"正始寺，百官所立也。"寺内"檐宇清净，美于景林。众僧房前，高树对牖，青松绿柽，连枝交映。多有枳树，而不中食"⑥。正因为是百官所建，所以楼阁殿宇园林景色媲美于景林寺的豪华超

---

① 许嘉璐主编：《二十四史全译·魏书·释老志》，汉语大词典出版社2004年版。
② （北魏）杨衒之著，尚荣译注：《洛阳伽蓝记》，中华书局2012年版，第312页。
③ 薛瑞泽：《读〈洛阳伽蓝记〉论北魏洛阳的寺院园林》，《中国历史地理论丛》2001年第2期。
④ （北魏）杨衒之著，尚荣译注：《洛阳伽蓝记》，中华书局2012年版，第76页。
⑤ （北魏）杨衒之著，尚荣译注：《洛阳伽蓝记》，中华书局2012年版，第120页。
⑥ （北魏）杨衒之著，尚荣译注：《洛阳伽蓝记》，中华书局2012年版，第140页。

第七章 宗教在宗法文化与宗教文化中的不同地位

群。"平等寺,广平武穆王怀舍宅所立也。在青阳门外二里御道北,所谓孝敬里也。堂宇宏美,林木萧森,平台复道,独显当世"①。因为庙宇殿堂高大华美,再加上园内树木茂密,因而平等寺成为洛阳寺院园林的精品,并"独显当世"。"景宁寺,太保司徒公杨椿所立也。在青阳门外三里御道南,所谓景宁里也。"② 景宁寺很有意思,是杨椿"分宅为寺"得立,即把自己的住宅一分二半,一半是住宅,一半是佛寺。寺内"制饰甚美,绮柱朱帘",可见也很豪华优美。值得注意的是太保司徒杨椿、冀州刺史杨慎(杨椿之弟)、司空杨津(杨慎之弟)弟兄三人一因"立性宽雅,贵义轻财",于是"四世同居,一门三从"。在当时是"朝贵义居,未之有也"。杨家被尔朱世隆灭门后,"舍宅为建中寺"③。"高阳王寺,高阳王雍之宅也。在津阳门外三里御道西。雍为尔朱荣所害也,舍宅以为寺。"因元雍曾为"贵极人臣,富兼山海"的宰相,所以此寺内既有豪华奢侈、壮观富丽的建筑"居止第宅,匹于帝宫。白璧丹楹,窈窕连亘,飞檐反宇,轇轕周通",还有"竹林鱼池,俯于禁苑,芳草如积,珍木连阴"④ 的美景。豪华壮观的建筑因竹林、鱼池、芳草、珍木等的映衬而增添它的奢华,成为寺院以后也因园林的盛景而独步京师。"冲觉寺,太傅清河王怿舍宅所立也。在西明门外一里御道北。"寺内"西北有楼,出陵云台,俯临朝市,目极京师,楼下有儒林馆、延宾堂、形制如清暑殿。土山钓池,冠于当世。斜峰入牖,曲沼环堂,树响飞嘤,阶丛花药"⑤。

---

① (北魏)杨衒之著,尚荣译注:《洛阳伽蓝记》,中华书局 2012 年版,第 151 页。
② (北魏)杨衒之著,尚荣译注:《洛阳伽蓝记》,中华书局 2012 年版,第 170 页。
③ (北魏)杨衒之著,尚荣译注:《洛阳伽蓝记》,中华书局 2012 年版,第 170 页。
④ (北魏)杨衒之著,尚荣译注:《洛阳伽蓝记》,中华书局 2012 年版,第 247~248 页。
⑤ (北魏)杨衒之著,尚荣译注:《洛阳伽蓝记》,中华书局 2012 年版,第 260~261 页。

可见冲觉寺也是一个楼、观、殿、堂与曲池、树木、飞鸟、花药等相互融合的园林景观。"大觉寺，广平王怀舍宅立也。在融觉寺西一里许。北瞻芒岭，南眺洛汭，东望宫阙，西顾旗亭。禅阜显敞，实为胜地。……怀所居之堂，上置七佛。林池飞阁，比之景明。至于春风动树，则兰开紫叶；秋霜降草，则菊吐黄花。名德大僧，寂以遣烦。永熙年中，平阳王即位，造砖浮图一所。是土石之功，穷精极丽。"① 大觉寺，面水背山，左朝右市，地理位置极佳，园林景观极为优美静寂，成为名德大僧"寂以遣烦"的胜地佳境。"凝玄寺，阉官济州刺史贾璨所立也。……迁京之初，创居此里，值母亡，舍以为寺。"因寺内"地形高显，下临城阙，房庑精丽，竹柏成林"的优美清幽的园林景观，于是成为僧人"净行息心之所也"，也引得许多"王公卿士来游观为五言者，不可胜数"②。

除了上述许多舍宅为寺的寺院园林外，还有许多达官贵人修建的寺院园林，《洛阳伽蓝记》中也有许多记载：

  景乐寺，太傅清河文献王怿所立也。寺内"有佛殿一所，像辇在焉。雕刻巧妙，冠绝一时。堂庑周环，曲房连接，轻条拂户，花蕊被庭"，③ 这样优美静谧的园林环境更适合寺尼的修禅礼佛。

  "景林寺，在开阳门内御道东。讲殿叠起，房庑连属。丹槛炫日，绣桷迎风，实为胜地。"④

  "景明寺，宣武皇帝所立也。景明年中立，因以为名。在宣阳门外一里御道东。其寺东西南北方五百步，前望嵩山、少

---

① （北魏）杨衒之著，尚荣译注：《洛阳伽蓝记》，中华书局2012年版，第327页。

② （北魏）杨衒之著，尚荣译注：《洛阳伽蓝记》，中华书局2012年版，第343页。

③ （北魏）杨衒之著，尚荣译注：《洛阳伽蓝记》，中华书局2012年版，第70页。

④ （北魏）杨衒之著，尚荣译注：《洛阳伽蓝记·景林寺》，中华书局2012年版，第85页。

室,却负帝城。青林垂影,绿水为文,形胜之地,爽垲独美。山悬堂观,一千余间。复殿重房,交疏对霤,青台紫阁,浮道相通。虽外有四时,而内无寒暑。房檐之外,皆是山池,松竹蓝芷,垂列阶墀,含风团露,流香吐馥。"①

"永明寺,宣武皇帝所立也,在大觉寺东。……房庑连亘,一千余间。庭列修筑,檐拂高松,奇花异草,骈阗阶砌。"②

"龙华寺,广陵王所立也。追圣寺,北海王所立也。并在报德寺之东。法事僧房,比秦太上公。京师寺皆种杂果,而此三寺,园林茂盛,莫之与争。③"

"建中寺,普泰元年尚书令乐平王尔朱世隆所立也,本是阉官司空刘腾宅。……建义元年尚书令乐平王尔朱世隆为荣追福,题以为寺。朱门黄阁,所谓仙居也。以前厅为佛殿,后堂为讲室。金花宝盖,遍满其中。有一凉风堂,本腾避暑之处,凄凉常冷,经夏无蝇,有万年千年之树也。"④

到北魏末年由于"舍宅为寺"的社会风尚极为盛行,洛阳的城市佛寺园林中出现了众多的以佛殿为寺院主体建筑的寺院园林,而此种寺院园林中佛塔要么是后来增建的,要么就干脆没有佛塔,佛塔就消失于寺院园林之中。

"寺院建筑的充分园林化的造型特色,又是佛教利用中国传统园林艺术文化作宗教传道特殊手段的结果。"⑤ 一方面利用宫殿式

---

① (北魏)杨衒之著,尚荣译注:《洛阳伽蓝记·景明寺》,中华书局2012年版,第192页。
② (北魏)杨衒之著,尚荣译注:《洛阳伽蓝记·永明寺》,中华书局2012年版,第329页。
③ (北魏)杨衒之著,尚荣译注:《洛阳伽蓝记·龙华寺》,中华书局2012年版,第227页。
④ (北魏)杨衒之著,尚荣译注:《洛阳伽蓝记·建中寺》,中华书局2012年版,第53~57页。
⑤ 傅瑾、沈冬梅:《中国寺观》,浙江人民出版社1996年版,第36页。

建筑和美好的园林景色极力展示佛教天国的美好,与人间苦难的现实生活形成强烈的对比,使人们产生对宗教世界的崇拜和向往;另一方面美好的园林景观点缀,使寺院过分突出的宗教气氛得到了局部的缓和,也使得各地的寺庙更易于吸引一般信仰者,为佛教的广泛流布打下了坚实的基础。

园林化清幽环境的营造也是为了佛教徒们净化心灵,以便于虔诚地礼拜佛塔、体味佛学义理、觉悟般若智慧的需要。如景林寺"在开阳门内御道东,讲殿叠起,房庑连属。丹槛炫日,绣桷迎风,实为胜地。寺西有园,多饶奇果。春鸟秋蝉,鸣声相续。中有禅房一所,内置祇洹精舍,形制虽小,巧构难比。加以禅阁虚静,隐室凝邃,嘉树夹牖,芳杜匝阶,虽云朝市,想同岩谷。净行之僧,绳坐其内,餐风服道,结跏数息"①。这里供僧人静修的禅房本身修建得安静清幽,加上其隐藏在茂密的树林之中,伴随着春鸟秋蝉的鸣叫,显得深邃与寂静,台阶上被馥香的杜若草覆盖,显示出人迹罕至,这一切都使人产生一种"虽云朝市,想同岩谷"禅意,更适合僧人们"绳坐其内,餐风服道,结跏数息"。

《世说新语·栖逸》记载:"康僧会在豫章,去郭数十里,立精舍。旁连岭,带长川,芳林列于轩庭,清流激于堂宇。"在这样优美的山川环境中,他"乃闲居研讲,希心理味。……加已处之怡然,亦有以自得"。山岭依傍、芳林穿插围绕,清流激荡于寺院堂宇之间的清幽氛围,显然有助于僧人在一种怡然自得的心境中研习佛学义理,体悟宇宙真相。与此类似的还有《高僧传·慧远传》中记载高僧慧远在庐山"创造精舍,洞尽山美,却负香炉之峰,傍带瀑布之壑,仍石垒基,即松栽构,清泉环阶,白云满室。复于寺内别置禅林,森树烟凝,石径苔合,凡在瞻履,皆神清而气肃焉"②。高僧慧远的寺院很明显就是一座山林园林,以庐山为背景,

---

① (北魏)杨衒之著,尚荣译注:《洛阳伽蓝记·景林寺》,中华书局2012年版,第85~86页。
② (梁)慧皎撰,汤用彤校注:《高僧传》卷第六,中华书局1992年版,第212页。

瀑布、松林、清泉、白云以及隐藏于其间的讲堂、僧房等建筑融合为一个和谐的园林整体，进入其中，其清幽的环境使人神清而气肃。还有凝玄寺，因为其"地形高显，下临城阙，房庑精丽，竹柏成林"①，这样优美清幽的园林园境使得这里成为最佳的"净行息心之所也"。

从审美文化的角度来看，美丽静谧的寺院园林环境在一定程度上降低了寺院浓厚的宗教氛围，使寺院逐渐呈现出世俗化、生活化、审美化的审美文化意蕴。这主要从两个方面表现出来：

第一，寺院园林虽说还存在带有经济目的的果树，但寺院环境却逐渐向具有审美意义的自然化、风景化转变。从《洛阳伽蓝记》的记载来看，北魏洛阳的寺院园林中出现了很多具有审美意义的花草树木。树木类，如梧树、柏树、松树、枳树、椿树、桎树等。其中像梧树、柏树、松树这一类树都是常青树木，木质坚硬，从先秦时代起人们就开始关注这些树木，一是利用其木质坚硬常制作船舶，二是利用其四季常青、不落叶的特点在陵寝上栽种，取其长久之意，以寄托对先人的思念。因为我国的寺院和陵寝在一定意义上都具有神性，因此，栽植柏树、松树就和陵寝上栽植一样既寄托着长久之意，还作为绿化之树营造寺院的静谧和神圣。当然，不光利用这些不落叶的常青树木作为绿化观赏的园林景观，还要用落叶的乔木来营造，如水边就常用绿柽（即三春柳或红柳）来映衬水的流动，房前常用椿树用来驱蚊。如《洛阳伽蓝记》中的永宁寺中就有"梧柏椿松"，正始寺中"青松绿柽，连枝交映"，宝光寺中"青松翠竹，罗生其旁"，景明寺中"松竹兰芷"，凝玄寺中"竹柏成林"，永明寺中"檐扶高松"等。

除了这些观赏性的树木之外，洛阳的寺院园林中还有很多的果树。值得注意的是这些果树除了具有供人享用的经济价值之外，还具有观赏价值，因为很多果树所结的果实都是"奇果"。如白马寺中"浮图前有柰林蒲萄异于余处，枝叶繁衍，子实甚大。柰林实

---

① （北魏）杨衒之著，尚荣译注：《洛阳伽蓝记》，中华书局2012年版，第343页。

重七斤，蒲萄实伟于枣，味并殊美，冠于中京。帝至熟时，常诣取之。或复赐宫人，宫人得之，转饷亲戚，以为奇味。得者不敢辄食，乃历数家。京师语曰：'白马甜榴，一实值牛'"。①白马寺的石榴树所结的石榴尽然重达七斤，如果不是杨衒之夸张的话，确实是"奇果"了，再加上"奇味"和"奇价"（即"白马甜榴，一实值牛"）。确实让得到皇帝赏赐的宫人及其亲戚们"不敢辄食"，于是"乃历数家"成为人们的观赏对象。还有如景林寺"寺西有园，多饶奇果"②，灵应寺"时园中果菜丰蔚，林木扶疏"③，劝学里"有大觉、三宝、宁远三寺。周回有园，珍果出焉。有大谷梨，承光之柰。承光寺亦多果木，柰味甚美，冠于京师"④。

珍贵花草的种植更是让寺院景色秀美，从而使其可居可游。据《洛阳伽蓝记》记载，这些花草有竹子、香草、合欢、鸡头鸭脚之草、兰、菊、萍、荷花、蒹葭等。如瑶光寺"珍木香草，不可胜言。牛筋狗骨之木，鸡头鸭脚之草，亦悉备焉"⑤。景林寺"芳杜匝阶"，高阳王寺"其竹林鱼池，侔于禁苑，芳草如积，珍木连阴"⑥，大觉寺"兰开紫叶，秋霜降草，则菊吐黄花"，法云寺"伽蓝之内，花果蔚茂，芳草蔓和，嘉木被庭"⑦。总而言之，这些花草树木让寺院景观变得绿树如茵、芳草如积、清香扑鼻、不可

---

① （北魏）杨衒之著，尚荣译注：《洛阳伽蓝记·白马寺》，中华书局2012年版，第278页。

② （北魏）杨衒之著，尚荣译注：《洛阳伽蓝记·景林寺》，中华书局2012年版，第85页。

③ （北魏）杨衒之著，尚荣译注：《洛阳伽蓝记·灵应寺》，中华书局2012年版，第120页。

④ （北魏）杨衒之著，尚荣译注：《洛阳伽蓝记·报德寺》，中华书局2012年版，第216页。

⑤ （北魏）杨衒之著，尚荣译注：《洛阳伽蓝记·瑶光寺》，中华书局2012年版，第64页。

⑥ （北魏）杨衒之著，尚荣译注：《洛阳伽蓝记·高阳王寺》，中华书局2012年版，第248页。

⑦ （北魏）杨衒之著，尚荣译注：《洛阳伽蓝记·大觉寺》，中华书局2012年版，第327页。

胜言。

第二，当时洛阳的许多优美的佛寺园林基本上充当了京邑士女游玩品赏的胜景美地，具有一定程度的公共园林的性质。这从我们上面所引"宝光寺"条目中就能体现出来，宝光寺"园中有一海，号咸池。葭菼被岸，菱荷覆水，青松翠竹，罗生其旁。京邑士子，至于良辰美日，休沐告归，征友命朋，来游此寺。雷车接轸，羽盖成阴。或置酒林泉，题诗花圃，折藕浮瓜，以为兴适"①。宝光寺就是因为院中有一个面积很大的园池，四周环境优美，因此就吸引众多的京邑士子，在良辰美景之日呼朋唤友来游此寺。于是就出现了众多的车子发出的声音如同雷声一样响亮，羽毛做成的车盖如树荫一样遮天蔽日的壮观景象。寺院里的游人有的在树林泉水旁饮酒畅谈，有的在花圃里作诗唱和，有的竟折藕浮瓜前来助兴等，完全是一幅活生生的生活画。此时的宝光寺一改平时的庄重严肃、静谧典雅的宗教氛围而变成了市民欢乐游玩的公共游乐场，世俗化、生活化的意味非常浓厚。还有景乐寺，优美的园林景观使"得往观者，以为至天堂"，原先人们一直认为是尼寺，故男士不敢进入，等到太傅清河文献王元怿去世后，"寺禁稍宽，百姓出入，无复限碍"。后来他的弟弟汝南王元悦又重修了景乐寺，经常在寺院里举行大型演出，其中有罕见、稀有的珍禽异兽在殿前的表演；空中飞舞的幻术世所罕见；惊险极端的魔术极度刺激等，使"士女观者，目乱睛迷"。看来景乐寺也成为百姓的游乐场地。宗圣寺，因为有一尊佛像"端严殊特，相好毕备"，因此"城东士女，多来此寺观看也"。"凝玄寺，阉官济州刺史贾璨所立也。……迁京之初，创居此里，值母亡，舍以为寺。"因寺内"地形高显，下临城阙，房庑精丽，竹柏成林，实是净行息心之所也"，于是"王公卿士来游观为五言者，不可胜数"。还有"四月初八日，京师士女多至河间寺。观其廊庑绮丽，无不叹息，以为蓬莱仙室亦不是过。入其后园，见沟渎蹇产，石磴嶕峣，朱荷出池，绿萍浮水，飞梁跨阁，高

---

① （北魏）杨衒之著，尚荣译注：《洛阳伽蓝记·宝光寺》，中华书局2012年版，第281~282页。

树出云,咸皆唧唧,虽梁王兔苑想之不如也"①。

如果说魏晋南北朝时期寺院园林在一定程度上充当了公共园林的角色,那么隋唐、宋之后这种游园观赏之风日益盛行,寺院真正成了人们消遣娱乐的公共场所。唐代时人们游园的意识就很炽盛,据《开元天宝遗事》记载:"长安春时,盛于游赏,园林树木无闲地。故学士苏颋应制诗曰:'飞埃接红雾,游盖飘青云。'"② 如《隋京师静觉寺释法周传》记载:"曲池之静觉寺,林竹丛萃,莲沼盘游。纵达一方,用为自得。京华时偶,形相义举。如周者可有十人,同气相求,数来欢聚,偃仰茂林,赋咏风月。时即号之为'曲池十智'也"。③ 还有唐长安慈恩寺,中举的新科进士在一系列宴饮之后,最后常至慈恩寺游览赏花,并登塔题名。这个我们上文已有论述,不再赘述。我们还可以通过许多人写的游览赏花之诗作也能看出当时游园之风的炽盛,像权德舆的《和李中丞慈恩寺清上人院牡丹花歌》、韦应物的《慈恩寺南池秋荷咏》、李瑞的《同苗员外宿荐福寺僧舍》、韩诩的《题荐福寺衡岳禅师房》、皇甫冉的《清明日青龙寺上方赋得多字》、许棠的《和薛侍御题兴善寺松》等。宋代游园之风更盛,如邵雍在《咏洛下园》中就有"洛下园池不闭门,遍入何尝问主人"④ 的游园之盛的描写。北宋的游园活动集中于《东京梦华录》中。当时东京城及附近的寺观园林大多在节日或一定的时期向游人开放,任人游览。这些活动除了带有宗教意义的庙会、斋会之外,还有游园活动,不仅吸引众多的市民前往,还引得皇帝前去观赏,如《东京梦华录》卷六"十四日车驾幸五岳观"条,就详细描绘了皇帝去五岳观游览的盛况并赐宴群臣归来的盛况。还有正月十五日去相国寺看花灯的盛况"贵家车马,自内前鳞切,悉南去游相国寺。寺内大殿前设乐棚,诸军

---

① (北魏)杨衒之著,尚荣译注:《洛阳伽蓝记·寿丘里》,中华书局2012年版,第312页。

② (五代)王仁裕:《开元天宝遗事》,中华书局2006年版。

③ (唐)道宣:《续高僧传》卷二十六《隋京师静觉寺释法周传》,《高僧传合集》,上海古籍出版社2011年版。

④ (宋)邵雍:《咏洛下园》。

作乐。两廊有诗牌灯云：'天碧银河欲下来，月华流水照楼台'，并'火树银花合，星桥铁索开'之诗。其灯以木牌为之，雕镂成字，以纱绢幂之，于内密燃其灯，相次排定，亦可爱赏。"① 每年新春灯节之后，市民们大多去游春、探亲、访友，常去的地方大多是寺观，有玉仙观、一丈佛院子、祥祺观、巴娄寺、铁佛寺、两浙尼寺等，这些寺观均"四时花木，繁盛可观"，他们所见的皆是"万花争出，粉墙细柳，斜笼绮陌；香轮暖辗，芳草如茵；骏骑骄嘶，香花如秀；莺啼芳树，雁舞晴空；红妆按乐于宝榭层楼，白面行歌近画桥流水"。② 明代游园之风也如宋代一样，如袁宏道写的《虎丘记》：

  凡月之夜，花之晨，雪之夕，游人往来，纷错如织，而中秋为尤胜。每至是日，倾城阖户，连臂而至。衣冠士女，莫不靓装丽服……从千人石上至山门，栉比如鳞，檀板丘积，樽罍云泻。远而望之，如雁落平沙，霞铺江上，雷辊电霍，无得而状。③

  在很大程度上中国寺庙的园林化主要还是一种都市化，因为它主要是为了适应和满足上流社会和知识阶层的审美趣味，是他们奢靡、豪华、舒适的享乐主义生活环境的一种真实表征。这对于最初传入中国内地的佛教来说，无疑具有非常重要的作用，因为任何宗教的传播要想在中国内地传播开来，必须满足两个条件：一是要得到中国社会统治精英的认可并能产生一定的影响；二是要符合中国人现实感非常强的生活方式，至少也是可以被融合到这种生活方式之中的。④ 那么，通过我们上面重点论述的永宁寺、塔的高度秩序

---

① （宋）孟元老撰，姜汉椿译注：《东京梦华录》，贵州人民出版社2009年版，第111页。

② （宋）孟元老撰，姜汉椿译注：《东京梦华录》，贵州人民出版社2009年版，第116~117页。

③ 袁宏道：《虎丘记》，《袁宏道集笺校》，上海古籍出版社2008年版。

④ 傅谨、沈冬梅：《中国寺观》，浙江人民出版社1996年版，第38页。

化的建筑结构布局,我们已经看到了佛教与中国社会精英在精神上的同构,而园林化的寺庙建筑布局更是中国人极富生活情趣的现实生活方式的一种体现,这些都体现了一种富人的宗教价值观念。而这种精美化的寺庙园林布局让生活贫穷、简朴的平民百姓走进、面对,使他们不由得产生一种对佛教的反感、抵触情绪,这就势必对佛教大规模地向平民传播造成很大障碍。随着信奉佛教的人不再限于中国上层士大夫阶层,平民百姓人数越来越多,这就势必会超越上流社会特有的审美爱好,流露出某种新的精神需求,由此势必会改变寺庙在都市中造成的园林化的布局方式:"即佛寺以佛塔为主体,佛塔四周种植园林花果。寺院中的鲜花用来供养佛塔和佛像,寺院园林中的果实既可作佛教仪式的供品,也可作寺院经济的来源,或供僧人充饥。"①

中国寺庙从都市中的园林化走向名山大川的山林化开始于东晋的慧远法师,他在庐山造的东林寺被清人潘耒称为"东林寺于山最古……自莲社盛开……而山亦遂为释子所有……"即"东林寺开创了寺观建筑山林化的风气之先河②"。《高僧传·慧远传》说慧远大师(334—416年)造的东林寺是:"造精舍,尽山林之美"③,明确指出了慧远的东林寺是"尽山林之美"。史料记载,东林寺并不是庐山最早的佛寺,在慧远到达庐山之前,其师兄慧永已经在庐山香炉峰下的西林寺修行,据《庐山东·西林寺通志》记载:"东晋太和元年(366年),光禄卿浔阳陶范为慧永法师建西林寺。"④ 后来是慧永法师提议江州刺史桓伊为慧远法师修建东林寺的。据《庐山东·西林寺通志》记载:"(东晋)太和九年(374年)桓伊任江州刺史,接受慧永提议,为慧远建东林寺。""(东晋)太和十一年(376年),东林寺建成,慧远法师自此居东林

---

① 傅谨、沈冬梅:《中国寺观》,浙江人民出版社1996年版,第36页。
② 傅谨、沈冬梅:《中国寺观》,浙江人民出版社1996年版,第40页。
③ (梁)释慧皎撰,朱恒夫、王学均、赵益注译:《高僧传》,陕西人民出版社2010年版,第282页。
④ 《庐山东·西林寺通志》,香港天马图书有限公司2002年版。

寺。"① 可见，西林寺比东林寺要早建 18 年，但是东林寺却获得了"开创了寺观建筑山林化的风气之先河"的美誉。究其原因，一是得益于慧远大师的盛名；二是得益于著名文人的足迹；三是得益于建筑的环境。慧远大师是中国佛教史上了不起的人物，他对中国佛教的贡献主要有两个方面：一是他把中国的人文理想融入佛教，开创了佛教"净土宗"，倡导"弥陀净土法门"，主张出世和因果报应，宣传抛弃尘世上的一切，经过修道获得精神的解脱，为佛教的中国化迈出了坚实的一步。二是他在东林寺结佛教社团白莲社，凝聚了一大批的高僧和名士，改变了佛教信徒与僧人单独活动的情形，形成了独具南方特色的庐山僧团，使得东林寺成为中国古代南方的佛教中心。寺因人名，慧远大师的盛名远播，也吸引了众多的高僧和名士前来交流与谒拜，当时著名的译经大师佛陀跋陀罗尊者，僧人慧永、慧持、道生以及东晋著名的名士陶渊明、刘遗民、谢灵运、宗炳、雷次宗等 123 人都在此译经、讲座，这些无疑使东林寺的名声更加日隆。再加上东林寺不是建在深山里面，而是建在扼庐山的交通要道处，即要进入庐山必经过东林寺，正是这个特殊的建筑位置使得东林寺成为从平原都市进入宜于隐修的名胜的必经之路，也昭示了中国的寺庙走上了一条从园林化到山林化的道路。

东林寺的建筑布局无疑具有当时寺庙都具有的建筑单体，如山门、殿堂、亭阁等，但因为它背负高耸的庐山，所以建筑单体的气势就被高耸的庐山吞没了，使得这些建筑单体成为整个庐山自然环境不可分割的一个部分，那么，东林寺的特殊韵味也从这个整体环境中呈现出来，即"它使中国的寺院不再局限于城市型寺院内部的庭院点缀，大大拓展了寺院的园林空间，它一反以前的寺庙将自然山水纳入宗教建筑，将其作为寺庙的一个组成部分的结构方法，而将自身纳入到自然山水其间，使得自身也成为宏观的自然山水在人文领域的延伸"②。基于此，胡适先生认为"慧远的东林代表中

---

① 《庐山东·西林寺通志》，香港天马图书有限公司 2002 年版。
② 傅谨、沈冬梅：《中国寺观》，浙江人民出版社 1996 年版，第 40 页。

国佛教化与佛教中国化的趋势"①。确实如此，随着魏晋之后"名士风度"与"山林"之间关系的日益紧密，以及高僧的日益名士化，也使得"寄情山水、呼啸山林"成为佛教信徒们的特殊追求，这就势必对佛教寺庙向山林发展起到了推波助澜的作用。由此形成了中国佛教的四大名山：四川峨眉山、山西五台山、浙江普陀山、安徽九华山，就是五岳，也逐渐形成了儒、释、道三家共存的文化景观。

  这种山林化的寺院对建筑的布局影响也很大。因为是山地，山势陡峭、地形复杂，所以寺院建筑往往依山临水而建，布局自由灵活。有学者曾指出南北朝时期北方与南方的佛寺建筑布局特点的不同："大致北朝建寺依循传统、追求正统的观念较强，故平面较为规整，以塔、殿居中者为多；南朝佛寺则保持东晋山林佛寺的特点，因地制宜、布局自由。这种差异，与两地自然环境的不同有关。南朝都城建康的地势，本就在山水之间，故既是都下佛寺，也往往依山临水而建；北魏都城洛阳的情形则不同，城郭之内，御道纵横，坊里规整，佛寺多临街或依坊曲范围设置"。② 可见，自然环境的差异使得南北方的佛寺建筑呈现出不同的建筑风格。这种不同最先体现在佛塔在佛寺中位置和地位的变迁。北方的洛阳因为地面较为平坦，所以其佛寺中的塔、殿常常位于中轴线上依次排列，塔在寺院的中间部位，后面紧接着是佛殿，布局较为规整和重点突出；而南方的山川形胜之地让山林佛寺常常"傍高峦而建刹"，"跨曲涧而为室"③。而佛塔的建造也常常"创塔包岩壑之奇"，且中院之去大门，延袤七里④。由此可知，当时的"寺塔不乏依崖构

---

  ① 胡适：《庐山游记》，商务印书馆1937年版。
  ② 傅熹年主编：《中国古代建筑史》（第二卷），中国建筑工业出版社2009年版，第193页。
  ③ （梁）梁宣帝：《游七山寺赋》，《广弘明集》卷29，上海古籍出版社1987年版，第348页。
  ④ 《续高僧传·梁杨都庄严寺金陵沙门释宝唱传》，《高僧传合集》，上海古籍出版社1995年版。

第七章　宗教在宗法文化与宗教文化中的不同地位

造之例，其余建筑物，也都就地而建，故佛寺形态，颇多跌宕错落"①。基于此，这样也就极有可能会造成南朝山林佛寺的佛塔不像北朝那样位于寺院的中间部位，且体量巨大，占有寺院很大面积的情况，而是会出现佛塔偏离寺院的中心位置或游离于寺院外的情况。如"谢丽塔于郊郭，殊世间于城傍"②，这就表明佛塔已逐渐成为风景景观的一部分。从审美文化的角度来看，佛塔这一改变已由信徒们精神崇拜的中心、佛陀精神不死的象征逐渐变成了勾勒自然美景的重要因素、中国整体风景的一部分。

我们知道，山寺的建筑要凭依山势地形而建，如齐明帝时（494—498年），续建的鄂州头陀寺，"层轩延袤，上出云霓……飞阁逶迤，下临天地"③，这是典型的山寺建筑布局风格。因受地形限制，山寺建筑的体量、高度都要有所局限，而追求建筑和自然山水融为一体就成为山寺园林的主要追求，也是中国古典园林审美文化的根本精神。如"房廊相映属，阶阁并殊异""深林生夜冷，复阁上宵烟""北窗被澡道，重楼雾中出"、"虚檐对长屿，高轩临广液"、"鹫岭三层塔，庵园一讲堂"、"长廊欣目送，广殿悦奉迎"、"法堂犹雁集，仙竹几成龙"，等等。山寺佛塔的建立不能如城市佛寺园林中那样处于寺院的中心位置，因为山寺的地理环境不如城市佛寺平坦、开阔，如梁朝皇室为名僧宝志和尚所建的开善寺环境是："开善寺有志公履，唐神龙郑克后取之长安。今洗钵池尚在，塔西二里法云寺基方池是也。寺西有道光泉，以僧道光穿斫，得名。有宋熙泉，以近宋熙寺基之侧。有八公德水在寺东悟真庵之后，一云泉在寺北，高峰绝顶，寺东山巅有定心石，下临峭壁，寺西百余步有白莲池，乃策禅师退居之所。"④ 由此记载可知，山寺的建造大多依山临水而建，建筑物因借自然，如开善寺塔就造在钟

---

① 傅熹年主编：《中国古代建筑史》（第二卷），中国建筑工业出版社2009年版，第194页。
② （南朝宋）谢灵运：《山居赋》。
③ 《昭明文选》卷59《头陀寺碑文》，中华书局1977年版，第814页。
④ （唐）许嵩：《建康实录》，中华书局1986年版。

山独龙阜上,是梁武帝的女儿"永定公主以汤沐之资,造浮图五级于其上,(梁天监)十四年(515年),即塔前建开善寺"①。看来开善寺的五级浮图也已游离于寺院之外了,成为整个风景的一部分。有的山寺里的佛塔体量不大、高度较低,完全和寺院周围的景色融为一体,如沈炯的《同庾中庶肩吾周处士弘让游明庆寺诗》:

> 鹫岭三层塔,庵园一讲堂。驯鸟逐饭磬,狎兽绕禅床。摘菊山无酒,燃松夜有香。幸得同高胜,于此莹心王。②

在这首游明庆寺中,诗人主要写了五个方面的内容:一是写寺院的主要建筑有三层的佛塔、庵园、讲堂等;二是写在怒放的菊花、绿色的松树等自然景色中对山寺的游览;三是写"驯鸟逐饭磬""狎兽绕禅床"的人与自然的亲密无间;四是写寺院的生活"无酒""有香";五是写与友人游山寺所受的感染。实际上和谐美是这首诗最大的审美特色。一是佛塔等建筑与菊花、松树等自然景色相互融合为一体,是和谐的,因佛塔只有三层,没有高大的体量,对人没有压抑感。二是"驯鸟逐饭磬""狎兽绕禅床"显示的是人与自然的亲密无间的情景,人与自然是和谐的;三是诗人能从人与自然之间的和谐关系中更庆幸能与友人同赏眼前的"高盛",得以澄心净怀、澡雪精神,这是人的内心的和谐。看来人与自然之间的和谐之美恰恰能使人的内心情感得以净化,那人的内心和谐了,人才会以审美的眼光观照自然的一切,才会发现自然中的美,像这首诗中的佛塔、讲堂、菊花、松树等都成了游人的审美对象,都能使诗人在不经意的审美观照中感悟佛理、体验情感。

陆罩的《奉和往虎窟山寺诗》:

---

① (宋)张敦颐撰,张忱石点校:《六朝事迹编类》,上海古籍出版社1995年版,第111页。
② 逯钦立:《先秦魏晋南北朝诗·陈诗》卷一,中华书局1990年版,第2448页。

第七章　宗教在宗法文化与宗教文化中的不同地位

　　鸡鸣动晬驾，奈苑睹晨游。朱镳陵九达，青盖出层楼。嵘华满芳岫，虹彩被春洲。葆吹临风远，旌羽映九斿。乔枝隐修迳，曲涧聚轻流。徘徊花草合，浏亮鸟声道。金盘响清梵，涌塔应鸣桴。慧云方靡靡，法水正悠悠。实归徒荷教，信解愧难酬。①

　　这首诗既写了随梁简文帝萧纲去虎窟山寺出发的盛大场面，也写了虎窟寺的美丽静谧的自然景色乔枝修径、曲涧轻流、花草合香、鸟声浏亮，更写了为了迎接贵人的到来，僧人们奏响金盘发出清脆悦耳的梵音，击鼓的声音使涌塔相回应，最后写佛法的隆盛流布于水云之间，使游人们难以表达对佛法的感情。虽说这首诗还是为了阐发佛理，体验佛情，但佛塔的形象既是佛的象征，那么佛法流布于自然风景之间，佛塔也应该和整体自然风景相一致。

　　如果说陆罩的"涌塔应鸣桴"中的佛塔还有很强的佛法象征，时时刻刻提醒人们佛的存在，而姚察的《游明庆寺诗》中的佛塔则完全化为自然美景的一部分，诗曰：

　　月宫临镜石，花赞绕峰莲。霞晖间幡影，云气合炉烟。迥松高偃盖，水瀑细分泉。含风万籁响，裛露百花鲜。②

　　"幡"一般指佛教建筑物悬挂的旌旗，在这里指佛教建筑物，当然也包括佛塔。这首诗里面的霞晖幡影、云气炉烟、山石飞瀑、迥松鲜花等寺庙的自然美景，好像扑面而来，令人应接不暇，颇使人心向往之，哪里还有半点的佛法意味，完全是一幅美丽的自然风景画。

　　阴铿的《游巴陵空寺诗》：

　　日宫朝绝磬，月殿夕无扉。网交双树叶，轮断七灯辉。香

---

① （梁）陆罩：《奉和往虎窟山寺诗》。
② （隋）姚察：《游明庆寺诗》。

183

尽奁犹馥,幡尘画渐微。借问将保见,风气动天衣。①

这首诗里写了很多寺院中的物事,有宫殿、相轮(指佛塔)、佛奁、佛幡等,表明了佛的无处不在。但用"绝""无""断""尽"等字,表明了一种落寞破败,给人一种空寂感。这种空寂感是以一种寺院的整体感呈现出来的。

---

① (梁)阴铿:《游巴陵空寺诗》。

第四编
形态与意境
——中西传统建筑艺术审美特性比较

建筑审美心理的概念，是人们基于对建筑的审美心理活动来自于建筑形态而产生的。形态，是指事物在一定条件下的表现形式，形态包含形状和情态。形式是物质现象，是具体的物质对人的视觉刺激后，人们感受到的某种形状，它是由时空、质地、形象等要素体现出来的。有形必有态，态依附于形，形表现出态。所谓"心意之动形状于外"。建筑就是由不同的形表现出丰富的态——或轻巧活泼，或庄严肃穆，或华丽富贵，或清新典雅。建筑审美实际上就是建筑师运用物质材料、科学技术、形象思维、艺术手段等对建筑物的体量、空间、形态、光线、色彩这些人们可以感知的信息进行加工处理，有效地传递各种信息，使审美主体——人的各个器官受到刺激而产生适度的兴奋，引起健康心理活动并导致合适的行为。激活并诱导审美情绪，这不仅是由直感而引起的情绪反应，还包括共鸣、升华、移情、崇尚等心理活动。

人们在建筑审美的心理活动中，首先从物质和精神两个方面同时去把握现实中的建筑；其次是始终离不开对具体的和个别的建筑形态的特殊感受；再次是这种审美活动是一种再创造性的形象思维及情感的体验，不见得会符合设计者原有的模式或设想；最后，它的目的是审美享受，获得感情上的愉悦。

第八章　中西方在建筑审美趣味方面的差异

　　审美趣味是指一个人在审美活动中表现出来的一种个体的主观爱好，一种情感倾向相性。审美趣味一经形成，就会左右审美主体的审美行为，把审美主体引向那些和他自身的审美直觉感受能力及审美标准相适合的审美行为。审美趣味不仅有审美个体的不同，还有不同民族的审美趣味的差异。我们主要是从民族的审美趣味的不同来比较的。建筑审美趣味就是审美主体在对建筑艺术形态的主观爱好中流露出来的情感倾向。中西方由于建筑艺术的形态不同，所表现出来的审美趣味也不同。

　　中国的美学思想是崇尚自然的，它来源于老庄哲学，以后历经儒家、道家、佛教、道教的继承和发展，逐步形成了对自然的认识。在人与自然的关系上，认为人与自然是和睦相处、相互依存的，不是去征服、破坏，而是把自然作为自己安居乐业、休养生息的美好环境，还把自然景物和景象作为欣赏、欢娱的对象，人们栽花养草、游山玩水、乐于景观、投身于大自然中，使身心节律和自然相吻合呼应，达到"天人合一"的境界。

第一节　中国传统思维方式与审美模式
——从太极图说起

　　中国传统审美文化的思维方式是素朴的辩证的和谐思维。所谓素朴的就是以具体的事物来论述形而上的道，像我们用八卦来说明世界的万事万物，用阴阳来说明整个宇宙，辩证的说明我们古代的中国人看问题的一分为二，我们从不把一个事物和事件看成固定的、不变的，而是从静看出动，从不变看到变，从生看出死等；和谐地说明了中国人看事物，不管如何变化，都是一个和谐的整体。因此，素朴的辩证的和谐思维表明了中国传统的思维方式具有整体的、直观的和变化的特点，这可以从中国最著名一个太极图看出中国人的整体思维，但又符合中和原则，而由太极图演化而来的八卦图和五行相生相克图体现了传统中国人思维的素朴直观而又变化的特点，它以对立互补和循环往复两个原则体现出来，表现在美学上那就是气韵生动、虚实相生和游目的观赏方式所形成的审美模式。

一、太极图——中华和谐美学第一图

太极图是中国古人的独特创造，也是世界上最美的一个图，它从外形上看是一个圆形，内部以一个反S的曲线将这个圆形分为左白右黑面积相等的两部分，白中有一黑点，黑中有一白点，且黑点、白点是一样的，即黑、白并不完全对立，而是相互包容。第一眼看到这个太极图，你就感到在一个圆形的里面有两条鱼紧紧地贴在一起，相互衔尾而动，那么悠闲自得。再一看你会感到它们两个再怎么旋转，也不会改变这个圆形，突出这个圆形。这时你就会感觉到圆形中的反S曲线处的位置太好了，太恰到好处了，简直无与伦比。任何一点改动，升高或降低一点，向左或向右偏移一点，都会改变它的平衡的美、对称的美、有序的美、稳定的美、中和的美，也会彻底破坏这个圆形，破坏太极图。这也说明曲线所处的位置恰恰符合了"中和"的原则，它恰到好处，过犹不及，过了也不行，不及也不中。这真是一条美妙绝伦的曲线，它曲折有致，富于变化而又统一，给人一种动态的优美感、和谐感。中国人对曲线钟爱有加，像人体雕塑采用反S曲线，增加了人体的动感和生命力；建筑的大屋顶用向上翘的曲线，就像鸟的翅膀翩翩飞舞，使得整栋建筑活泼生动；吴道子的绘画有"吴带当风"的美誉，就是以曲线为主，意存笔先，满壁飞动，让人物产生立体感；书法上，张旭和怀素的狂草更是笔走龙蛇，变动犹鬼神，气势磅礴，势不可遏；中国的舞蹈，重视服装的作用。舞巾、风带、披帛、长袖等这些带状物在舞动中构成了柔曼宛畅、飘逸变化的线的特征，造成了身体体积的无穷变化；中国的园林更是造曲的园林，"曲"是中国园林的特色之一。曲折造园是山水式园林修建的一个规则，水是曲的、蜿蜒流淌；路是曲的，曲径通幽；廊是曲的，廊腰缦回；墙是曲的，起伏无尽，连属徘徊；桥是曲的，九曲卧波；这些曲线，不仅给人一种婀娜多姿的逗人姿态，而且还让人感到一种似尽不尽、无限遐想的诱惑。曲线是一种优美的形式，相较于直线的力量和稳重，曲线则多了柔和与活泼，所以曲线给人一种运动感、优美感和节奏感，山曲水曲，廊曲桥曲，于是人的情感也被曲折了，一波三折，兴趣盎然。

我们感到太极图中的两条鱼贴在一起，相互衔尾而动，这两条鱼一黑一白，黑为阴，白为阳，那么太极图就是由阴阳组成的，且阴阳相互转化，循环往复，变化无穷，"无往不复，天地际也"（《周易·泰》）。这正如中国古诗"行到水穷处，坐看云起时"（王维《终南别业》）、"不愁明月尽，自有夜珠来"（宋之问《奉和晦日幸昆明池应制》）、"海日升残夜，江春入旧年"（王湾《次北固山下》）的境界。这就彰显了中国人在看任何事物时都不把该事物看成固定的，一成不变的，而是相互转化的，正如老子所说的："反者道之动。"《易传》的"易者，逆数也"。

是什么让阴阳运动，变化无穷的？按照阿尔海姆的格式塔心理学的"异质同构原理"来说，就是在非物质的心理事实与物质的物理事实之间存在着结构上的相似性。当人们看到某种客观物体或景物时，这些客观物体或景物的结构形态会通过观察者的视觉系统在大脑皮层上引起生理力的活跃，这种生理力就构成了类似物体或景物的内在形式。当这种生理力的内在结构形式被观察者的心理所体验到时，尽管观察者体验到的是自己的大脑皮层的变化，但他却认为是体验到了来自物体或景物的质性。在心与物之间就有了这层以大脑皮层生理力的变化为中介的关系，心理事实与物理事实便被沟通了。艺术家也是利用心与物之间的这种特殊关系来为自己所要表现的心理事实寻找外在同构物，而艺术欣赏者借助于这种特殊关系便可以通过同构物去体验艺术家所要表现的心理内蕴。

阿尔海姆认为，一幅画或一件雕塑尽管在实际上是静止不动的，但看上去它却像是永远处于运动之中的。他称这种现象为"不动之动"，而且认为这是艺术品的一个极为重要的性质。他本人则用作品形式结构中原本存在的一种客观的张力的观点来解释这种现象。他指出："只有当视觉经验到张力之后，才会有这种运动的感觉。"

中国人认为太极图的这种"动"不是阿尔海姆构图的"张力"，而是在宇宙之中的"气"使得万事万物都处于运动之中。气是中国宇宙的根本，气化流行，衍生万物，气之凝聚而成实体，实体之气散则形亡，又复归于宇宙流行之气，天上的日月星辰，地上的山川河流、飞潜动植，悠悠万物，皆为气生，人为万物之灵，也由天地之气而生："人者，其天地之德，阴阳之交，鬼神之会，五行之秀气也。"（《礼记·礼运》）老子认为："道生一，一生二，二生三，三生万物。万物负阴而抱阳，冲气以为和。"一就是未分阴阳的混沌之气，它由道化生，却又化生万物。庄子继承了老子的观点提出了"通天下一气耳"的观点。这就是中国的"元气"论。用这个一气来看待世界，认为世界是一个气的整体，各个层次的物处于阴阳之气的包围之中的感觉，进而有节奏有层次地相互感应，形成一个和谐的整体。另外这个和谐整体的万物都是气韵流荡之物，是充满生命活力的万物，是不断循环往复、生生不息的万物。因此，"气韵生动"就成了中国美学的最高标准，也是中国哲学的最高标准。

气，又和有无相连。气，人可感而不可见，是虚，是无，和《老子》所说的不可道的"道"相通，这构成了中国文化的特点，也构成了中国美学的特点。气，既是根本的宇宙之气，又是化为具体事物的具体之气，具体事物是有，是实体，气就是实，就是有。因此，气就是有和无、实体与空虚、具体与抽象的统一。气与道相通，气就具有形而上的抽象，气与具体事物相连，气就具有形而下的具体，所谓的"形而上者谓之道，形而者谓之器"气都全部具有了，这样看来气就构成了中国宇宙的统一性方式，这种方式是以气韵生动、虚实相生的特点彰显出来的。

"是故，易有大极，是生两仪，两仪生四象，四象生八卦，八卦生吉凶，吉凶生大业。(《易传·系辞上传》)"气韵流动，阴阳转化，它由四象、八卦、六十四卦而宇宙万物，这表明了事物发展的有序性和丰富性。这就由阴阳图变为八卦图："天地定位，山泽通气，雷风相薄，水火不相射，八卦相错，数往者顺，知来者逆。"(《易经·说卦传》)其运行向乾一、兑二、离三、震四；然后转回，巽五、坎六、艮七、坤八，形成一个S曲线。其天地、山泽、雷风、水火各各阴阳相对，但显出"对立而不相抗"的中国互补和谐原则。这一互补和谐原则，五行相克相生图讲得最好，从融和后的中国思想来说，五行是阴阳的进一步展开。五行：木、火、土、金、水。五行是相生的，木生火，火生土，土生金，金生水，水生木；又是相克的，水克火，火克金，金克木，木克土，土克水。由于有五种因素，其相克相生就可以有很多形式，其中最受重视的形式就是，五行中任何矛盾的两行之间，不采取直接对抗的方式，而是用调节和反馈的方式间接地作用于对方，使整体达到平衡与和谐。例如：水和火是相对的，但不是绝对对立，不可调和的，水灭火，这是常识，但是水少而火旺的情况下水不能灭火，反而被火烤干，这样就需要一个中介点来解决这个矛盾，那就是在水和火之间出现了金和土对其加以中和。伦理政治中的君臣之间也是这样，君和忠臣之间出现了对立，但君是不可怀疑的，于是就在忠臣和国君之间找到一个奸臣，这样君和忠臣之间的矛盾就变成了忠臣和奸臣之间直接冲突，君的过错是因为受奸臣的蒙蔽等；还有文学艺术中的爱情冲突，才子和佳人之间必定要出现一个阻碍者或阻碍因素，如《西厢记》当中的老妇人、《白蛇传》当中的法海等。

二、和谐思维的特点

从太极图以及由太极图演化而来的八卦图和五行相生相克图，我们可以看到中国古代的思维方式是素朴的辩证的和谐思维，中和原则是这种思维方式的核心，无论是阴阳的转化，还是万事万物的相生相克，都必须以中和原则作为出发点，把握好"度"，不能过头，也不能不到，以最终达到和谐圆满为目标。它具有整体性、直观性、和谐的运动性等特点。

第一，把宇宙看成一个圆形，这是古代中国人对宇宙"立象以尽意"的直观、顿悟的把握，符合原始先民对世界的观察方式。直观当然有直接观察而得出外物图形之意，但主要是直接达到事物的本质，不需要语言、逻辑、推理等中间环节。这也是我们从太极图看到的宇宙万物虽然纷繁复杂，但太极图思维不受万物干扰，把万物归为阴阳二气来审视，这种删繁就简的观照方式，使得中国人在考察对象时，侧重于把握对象的共同规律，从形而上的层面上来思考事物的进程。像古人就把宇宙的本质看成太极，太极图就是中国的天道：一个无穷循环的圆。太极生两仪，两仪就是阴阳，阴阳相互转化就形成宇宙的万事万物，所谓"一阴一阳之谓道"就是这个道理。这些用科学的语言、逻辑推理是不能解释清楚的，也是没法解释的。老子说"道可道，非常道，名可名，非常名"，这个"道"就是不可言传的，也是无形的；但是道又在物中，"道之为物，惟恍惟惚。惚兮恍兮，其中有象，恍兮惚兮，其中有物"，它又是可闻、可触、可言传的，但又不可视、不可触、不可言传的，是"视之不见""听之不闻""搏之不得"的"无状之物，无物之象"。可见，"道"的这些感性与理性、具象与抽象的统一的特征，不是能用科学的语言和逻辑推理就能解释清楚的，而只能靠直观与体验才能把握。中国古代很多概念都没有明确的定义，缺乏严格的逻辑论证，只能靠人们的直觉去领会和体悟。像孔子的"言不尽意"，老子的"道"、庄子的"心斋""坐忘""得意忘言""游心"等，禅宗的"以心传心""不立文字"等，这些都是强调靠直观体悟直达根源本质。直观悟性思维的一个很重要的特点就是强调人的灵感，强调人的超越，有时能有一些原创性的发现，但也带有很大的偶然性和不确定性，造成含义的不能确定和混乱。还有像《易经·系辞上》明确指出："仰以观于天文，俯以察于地理……圣人立象以尽意。"很明显，古人先有"象"才能尽意。"象"有"物象"和"卦象"之分，物象纷繁复杂、千差万别，意义也是千差万别，但古人要从这纷繁复杂、千差万别的物象中得出根源性的、本质性的东西，于是古人把象看成圆形，只是因为古人认为这些纷繁复杂、千差万别的物象都在宇宙之中，而宇宙就像一个圆形的穹窿，宇宙之中有天、地、山、泽、风、雷、水、火八种最基本的物象，而万事万物都是这八种基本的物象相摩相荡、相生相克而产生的。古人又把这八种不同的事物分别用不同的符号表示，这些符号就是卦象。"立象以尽意"的"象"就是卦象，由这些卦象而得出的意，就是直观、顿悟的结果。

第二，中国古人把天、地、人看成一个和谐统一的整体，从整体的角度综合来观察和处理宇宙万物。老子提出"道生一，一生二，二生三，三生万物"（《老子·第四十二章》）。虽说后人对这个"一"有不同的解释，但这个"一"是一个整体，是一个混沌未分的宇宙却是学界公认的事实。庄子说："天地与我并生，万物与我为一。"（《庄子·齐物论》）庄子也从主体与客体不分的角度阐释了天、地、人三位一体的宇宙整体论。儒家的孔子则以人心之和，推及人人之和、人与社会之和、人与天下之和，也是把"天人合一"作为追求的目标和最高的理想，所以他常说："吾道一以贯之"。（《论语·里仁》）孟子也从"尽其心者，知其性也。知其性，则知天矣"（《孟子·尽心上》），而得出"上下与天地同流"（《孟子·尽心上》），这样就可以"万物皆备于我矣。反身而诚，乐莫大焉"（《孟子·尽心上》）。汉代大儒董仲舒的"天人感应论"把"天"人格化，降低了天的神秘性、恐惧性和威严性，以人和主动地迎合天和，又以天和来约束人和，实现了天人合一。六祖慧能曰："佛法是不二之法""一切即一，一即一切"（《坛经》），还主张"性在身心存""佛是自性作"（《坛经》）。可见，禅宗无论是对对象的始源性的统一性的把握，还是佛我一体、主客不分的思维模式都是表达和再现了对象的统一性和完整性。正如高清海指出的："西方讲求'知物'，以'有'（存在的'实在性'）为起始；中国讲求'悟道'，以'无'（生命的'生成性'）为开端。知物，是为了满足生命、实现价值；悟道，是为了圆满生命、完善人格。知物需要用'眼'去看；悟道需要用'心'体认。用眼看（观），是以主体与客体、内在与外在、人性与物性的分离为前提；用心体认（悟）则以主体与客体、内在与外在、人性与物性的融通一体为基点。这就是它们的思想分野，中西哲学迥然不同的思维特质和理论风格便是由此形成的。"① 实际上，中华民族把天、地、人当作一个整体的思维方式，已经渗透在社会生活的方方面面，例如，中医治病就比较重视一体性思维方式，而不是像西医治病头疼医头，脚疼医脚，而是把人视为一个完整的整体，从整体与部分的关系出发来治病，有利于治病的根本，但这种整体性思维却也忽视了分析性思维，不能对事物进行精确的观察和分析。军事上，中国人也是从整体和全局来认识和制定军事战争的地位和作战的原则。在地位上，中国人认识到战争是国家的大事，关系到百姓的生死，国家的存亡，不可不重视。所谓的"兵者，国之大事，死生之地，存亡之道，不可不察也"（《孙子兵法》），就是这个道理。战争，不单纯是军事行为，只有全面考虑到了政治、天时、地势、将领、制度五个方面的利弊得失，才能判定战争的胜败。进行战争和制定作战原则，要从"兵者，诡道也"（《孙子兵法》）这个战争的总体特点出发来制定具体的战略战术等。可见，中国军事谋略也是从整体性思维来进行的，要考虑到政治、经济、文化、天时地利人和等各种因素，而不是单纯的军事行为。

第三，从发展变化的角度来考察事物发展的过程，认为任何事物都不是僵死的、静止不动的，而是有生命的，富于变化的。我们从太极图中已经看出，阴阳转化，万物层生，转化不息，生命不止。因此，中国人看任何事物都是有生命的，有机的，而生命在于运动，在于动态的变化，一切事物都要经历从小到大，从简单到复杂，从低级到高级的不停息的渐变过程。而每一次的变化，到了极点就要向相反的方向变化也就是"物极必反"，即"天地之道，极则反，盈则损""曲则全，枉则直，洼则盈，敝则新，少则得，多则惑"（《淮南子·泰族》）。中国人从大量的观察中发现，万事万物都在发展演变，且都以事物两极的相互转变为依据，无论是心性、人我、物我、天地、宇宙，抑或是聚散、动静、生灭、消长、虚实、刚柔、奇正、劳逸等都可视为终始的范畴。每一对范畴两极

---

① 高清海：《中国传统哲学的思维特质及其价值》，《中国社会科学》2002年第1期，第1页。

互为否定的形式,但都不是排斥的,而是相互补充,互为前提和证明,所谓"无极而太极,太极动而生阳。动极而静,静而生阴,静极复动。一动一静,互为其根"(周敦颐《太极图说》)。中国人在这种动态的变化规律中,认为任何事物和规律都不是绝对的,静止的,而是相对的,变动的。这种相对性和变动性使得对立双方具有向心的凝聚力,就像家庭中的父母与子女的关系。

我们从太极图所体现出的整体性、直观性和运动变化性的思维特征中,不难看出这种整体性思维是以阴阳立象生成万物类比言说方式,阴阳相生相成生生不息的辩证运动,是传统思维方式的最主要特点。

三、动态的审美把握方式

中国传统思维方式所形成的民族心理结构表现在审美把握方式上突出的是艺术的生命感,一种活泼泼的气势。中国艺术无论是绘画、书法、文学、建筑、园林、舞蹈、音乐都给人一种生命精神在其中的感觉,这种生命精神表现在审美上就是"气韵生动""虚实相生"和"游目的观赏方式"。

1. 气韵生动

"气韵生动"是魏晋南北朝时期形成的,首次以复合词的形式出现于南朝谢赫的《古画品录》中:"六法者何?一、气韵生动是也;二、骨法用笔是也;三、应物象形是也;四、随类赋彩是也;五、经营位置是也;六、传移模写是也。""气韵生动"在这里是被谢赫作为绘画的总体风貌而界定的,要求绘画体现出审美对象一股不可抑制的生命的活力,要源源不断地流出来,而且这种生命的波动又具有一定的节奏和规律性,形成美的形象和美的感受,并且在文字、线条、色彩和声音等表现形式之外,给人留下很多联想和回味的余地。

"气韵生动"这一艺术精神要特别突出绘画艺术生命的活力及其自然形成的韵味,表明中国的绘画到魏晋南北朝时期出现了一个大的变化,那就是画家很自觉地把追求"神似",作为绘画的核心,而不再追求"形似的逼真"。自此以后,中国人评价绘画艺术水平的高低就一直以"气韵生动"作为标准,"气韵生动"也成了中国绘画的艺术精神。中国绘画主要包括人物画和山水画两种类型,首先,气韵生动表现在人物画上,因为人物画较山水画产生早,盛唐之前,中国绘画的成就主要集中于人物画上,魏晋南北朝时人物画已达到了较高的水平,出现了顾恺之这样的大画家,隋唐也出现了展之虔、阎立本、吴道之、周昉、张萱等一批绘画大家。究其原因,在于中国传统文化对人的重视,认为人是五行之秀,实天地之心,是宇宙中最有智慧的动物。人物画在六朝的发达,就是伴随着人的自觉和人物品藻的风气而出现的。

六朝时人物画追求神似,主要指顾恺之所说的传神写照,要求在人物绘画上要表现出人的第二自然,即把一个人的个性、情调等表现出来。顾恺之是东晋名士,也是著名的绘画理论家和丹青高手,《晋书·本传》说:"恺之尤善丹青,图写特妙,谢安深器之,以为自苍生以来未之有也。"他在自己的创作实践中,运用当时盛行的形神论来探讨绘画美学问题,提出了一套以"传神写照"为核心的绘画理论,把中国绘画中的形神观发展到了一个新的高度,这标志着中国人物画由崇尚形似发展为注重神似。顾恺之认为,画人的时候前面必须有人物的所对之物,如果要以形写神又使人物前面空着景物,就不能做到传神。他认为,人在向人揖手作礼时,眼睛总是注视着对方,所以画眼睛时不可不注意使视线注视对方,如果视线无所对,或对而不正,眼睛就会显得无神。与其注重画像的颜色明暗,不如处理好人物与前面景物的关系更能传神写照。顾恺之在这里提出画人物最主要的是"以形写神"。但"以形写神"又不能忽视与周围环境的关系,后来谢赫六法中的"经营位置"也就是指的这层意思。

在具体的绘画作品中,顾恺之也体现了重神的审美原则。如他在《论画》中评论《小列女》"面如恨(银),刻削为容仪,不尽生气,又插置大夫支体,不以自然",批评这幅作品注重外形刻画而没有表达出生动的神态,且缺乏自然。在论《醉客》这幅作品时说:"作人形,骨成,而制衣服幔之,亦以助醉神耳。"赞扬这幅画能通过衣服外形的描绘,衬托醉客的神态。

顾恺之认为要"传神写照",就必须抓住人物最能传神的部位,以刻画人物的内在精神。《世说新语》记载:"顾长康画人,或数年不点睛。人问其故,顾曰:'四体妍蚩,本无关于妙处,传神写照正在阿堵中。'"顾恺之认为眼睛最能够表达人的内在神情,因此,在绘画中必须画好眼神。据说他绘画先画人物的形体外貌,然后才点目睛,使人物神态顿生光辉。他为名士殷仲堪画像时,就奇妙地利用眼神来刻画人物。《世说新语·巧艺》记载:"顾长康好写起人形,欲图殷荆州,殷曰:我形恶,不烦耳。顾曰:明府正为眼尔!但明点童子,飞白拂其上,使如轻云之蔽日。"殷仲堪眼睛有毛病,怕别人画不好会损害自己的形象。顾恺之巧妙地提出,通过艺术处理,可以使他的眼疾不在画面中反映出来,做到传神写照。这说明顾恺之的"以形写神"是重视艺术加工的,并不等于机械的模仿。顾恺之在绘画领域中还探讨了艺术想象的作用。他提出:"凡画,人最难,次山水,次狗马;台榭一定器耳,难成而易好,不带迁想妙得也。"认为人有内在神情,不同于山水、狗马,所以要"迁想妙得",而山水、台榭则不然,只要外形相似就行了。《世说新语·巧艺》载:"顾长康画裴叔则,颊上益三毛。人问其故。顾曰:裴楷朗有识具,此正是其识具,看画者寻之,定觉益三毛如有神明,殊胜未安时。"裴楷为西晋玄学的重要人物。《晋书·本传》载:"楷风神超迈,容仪俊爽,博喻群书,特精理义,时人谓之玉人。"顾恺之在绘画中设想,裴楷神识高妙,在他颊上加上三毛,这样就能突出他的神态特征。《世说新语·巧艺》又载:"顾长康画谢幼舆在岩石里。人问其所以。顾曰:'谢云:一丘一壑,自谓过之。此子宜置丘壑中。'"谢鲲在东晋以通简有高识著称。晋明帝曾问他:"卿自谓何如庾亮?"答说:"端委庙堂,使百僚准则,鲲不如亮。一丘一壑,自谓过之。"意思是说当朝理政为官虽不如庾亮,但在隐逸上却比庾亮高迈。顾恺之抓住谢鲲这一特征,发挥想象,将谢鲲置于岩壑里,以表示他向往隐逸的志趣,在画面上用周围的环境来衬托人物的内在神态。这些匠心独运的艺术构造,都是顾恺之"迁想妙得",运用艺术想象对审美对象细心描摹和构思的结果。顾恺之的这些想象,建筑在对人物总体特征的摄取和把握上，而不是拘泥于个别细节。顾恺之的"传神写照"说在南朝产生了深远的影响，最有代表性的当推宋代的谢赫。谢赫的"气韵生动"，就是要求在人物的外形描绘中，表现出生动的神气韵润，这同顾恺之的"以形写神"说大致相同。

"气韵生动"不仅是人物画的体现，还是山水画的要求，朱良志说"山水画可以说是潜在的人物画，人物画是'形体的艺术'，山水画是人的'心灵的艺术'。山水画隐去了人物的外形，却加入了人的活泼的性灵，一片山水就是一帧心灵的图画"①。画为心画，用绘画来表现人的生命体验，通过自我生命与万物节奏同样起伏荡漾，从而领悟生机之趣，这是中国绘画的最高境界。这也就理解了"山水画创作，千百年来，依然是深山飞瀑、苍松古木、幽涧寒潭……似乎总是老面孔，然而人人笔下皆山水，山山水水各不同。他的艺术魅力，就在于似同而实异的表象中所掩盖的真实生命"。②这种生命感体现在山水画上就是对动感的追求上，就是要画得活泼、传神，要体现出物象生动变化的节奏。有了这种节奏，山水画就不至于死、僵、滞，就会气韵生动。明代艺术家李日华说："韵者，生动之趣。"清代花鸟画家邹一桂说："画有两字决，曰活曰脱。"清代绘画理论家方薰说："气韵生动，须将'生动'二字省悟，能会生动，则气韵自在。"

山水画如何才能实现"气韵生动"？那就要从山水画的形式当中来体现其生命精神，这些形式无非是色彩、线条、用笔等，用这些形式的组合形成一种"势"，一种相互之间的关系，由此表现出盎然的生意。具体地说有以下几点：

首先，化静为动。老子的"反者道之动"？《易传》的"易者，逆数也"，表明了中国哲学的一个重要原则就是欲擒故纵，欲露还

---

① 朱良志：《中国艺术的生命精神》，安徽教育出版社2006年版，第143页。

② 朱良志：《中国艺术的生命精神》，安徽教育出版社2006年版，第133页。

藏,将动还止。影响到艺术上,要求艺术在创造时要讲究张力,也就是说要欲静为动,动静结合,没有冲突的艺术不算成功的艺术,像中国古诗中的"行到水穷处,坐看云起时"(王维)、书法的逆势运笔等。那么中国绘画艺术也讲究这种冲突,讲究相对相成的绘画原则,像动与静、实与虚、开与合、聚与散,在形式中形成一种张力,在屈伸变化中显现生命。例如山川草木是静的,但以水绕以其间,以水动带动山动,以水活带动草木之活;还比如山欲高,尽出之则不高,烟霞锁其腰则高,水欲远,尽出之则不远,掩映断其流则远。因为绘画的空间有限,要想表现山的高峻、水的绵延,不可能在有限的空间里无限地画下去,而只能是在山腰画一片云,挡住山体,画一丛树林挡住水流,这样山的高峻、水的绵延的气势就出来了,这就是欲露还藏的艺术手法。正如托名王维《画山水诀》中说"路欲断而不断,水欲流而不流",元代画家黄公望所说的"山腰用云气,见得山势高不可测",宋人郭熙的一"锁"一"掩"等,都是强调绘画在形式的张力中呈现一种似现非现、似静还动的艺术追求。

其次,要时间和空间融合为一体。时间空间化,空间时间化,时空一体,这是中华民族一贯的心理追求。中国的画家从来都不忘从时间的角度审视空间,以时间的流动来把静态的空间化为动态。正如宗白华先生所说:"对于中国人空间和时间是不能分割的。春夏秋冬配合着东西南北。这个意识表现在秦汉的哲学思想里。时间的节奏(一岁十二月二十四节)率领着空间方位(东西南北等)以构成我们的宇宙。所以我们的空间感觉随着我们的时间感觉而节奏化了、音乐化了!画家在画面所欲表现的不只是一个建筑意味的空间'宇'而须同时具有音乐意味的时间节奏'宙'。一个充满音乐情趣的宇宙(时空合一体)是中国画家和诗人的艺术境界。"[①]因此,在中国绘画上,不同时间、空间的物象都可以纳入一幅画之中,而不问这些物象之间是否合适。如彦远《画评》言王维画物,多不问四时,如画花往往以桃、杏、芙蓉、莲花等同画一景,还有

---

① 宗白华:《美学散步》,上海人民出版社1981年版,第106页。

王维在《袁安卧雪图》中的"雪中芭蕉"的著名例子，李唐《深山避暑图》画了应在秋末出现的丹枫等，这些从逻辑的角度来看，显然都是荒诞不经的，但从奇想妙得的角度看，却又深得理趣。因为艺术是诗性的，诗是心灵之显现，为了表达超越的思想，可以不遵守时空的秩序，以心理时空去组合自然时空，建立一种生命的逻辑。

最后，中国山水画主要是一种水墨山水。不同于西方绘画着重于光、影、色、透视等所表现的块面结构，中国山水画重视线点结构。线是中国画形式的主要构成因素，线是人把握大自然的一种抽象形式，直线给人一种刚性的力感和平衡的稳定感，曲线给人一种柔性的美感和运动的节奏感，线条的偃仰、开合、起伏、跌宕，就给人一种生命的律动。山水画的构图主要以曲线为主，曲线的曲曲折折、颤动不已，就是一条绵延的生命之流。山水画不光以线构图，还以水墨弥漫于线与线之间，给人一种云烟氤氲的气象。墨是造成这种气象的原因，是因为中国山水画讲究墨分五彩，干、湿、浓、淡、焦，加上纸的素白，天然成了六彩。五墨六彩的对比与和谐，足以描述一个水墨的天地。中国画家在使用墨时采用"皴"法，就是用水对墨加以渗破，造成水墨或浓或淡，或干或湿等。有时可以用"蘸墨法"，或笔头清水，笔尖墨色，或笔上淡墨，笔尖浓墨，一笔之中含浓淡，起伏、向背、明暗，种种变化都在这无法无天的水墨之中。有时可用"积墨法"，墨色覆墨色，层层叠叠。还有一种"破墨法"，以一种墨色落纸，在其湿时再以另一种渗破，或浓破淡，或淡破浓，自然天成。这种种的墨法都在写意，而不是象形。所以站在中国的山水画前，你会感到画的山水、幽谷、石涧、树木、葡萄、石榴、瓜、萝卜、豆、蟹、鱼等，都不追求形似，而仪态却栩栩如生，生气勃勃。这些水墨形成的云烟给人一种梦幻感、朦胧感、邈远感，云烟笼罩其间，使山水成为一个整体，山水在云烟之中腾挪缥缈、充满灵动活络之气，因此，云烟氤氲就使得整幅画显出特殊的气势，气韵生动。

2. 虚实相生

我们从太极图就看出了中国的宇宙就是一个虚实相生的宇宙，

《周易》说："一阴一阳之谓道。"这里"阴"是实体，是有；阳是虚体，是无，当然也可以反过来，阳为实体，是有，阴为虚体，是无，《老子》说："万物负阴而抱阳，冲气以为和。"是因为气韵生动，使阴阳相互转化。看来，阴阳即是有无，也是虚实，有无相对，虚实相生。中国虚实相生的宇宙观影响到艺术上，就体现了中国艺术的生命精神。

虚实相生表现在艺术上主要有以下两点：一是艺术表现手法上的虚实相生，这主要是题材处理上的生活真实和艺术真实的关系问题。二是艺术精神上的追求，这主要是艺术意境的追求，它体现于不同的艺术门类之中，主要处理有形与无形的辩证关系。手法上的虚实相生是出发点和基础，意境上的追求则是理想和目标，两者缺一不可。

关于艺术表现手法上的虚实相生，主要涉及题材处理上的生活真实和艺术真实的关系问题。生活真实就是艺术要以社会生活的本来面貌，即规律作为艺术创作的出发点和"铁门限"，所塑造的人物和描述的事件不能违背社会生活的规律，就是不虚美、不隐恶，是什么样就是什么样。艺术真实是在生活真实的基础上对生活真实的加工和改造，是对生活真实的凝练和概括。两者是辩证统一的关系，生活真实是基础，艺术真实是目标，两者缺一不可。艺术题材处理上就要处理好生活真实和艺术真实的关系，既要从生活真实出发，塑造的人物和描述的事件合乎现实生活的规律，又要不局限于客观现实生活是否真有其人其事，根据需要适当地进行虚构，但虚构不能过度，要有一定的现实依据，这就是明人谢肇制所说的"虚实相半"。他说："凡为小说及杂剧戏文，须是虚实相半，方为游戏三昧之笔，亦要情景造极而止，不必问其有无也。"(《五杂俎》)这里他主要是从小说、戏曲创作来说生活真实和艺术真实的关系问题。历史小说，像《三国演义》的"七实三虚"更是如此。清人金丰评价历史小说也曾说："从来创说者，不宜尽出于虚，而亦不必尽出于实。苟事事皆虚则过于诞妄，而无以服考古之心；事事皆实则失于平庸，而无以动一时之听。"(《说岳全传序》)这里着重论历史小说中艺术虚构与历史真实之间的关系，主张必须有一个适当的度。孔尚任在写作历史剧《桃花扇》时,偏重考据史实,但允许在情节构思和细节描写时有所虚构。他说:"朝政得失,文人聚散,皆确考时地,全无假借至于儿女钟情,宾客解嘲,虽稍有点染,亦非乌有子虚之比。"(《桃花扇·凡例》)这里所说的"确考"和"点染"的合,即是要求史迹实而情趣虚,主张作家既要谨守史实,又要发挥艺术创造的主动性。

当然,如果不能正确处理虚实之间的关系,要么一味地进行生活的实录,而不进行适当的虚构,艺术创作就变成了记事本,毫无艺术价值可言。要么一味进行无限的虚构,而不遵循生活的规律,艺术创作就变成了天马行空的瞎想,可笑至极。因此要正确地处理好虚实之间的关系:虚中有实、实中有虚,虚实相生。李渔论曲时曾有《审虚实》一款,专门论述戏曲题材的处理原则。他说:"传奇所用之事,或古或今,有虚有实""实者,就事敷陈,不假造作,有根有据之谓也;虚者,空中楼阁,随意构成,无影无形之谓也"。他说明了虚构的意义,明确主张"传奇无实,大半皆寓言",所谓"无实",即指虚构。

关于艺术精神上的追求,主要是艺术意境的追求,它是中国士人普遍的美学追求,也是中国艺术精神的最高理想。何谓"意境"?按照蒲震元的看法:"意境"是通过特定的艺术形象(实)和它所表现的艺术情趣、艺术气氛以及它们可能触发的丰富的艺术联想与幻想(虚)的总合。它生于形象而又大于形象,受特定形象的制约,离不开特定形象的触发,经常由特定的实指向不定的虚,又有虚转化为更单纯或更丰富的实。① 由此可见,意境的形成离不开各种艺术因素虚实相生的结合,这种"虚"应该是"情",这种"实"应该是"景"那么虚实相生就是情景交融。

中国艺术的虚实相生或情景交融表现在各门艺术类型中,像绘画的少许的实景和大片的空白的相互结合,就给人无限的遐想,南宋马远、夏圭的山水画的构图,留下大片的空白,被称为马一角、夏半边,这些空白能够给观赏者带来一定的余味,这样就收到了

---

① 浦震元:《中国艺术意境论》,北京大学出版社1995年版,第22页。

"画在有笔墨处，画之妙在无笔墨处"（戴熙《习苦斋画絮》）的审美效果，笪重光把这称为"虚实相生，无画处皆成妙境"（笪重光《画筌》）。中国书法的空间布白的结构，要求有字部分和无字部分有机结合起来，通过有形的笔画引起人们对笔画之外的意境的联想，以求达到"点画之间皆有意"（张彦远《法书要录》引王羲之语）。在戏曲中讲究表演的虚拟性，如骑马泛舟只有动作没有实具（以虚带实），一段道白能交代几十年的经历（以简代繁）七八个人就等于千军万马（以少带多）等；山水园林中、山水草木、亭台楼阁等是实的，而烟霞光影则是虚的。通过这些虚实相生、情景交融的表现就给人一种审美的意味，这个意味不能靠逻辑推理而获得，只能是靠欣赏者的体悟而获得，这种"悟"又是说不清道不明的，只可意会不可言传，这就有点"道"的境界，也是美的境界。因此，中国的意境和宇宙，天人合一的境界相联系，艺术的意境恰恰就是宇宙境界的一种显现。

3. 游目的观赏方式

中国古人很重视观察自己周围的世界，这种"观"就是仰观俯察，远近往还。这是中国人独特的观察方式。其核心是"游目"。游目有两层含义：一是人不在一个固定的地点，而是来回走动进行观察欣赏。欣赏中国古典园林最适合在园林中来回走动进行欣赏，像中国古典园林中有很多可供观察的景点，特别是园林中的亭、台、楼、阁，四面皆空，人可以来回走动，慢慢欣赏面对的景物，景色不同，心情各异，或平静或惊叹，或高呼或低吟等。苏轼的"赖有高楼能聚远，一时收拾与闲人"（《单同年求德兴俞氏聚远楼诗》），张宣的"江山无限景，都聚一亭中"（《题冷起敬山亭》），都带有四面游目的意味。还有王维的《终南山》"白云回望合，青霭入看无。分野中峰变，阴晴众壑殊"，也是人的游动之观；宋人郭熙所说的三远：平远、高远、深远，让人"仰山巅，窥山后，望远山"，也是人在移动中观赏。二是人不动而视觉移动。古代西方人的空间是由几何、三角测算所构成的透视学的空间，这种透视法要求艺术家由固定的角度来营构他们的审美空间，固守着心物对立的观照立场。正因为人固定了，审美对象应有的尺度范围也就固定了，因而图画的意蕴也就有了固定性，不再是流动的、变幻的。而中国人的观赏，就是人不动，人的眼睛也一定会"仰则观象于天，俯则观法于地，观鸟兽之文与地之宜，近取诸身，远取诸物""仰观宇宙之大，俯察品类之胜"，俯仰往环、远近取与是中国人独特的观察方式。正如宗白华先生所说"画家的眼睛不是从固定角度集中了一个透视的焦点，而是流动着飘瞥上下四方，一目千里，把握全境的阴阳开阖，高下起伏的节奏"。这种节奏化的律动所构成的空间便不再是几何学的静的透视空间，而是一个流动的诗意的创造性的艺术空间。"俯仰往环，远近取与"的流动观照并非只是简单的观上看下，而是服从于艺术原理上的"以大观小"。由这种观照法所形成的艺术空间是一个"三远"（高远、深远、平远）境界的艺术空间，集合了数层与多方视点，是虚灵的、流动的、物我浑融的，是既有空间，亦有时间，时间融合着空间，空间融合着时间；时间渗透着空间，空间渗透着时间。"对于中国人空间和时间是不能分割的。春夏秋冬配合着东西南北。这个意识表现在秦汉的哲学思想里。时间的节奏（一岁十二月二十四节）率领着空间方位（东西南北等）以构成我们的宇宙。所以我们的空间感觉随着我们的时间感觉而节奏化了、音乐化了！画家在画面所欲表现的不只是一个建筑意味的空间'宇'而须同时具有音乐意味的时间节奏'宙'。一个充满音乐情趣的宇宙（时空合一体）是中国画家和诗人的艺术境界"。

中国的诗词中就包含了许多人不动而视觉移动的游目，像杜甫《登高》诗中："风急天高猿啸哀，（仰）渚清沙白鸟飞回。（俯）无边落木萧萧下，（由近而远）不尽长江滚滚来。（由远而近）"这种游目是为了获得宇宙的真谛，而不是为了观赏宇宙当中的万事万物，这就是杜甫在不尽长江滚滚来之后，就开始心灵的游目："万里悲秋常作客，百年多病独登台。"一种宇宙人生的感叹就包含在思古伤今里面了。实际上这就是由外入内、由表及里。中国人对艺术的欣赏不光是观赏艺术当中的人的传神、景的美丽、物的纷繁复杂，而是通过对人、景、物的观赏，以达到会心、游心的目的，也就是小宇宙上升到大宇宙的一种人生的感叹。像陈子昂的

《登幽州台歌》:"前不见古人,后不见来者,念天地之悠悠,独怆然而涕下!"站在历史的高台上,踏着古人走过的足迹,一种历史的兴衰感、沧桑感涌上心头,可一想到自己肩负的历史责任,又产生一种宇宙的胸怀、世界的眼光。还有杜甫的"致君尧舜上,再使风俗纯"和"乾坤万里眼,时序百年心"等,当然这是儒家的宇宙人生之感。道家的人生之感不像儒家那么积极入世、心怀天下,实现了,春风得意马蹄轻,失落了,无可奈何花落去,而是积极避世,能隐则隐,能退则退,要么隐于自然山水之中,会心山水,优游自在;要么宿于自己的宅院之中,在壶中天地之中仰观宇宙之大,俯察品类之盛。像嵇康的"俯仰自得,游心太玄"等,佛教和禅宗主客一体,心物一致,像陶渊明的"采菊东篱下,悠然见南山""其中有真意,欲辨已忘言",还有王维的"山河天眼里,世界法身中"(《夏日过青龙谒操禅师》)。

中国人的"仰观俯察"的"观"毕竟是人主动地去看外物,以期从外物中获得快乐,感受生命的律动,实现对事物本质的把握,像音乐一方面能给人"三月不知肉味"的审美快感,一方面还能从音乐中看出国家政治的兴衰败亡,从而"采风"能"观风俗之盛衰"。先秦之前,中国的物感说主要建立在"观"的基础之上,这主要是因为人们渴望了解清楚实体性的事物的本质规律,以便更好地改造社会为人类服务。进入魏晋南北朝时期,随着品评人物风潮的兴盛和人类审美能力的逐步提高,中国艺术精神逐渐由外在的形貌的逼真形似转向内在的神、情、气、韵的虚无神似,并且主要突出对内的把握,强调以形写神、气韵生动逐渐成为中国艺术精神的主流。那么,对这种艺术精神的把握,直接用眼的"仰观俯察"的"观"就不能尽兴于对象的神情气韵的虚无,必须用"心"去"品"和"味"才能表现出审美对象的不可名言的内质。

当然,这和中国人很早就在探索自然的过程中形成的整体性思维有密切的联系。整体性思维是把人与自然、人间秩序与宇宙秩序、个体与社会看作一个不可分割的有机整体。在这个整体结构中,身心合一、形神合一、精神与物质、思维和存在、主体和客体合一。实际上就是把天、地、人看成不可分割的有机整体,"天地与我并生,万物与我为一",这是一种物我不分、物我两忘的诗意境界,是天人同体同德、万物有情的宇宙观。中国的整体性思维不以自然作为认识对象,不把认识自然作为目的,而是以主客一体实现"尽善尽美"的整体和谐境界。这种观念影响到建筑,那就是建筑和自然和谐相生。例如,古代城市的选址,就有专门的大臣负责,从水源、地势甚至与天象的对应等诸方面作相当详尽的考察:"相其阴阳之和,尝其水泉之味,审其上地之宜,观其草木之饶,然后营邑立城"(《汉书·晁错传》)。管子也说过,"凡立国都,非于大山之下,必于广川之上。高毋近旱,而水用足,下毋近水,而沟防省"(《管子·乘马》)。中国古代城市多依山傍水,依托良好的生态环境,与《管子》等关于重视环境的论述相契合。

而在中国流传甚广的风水堪舆学说,规定了建筑选址时要满足负阴抱阳、背山面水等条件,其实质就是从风向、水源、防灾等角度最大限度地遵从自然规律,将自然对于人们生活的影响上升为理论,从而指导着上自皇帝选陵下至百姓造房的建筑活动。目前在四川一带存留的传统山地住宅,顺应山地丘陵地形层层跌落,采用通透开敞的形式,多用外廊和深挑檐,适应于盆地炎热多雨和潮湿多雾的特点。有趣的是,在地球面临环境危机,人们呼吁推广"生态建筑"的当今,我们却从老祖宗那里找到了这么原始然而朴实的生态建筑雏形。所以说,中国人的自然和谐观是有悠久历史的,在它背后反映的是整体思维的方式。

而在建筑实体的层面上,整体(或称群体)意识也得到了充分的反映。与西方注重建筑单体的做法不同,中国传统的古建筑以群体组合为特色,单体建筑的做法是制度化、程式化的。然而就是通过对相对固定的单体建筑(元素)的组织,中国建筑形成了既灵活多变,又协调统一的特色,创造出宏大的整体空间效果。世界上最大的建筑群体之一北京故宫就是这一理念的杰出产物。

在崇尚自然的影响下,中国古代的文人和士大夫追求一种文人所特有的恬静淡雅的趣味,浪漫飘逸的风度,朴质无华的气质和情操,确立了以自然、适意、清静、淡泊为特征的人生哲学。他们遨游名山大川,以寄情于山水,更有人藏身于山林之中过着隐士生活,在大自然中寻找安慰和共鸣。

这种崇尚自然的美学思想,和以自然、适意、清静、淡泊为特征的文人情怀使得中国传统园林的营造,既追求情景交融的意境美,又追求"寓情于景,触景生情"的文人情怀。

中国园林美主要是一种以自然为中介,在自然中领悟宇宙、历史、人生,达到与道的和谐统一的意境美。这种由实到虚、化景物为情思的特点决定了园林的创作原则并不必然是写实地模山范水,而是在一定条件下,可以只用山水做点缀,自然物的作用,主要是诱发人的意境美感,于是在园林中自然景色大多不过是宇宙感、历史感和人生感的寄托,山水花木主要起"比""兴"作用,无需强求模山范水,而可以满足于象征性的点缀。一拳石则苍山千仞,一勺水则碧波万顷;层峦叠嶂,长河巨泊,都在想象中形成,就产生了物我融合无间的境界;因而人对自然的审美观照中就有了强烈的精神寄托和抒情色彩,人与自然物在感情上的亲和,形成了清净虚明无思无虑的心境,这种心境渗透到园林中去,必然使园林具有了明显的写意性。因而造园的主要目的不是"客观地描摩"山水之美,而是要强调和表现自然景观所诱发的情趣和艺术精神,表现出深沉的历史感,那种物我融合、怡然相得的人与自然亲和一致的关系的境界。

故以冷洁、超脱为高超境界的,以吟风弄月、饮酒赋诗、踏雪寻梅为风雅内容的中国古代园林艺术的主题思想就是浓浓的文人情结。他们在园林艺术中找到"寓情于景""触景生情"的精神归宿。

不仅园林建筑充满人文气息,中国的传统住宅建筑更是充满着世俗气。在第一章的论述中,我们已知道礼制思想决定着中国传统建筑的建筑规制,礼乐文化实际上就是规定着人与人、人与社会之间的关系,而建筑不过是礼乐文化的物化而已,因此像宫殿、坛庙、民居等的规划布局都是人间现实伦理的反映,都具有很强的人文气息。就连中国的宗教建筑像佛教的寺院、佛塔、道观、伊斯兰教的清真寺等,都带有很强的世俗气息。佛教开始从印度传入中国始,中国佛寺的建筑形式开始是继承了印度佛寺的建筑格局,以塔为寺庙的核心，意味着由释迦牟尼开创的佛教所恪守的精神价值的延续，也即佛教原来所具备的那种纯粹的精神信仰，还基本上保持着它的形而上的意义。这也只是在两汉存在过。到了唐朝，佛塔就已经从寺庙建筑群的中心位置移向了佛寺大殿的两旁和后侧，到了宋朝，佛塔更是走出了寺院，只能偏于寺外的一角；至于佛教的禅院内外，根本没有了佛塔的位置。中国大量佛教建筑的格局的逐渐变化，意味着中国人的宗教信仰发生了实质性的变化，这一变化导致了寺庙在造型上的神圣性大大降低，而世俗性大大增强。同时在诸多中国寺观的格局上，每个建筑群中的各个单体建筑之间都是等级森严的，它们的大小、高低以及位置的排列，直到相互之间的空间关系都体现出一种严格的等级观念。原因在于中国寺观的建筑格局，都在不同程度上吸收了从皇宫直到一般官员的办公场所特具的那种形制，一种更中国化的建筑观念与精神取向。

第二节　西方传统思维方式与审美模式

在西方，希腊的毕达哥拉斯就认为艺术美来源于数的协调，不管在什么种类的艺术中，只要调整好了数量比例，就能产生出美的效果。16—17世纪欧洲自然科学的进展，使计算成为理性方法的实质，几何学是主要的科学。笛卡儿认为，艺术标准应该是理性的，完全不依赖于经验、感觉、习惯和口味。艺术中重要的是结构要像数学一样清晰和明确，要合乎逻辑。此时的封建君权也在各艺术领域内建立了严格的规范，以便于控制艺术，颂扬强人的专制政体。他们所制定的绝对的艺术规则和标准就是纯粹的几何结构和数学关系，以代替直接的感性的审美经验，用数字来计算美，力图从中找出最美的线型和比例，并且企图用数学公式表现出来。

一、分析性思维的特点

这也和西方人注重分析性思维有关。分析性思维明确区分主体与客体、人与自然、精神与物质、思维与存在、灵魂与肉体、现象与本质，并把两者分离、对立起来，分别对这个二元世界作深入的分析研究。西方思维的逻辑性注重从事物的本质来把握现象，这是思维对事物本体加以分析的结果。

西方文化特别侧重于对实体世界的分析，以便从中探究出万千具体事物背后的本质，当然这大概与古希腊文化一开始就有很明显的科学倾向有很大的关系。第一批古希腊哲人大多是自然科学家，他们对宇宙本质的科学探索就建立在非常实在的物质实体上。比如泰勒斯、阿那克西曼德、阿那克西米尼、毕达哥拉斯、赫拉克利特等人分别把世界的本原归结为水、无限、气、数、火等，都在为宇宙的统一性追求最终的、确定的、永恒的、明晰的、带有科学性质的答案，都含有实体性。到了德谟克利特，他提出了宇宙的本体是原子——这是宇宙最终的物质实体。而柏拉图则提出了理式——这是宇宙最高的精神实体。当亚里士多德用逻辑学、形而上学进一步对此加以论述后，西方文化的实体世界就产生了，不可动摇了。

Bing 和 substanec 决定了西方文化的前进方向。在物质方面，原子、胚种（斯多葛）、微粒（笛卡儿）、单子（布鲁诺、莱布尼茨）、原子事实（逻辑实证主义）等，不管怎么翻新，总跳不出实体这一窠臼；精神方面则为理式、逻辑、上帝、先验形式、理念、意志等，柏拉图的理式是理想的、逻辑的、数学的，是实体；黑格尔的绝对理念同样是实体，他的绝对理念的艰难发展历程，就是概念实体沿着辩证逻辑之路的发展过程。

既然西方文化把宇宙看成一个实体世界，那么对实体世界采用分析研究、逻辑证明等科学方式就成为其必要的思维方式。西方人认为人类的感官作用范围是有限的，不能达到事物复杂的内部结构，人的头脑可以知觉、联想、想象、推理，如何保证这些心理活动的结果符合客观真理呢？西方文化是通过工具来解决这一问题的。物质工具，即科学技术，在近代特别是通过实验手段达到完备；精神工具，即逻辑，在亚里士多德那里就体系化了。工具是人自然能力的延伸，人创造工具获得了对客观世界的明晰认识，改造工具和创新工具扩大和深化了对世界的明晰认识。

人们通过工具明晰地认识世界，使西方文化在科学的光芒中突飞猛进。工具使世界明晰，使人的认识和思维也明晰，使人深知什么是已知，什么是未知，什么应相信，什么应怀疑，什么是真理，怎样追求真理、修正错误、发展真理。

西方人眼中的世界是一个实体世界，对实体世界的具体化、精确化就是 form，form 汉译为形式。古希腊时期，当毕达哥拉斯把宇宙的本源归结为数的时候，则标志着西方文化对世界的形式化的开始。在毕达哥拉斯看来，事物的最后本质是一种数量关系，长短、粗细、冷热、曲直、明暗等都可以数量化，数形成对称、均衡、节奏、形成美。音乐的美则在于音程之间的数量关系，人体的美就在于人体各部分的比例。数既是事物的本质，又是从外面就可以看到的，而且能明晰地加以计算，给予形式化。

古代西方的形式原则，主要是对一事物本身进行一种数的比例分析（亚里士多德论戏剧的头身尾结构）和对事物的性质进行种属层级划分（猫—动物—生物；桌子，桌子理式，理式）。近代西方对事物本身主要看重部分与整体的关系。笛卡儿方法论四大规则的第二条就是："把我所考察的每一个难题，都尽可能地分成细小的部分，直到可以而且适于圆满解决为止。"① 霍布斯说："一般事物的知识必须通过理性，亦即凭借分解而获得……如果有人提出金子的概念，他可以凭借分解而得到固体，可见，重（就是引向地心或向下）等概念，以及许多比金子更一般的东西，他可以对这些东西再进行分解，直到获得最一般的东西，像这样，凭借继续分解，我们就可以认识到那些东西是什么，它们的原因最初个别地被认识，后来组合起来就使我们得到关于个别事物的知识。"② 可见，西方文化对实体世界的研究是采用分解的方式。到了达尔文的物种进化理论，由一物变为他物，旧种变为新种。黑格尔的概念也是不断地否定，从旧的统一变为新的统一。现代西方，对具体事物的认识，重视整体大于部分之和，系统论、结构主义、格式塔心理学是其代表，对事物的最后根据则是表层和深层的关系。首先找出

---

① 杨百顺：《西方逻辑史》，四川人民出版社 1984 年版，第 323 页。
② 北京大学哲学系编译：《十六—十八世纪西欧各国哲学》，商务印书馆 1961 年版，第 68 页。

深层结构,然后再说深层结构是如何转化为表层现象的。

形式原则在西方的不断变化显出了形式的根本性质——求真,即真实地认识世界;二是求全,即认识世界的整体性质。无论是求真、求全,都采用科学的分析的思维形式。

形式在西方文化中具有根本性的意义,因为它是实体进一步的具体化,是科学明晰的产物。形式,既是客观规律的明晰表现,又是人对客观规律的认识把握,形式使杂乱的现象取得秩序,使原始的质料获得新质,使神秘模糊的内容呈现理性,使混沌的自然为人理解,形式是人在与自然斗争中发展自己的自我确证,是客观规律性和主观目的性的统一,是人的实践力量在具体历史阶段的体现。

二、静态的审美把握方式——焦点透视

与中国动态的审美把握方式——仰观俯察的"游目"观赏方式相反,西方人认为要认清一个事物,首先必须将该事物独立出来进行明晰的观察,以便认清其本质,后来这种实体明晰精神在文艺复兴时期发展为实验科学。这种精神体现在审美上,就是焦点透视。所谓"焦点透视"是西方绘画的一种透视法,其基本原理是将隔着一块玻璃板看到的物象,用笔将其画在这块玻璃板上,就得出一块符合焦点透视原理的绘画。其特征是符合人的视觉真实,讲究科学性。在艺术和科学相结合的思想指导下,运用焦点透视可以掌握表现空间的规律。达·芬奇的《最后的晚餐》,既是焦点透视的典范之作,在平面上创造了三维空间。我们举一个最直白的例子,比如观察街上两边的路灯,越远越小,两排路灯的头和尾连成四条直线后汇聚一点,那个点,就是焦点,这种情形就是焦点透视。

早在古希腊,亚里士多德就说:"一个美的事物——一个活的东西或一个由某些部分组成之物——不但它的各部分应有一定的安排,而且它的体积也应有一定的大小;因为美要倚靠体积与安排,一个非常小的活东西不能美,因为我们的观察处于不可感知的时间内,以致模糊不清;一个非常大的活东西,也不能美,因为不能一览而尽,看不出它的整一性;因此,情节也须有长度(以易于记忆者为限),正如身体,亦即活东西,须有长度(以易于观察者为

限)一样。"① 这里亚里士多德着重谈的是：审美对象是有限度的，不能太大或太小，必须以人的感官为尺度来予以范围。而人作为在一个固定点上的人；人固定了，审美对象应有的尺度范围也就固定了。人在定点上对审美对象采取的是焦点透视。只有焦点透视，才能获得一定的光照，上帝说要有光，于是就有光，光的确是一种文化精神和观照方式的确定。在确定的光照中，事物准确的比例显示出来，事物的色彩层次显示出来，事物的背景范围也得到明晰的确定。从毕达哥拉斯就开始对事物形式尺度的追求，在焦点透视中得到了更具文化深意的体现。中国人以游目的方式来寻找客观对象的气韵，西方人以寻找最佳的视点来显出事物最美的方面。中国的游目是几种感官的运用，西方的焦点透视力图突出单一感官。西方并非不重视多感官的并用，其多感官的运用表现为不同的感官有最适于自己的艺术种类：视觉是造型艺术，听觉是音乐，戏剧是综合性的，但以"回忆"为主。然而无论在什么艺术中，都可以看到"焦点透视"所表现出来的基本精神。在音乐里，曲式类似于比例，也决定了感受范围，主音类似于光。在戏剧里，结构的头、身、尾类似于比例，情节的整一类似于光。

用焦点透视，最远的东西最容易在眼睛里消失，因为最先消失的是最小的部分，再远些，接着消失不见的是其次小的部分。细节就这样逐次消失，到最后一切部分以至整体部分都消失不见，并且由于眼与物体之间的空气厚度连颜色也消失殆尽，以致遥远的物体终于全不能见。焦点透视把西方人在宇宙中的位置显示出来了，他能清晰地看清一些东西，他拥有存在，也清晰地知道自己看不清一些东西，他意识到虚无。焦点透视典型地反映了西方实体和虚空的宇宙观。在实体和虚空的宇宙里，焦点透视的核心是找一欣赏事物的最佳观点，犹如几何的公理，超人间的上帝，理论结构的逻辑起点。然而随着西方文化进入到现代，上帝和绝对理念的消失，审美欣赏也不存在一个唯一的最佳视点，焦点透视就让位于多角度

----

① 亚里士多德著，罗念生译：《诗学》，人民出版社1962年版，第25~26页。

之观。

这种分析性思维和审美模式影响到西方的建筑，使得西方人更加注重建筑单体。西方建筑的造型总能分解成各种几何体，就像儿童玩的搭积木游戏，一大堆各不相同的几何体，可以组合成许多种不同的建筑形象。欧洲古典园林，也是由几何形的水池、笔直的林荫大道、修剪整齐的树木、大片平坦的草皮组成，点缀以雕塑和喷泉，使人感觉整齐有序，富于逻辑性，易于理解。

西方从柏拉图到法国浪漫派都是以建筑的几何法则和审美思想来规划园林，他们把园林看作建筑的附属和延伸，形成了几何式的园林风格，布局上有明确的中轴线贯穿全园，讲求绝对的对称，园林中的景物设计都有精确的比例和严整的几何图案，道路笔直而又平坦宽广，园林中的水体和花坛也都是规则的几何形，甚至连树都被修剪得整整齐齐。总之，一切都被纳入到严格的几何制约中去，以及表现为一种人工的创造，表露"人是万物之灵长"的思想和人的自由意志。

如果说儒家哲学是统治中国封建社会的总的理论，与此相对，基督教神学则是欧洲封建社会的总的理论，是它包罗万象的纲领。西方人笃信基督教，他们用石材来砌筑永恒的神圣的不可动摇的形象，象征着无所不在的神。当王权神化、神人合一时，人的形象也归于高度规则、平整的形象。这种标准形象就是带有某种神圣意义的"几何形的规则"形式。因此他们的建筑艺术都充满着"神"的气息。这些巨大的石头建筑用凌厉的坚定的直线带着粗犷的气息拔地而起，成排的石柱和其精美的柱头雕塑完美地组合在一起，承接石梁和屋顶的重量。在强烈的阳光下呈现出同样巨大的阴影，庄严而肃穆，这是一种震撼人心的粗犷的力度美，它们坦率地外现人心中的宗教激情，把内心中的一切迷妄和狂热，幻想和茫然都化成实在的视觉形象——超人的巨大尺度，强烈的空间对比，神秘的光影变幻，飞扬跋扈的动势，骚动不安的气氛，这在古埃及、拜占庭、哥特或巴洛克神庙和教堂中都可以找到大量的例证。

第九章　中西方在建筑审美感受方面的差异

审美感受是人们对美的事物的一种能动的创造性的反映，是人们能够体验到的普遍的心理活动和对美的事物体验中所得到的精神上的愉悦和享受。它带有较强的主观性，并由此决定了审美感受的差异性。建筑审美感受是审美主体对建筑艺术观察和体验所得出的美感享受。

中西方传统建筑由于所受建筑文化不同影响而具有不同的建筑形式，从而使审美主体在面对不同的建筑物时会产生不同的审美感受，那就是中国的优美感和西方的崇高感。[①]

优美感（狭义的美感）是一种比较单纯的愉悦感，是由对象的和谐、稳定的形式带来的自由、自得、轻松、愉快的情感体验。在优美感中，感觉和知觉因素比较突出，理性因素似乎不易察觉，实际上理性因素处在感性因素的和谐统一中，或者说其中保持着感性因素略强于理性因素的适当比例。就形式而言，引起优美感的客体对象都呈现出均衡、适当、稳定的状态，就内容而言，也没有激烈的矛盾冲突和动荡的对立发展，因而其审美性质呈现出一种和谐、平静、稳定，没有阻碍感的自由审美状态，与审美主体的感知、情感等心理结构形式形成同构对应，审美主体凭感官的直接观照就可以获得宁静和愉快的美感。优美感所引起的是一种平静的情绪、轻松的情调和和谐自由的心境。

崇高感不像美感那样具有单纯的宁静的愉快感。面对崇高的对

---

① 优美感、崇高感的概念参考了周来祥、周纪文：《美学概论》，台湾文津出版社 2002 年版，第 129~131、138~143 页。

象，审美主体首先感到的往往是恐惧、压抑、敬畏、脆弱和渺小等心理感受，但是，审美主体的能动反映，又使得审美主体再次感受到自身的价值力量，于是更加自信和自尊，情感也更加激越而兴奋，想象更加活跃而激昂，情感体验也有先期的痛苦和压抑转化为愉快而自由，所以说，美感多注重结果，而崇高感则注重过程，在动荡复杂的情感活动中，摆脱渺小与脆弱，超越恐惧与敬畏，使心灵境界得到提高，精神得到满足，情感体验获得愉快。在心理结构上，崇高感呈现为想象与理性的矛盾冲突，在情感上呈现激荡奋进，在审美感受上的特征上，崇高感是不自由向自由的过渡，是痛感向快感的转化，其本质是肯定的、积极的审美体验。崇高感来自对象的巨大形式力量的恐怖性威胁到自我保全的本能欲望。

  欣赏中国传统建筑，首先让我们印象最为深刻的就是中国的传统建筑大多由木构架组成的，且体量不是太高大，单体造型相差无几，类型化严重。而西方传统建筑大多由石料构成，且体量高大，单体造型花样繁多，个性化突出。

  中西方传统建筑材料的不同给人不同的审美感受，木质轻盈、熟软给人以温暖、亲切的审美情调感受；石质阴冷坚硬，给人以冷峻、生硬的感觉。

  中西传统建筑的体量的巨大差异给人以优美和崇高的审美感受。中国传统建筑的体量从整体上看都不是太高大，大多是人的尺度，人的尺度的建筑总给人以优美和谐的审美感受。中国古代建筑、古希腊的神庙建筑、文艺复兴时期的建筑，无一不显示出这一特征。可以说，人的尺度构成了建筑和谐美的一个十分重要的组成部分。中国建筑是以人居建筑为中心，在以人性为尺度的审美活动中，理性的、实用的心理始终占着主导地位。中国建筑中没有脱离了现实中人的生活内容的自然尺度。有高大雄伟，但不是高不可攀；有细致精巧，但不是繁琐芜杂；注重结构的合理，但同时对结构加以艺术处理；注重装饰的悦目，但同时给装饰加以理性理解；开阔的环境视野，但不超越人可能把握的绝对尺度；曲折的园林空间，但不损害整体的气韵风度。一切都很实在，一切都可理解，这种心理特征决定了中国建筑平易近人，舒展有味，不会出现欧洲某些建筑那些奇异诡谲、变化幅度很大的形式。这主要在于中国文化的一个显著特点是它的世俗性,不否定世俗的生活,不追求超越和永恒,提倡"中庸"和"中和",也就是要适度,不走极端,人为万物尺度。中国传统建筑的艺术风格以"和谐"之美为基调。尽管我国先秦时期的建筑也曾有过高台榭、美宫室,气势磅礴、壮丽辉煌的阳刚之美,有可"延目广望,聘观终日"的高大台榭(章华之台);有"上可以坐万人,下可以建五丈旗"的宫殿(阿房宫);有"缭垣绵联,四百余里"的大禁苑(上林苑);有七十多万人建成的金字塔式的陵墓(骊山始皇陵),都是超人的尺度、怪异的节奏。但随着儒家"中和"思想的影响,汉以后,中国传统建筑这种展现对抗力度的阳刚之美逐步走向"和谐"与含蓄之美。以内封闭的内部空间组合,纡余委曲的建筑序列层次,婉转、舒缓的建筑节奏韵律和凝重、自然的建筑装饰设计,给人以亲切、温馨、安闲、舒适的审美心理感受。

这样的审美心理节奏,也决定了中国建筑的时空关系,即按照线的运动,将空间的变化融合到时间的推移中去,又从时间的推移中呈现出空间的节奏。因此中国传统建筑特别重视群组规划,重视序列设计,重视游赏路线。乾隆时在避暑山庄松林峪沟底建一小园林,由峪口几经曲折,才到园林门前。这园取名"食蔗居",就是将"玩景"比作吃甘蔗,由头至尾,越来越甜,渐入佳境。人们步移景随,再行进中心理的变化富有节奏性,给人以极为美妙的审美感受。

中国古代园林,作为一种特殊的出于人对大自然的依恋与向往而创造的建筑空间,一种人欣赏人化的自然美与建筑技术人工美的特殊方式,它是人对大自然欣喜的回眸与复归,是自然美、建筑美以及其他人文美的相互渗透与和谐统一。它汲取了传统山水诗论、画论的创作经验,把山水诗、画的意境与造园艺术巧妙地结合在一起,创造出"虽由人作,宛自天开"的佳境,使自然美与艺术美达到高度统一。从设计营构来说,园林建筑是一种处理空间的艺术,通常借用门、墙、窗、楼、阁、亭、台、池、榭、轩、廊、桥等小的空间结构与山石、林木、花草、流水等自然景物错综结合而构成有对比、有节奏的风景画面，通过若断若续的曲折的平面结构，把丰富多彩的风景点缀组织在有限的空间里，使人从任何一个角度，都能欣赏到园内的景色和景深的变化给人一种悠然自得、和谐宁静、回味无穷的审美感受。

西方古典建筑的艺术风格重在表现人与自然的对抗之美。石头、混凝土等建筑材料的质感生硬、冷峻，理性色彩浓，缺乏人情味。在建筑的形体结构方面，西方古典建筑以夸张的造型和撼人的尺度展示建筑的永恒与崇高，以体现人之伟力。那些精密的几何比例，那些充满张力的穹窿与尖拱，那些傲然屹立的神殿、庙坛，处处皆显示出一种与自然的对立和征服，从而引发人们惊异、亢奋、恐怖等审美情绪。就连以山水自然之美为题材的园林建筑，亦一反中国式的"天人合一"，而表现天人对立、人定胜天为主题。在西方造园家眼里，自然景物不是模仿对象，而是改造的对象，因而西方古典园林的造景多以体现人工伟力的建筑为主，山水花木不过是建筑的陪衬。并且这里的山水花木亦并非保持自然的生长之态，而被修剪成各式规整的图案。园林的布局，亦按人的意志划分为规则的几何形，表现出古代西方人勇于征服自然的抗争精神。

西方古建筑的空间序列采用向高空垂直发展，挺拔向上的形式。同时，西方古典建筑突出建筑个体特性的张扬，横空出世的尖塔楼，孤傲独立的纪念柱处处可见。每一座单位建筑，都不遗余力地表现自己的风格魅力，绝少雷同。这反映了西方传统文化中重视主体意识，强调个体观念。

第十章　中西方在建筑审美理想方面的差异

　　审美理想是审美主体关于美的观念的最高体现，富有深刻的理性内容，作为一种审美标准，是一种最高的追求目标。它是将个体的审美趣味、偶然性的美学观念加以综合和评判，经过理性概念的概括使之普遍化，体现出一种共性，而共性的审美理想又是通过个体的审美趣味呈现出来的。建筑艺术的审美理想是审美理想在建筑艺术上的反映，是审美主体对建筑艺术的一种共性的审美追求。中西方在建筑艺术上具有不同的审美追求，那就是西方崇尚形态塑造，而中国注重意境体现。

　　这和中西方不同的艺术观念有关。西方人的艺术观重在模仿。古希腊学者亚里士多德曾认为："艺术起源于模仿，艺术是模仿的产物，模仿是艺术的特征。"① 他们认为艺术重在表现出对象的主要特征。反映到建筑上，如希腊和罗马时代的建筑宁静、朴素、雄壮、高雅，而在哥特式时代则是怪异、变化、无穷、奇妙成为建筑的主要特征。西方人认为美是理性的，黑格尔给美下的定义就是"美是理念的感性显现"②。甚至有人认为，如果通过数学方式可以把原已存在的美找出来，从而更加接近完美这个目的。这种思想其实一直可以追溯到古希腊的毕达格拉斯学派提出的著名理论"黄金分割"，它一直统治欧洲长达几千年之久，对于强调整一、秩序、均衡、对称，推崇圆、正方形、直线等，都不外是这种美学

---

　　① 亚里士多德著，罗念生译：《诗学》，人民文学出版社1962年版。
　　② 黑格尔著，朱光潜译：《美学》第一卷，商务印书馆1979年版，第23页。

思想的一种继承和发展。这种美学思想就是企图用一种程式化和规范化的模式来确定美的标准和尺度，它左右着建筑、雕刻、音乐、舞蹈、戏剧等诸多方面。总之，西方人的艺术观念是简单明晰而富于理性的，追求的是形式美。他们认为自然美是缺陷，只有克服这种缺陷，提升自然美使之特征化、理性化才能达到艺术美的高度。

第一节　中国传统艺术的情感体认研究

相对于西方传统艺术的偏于再现，重视客体、重视自然的艺术，中国传统艺术则是重表现、重主观、重视人的心理的表现艺术。这种状况以中唐为界前后有些改变，中唐之前开始更侧重于写实、再现，通过写实（写人、写物、写景）来表现，是寓情于物，以景结情，情在景中。晚唐以降，更倾向写意，通过略形、变形来表现，甚至直抒胸臆，景在情中。但它始终不脱离对象（再现），其变形始终也未走到西方立体派（从美学形式说）的程度，更不用说抽象表现主义，准确些说，也可以称之为概括的表现。鉴于此，对中国传统艺术的情感体认就不是以获得知识为中心，以追求客观事物的真为目的，而只是以满足人的情感，滋养人的身心，使人的身心达到和谐平衡、宁静致远的心理状态为出发点，从而以更好地实现"穷则独善其身，达则兼善天下"的目的。所以，欣赏中国传统艺术就不能以科学认知的态度，而要以"感"与"悟"来细细的观摩、体察和品味。

一、缘情与养心——感与悟

中国人很重视物感，重人的内心世界对外界事物的感受，比如讲音乐，"凡音之起，由人心也，人心之动，物使之然也。感于物而动，故形于声"（《礼记·乐记》）。这种感受常与艺术家自身在当时当地的内心情感有着某种内在联系。同样是描写长江，悲时则觉"无边落木萧萧下，不尽长江滚滚来"[①]，喜时则觉"两岸猿声

---

① 杜甫：《登高》。

啼不住，轻舟已过万重山"。① 中国人的艺术观念着眼于由外界事物在内心引起的激情，艺术家们被外界事物所感染，心情激荡，以艺术的方式表现出这种内心情感。如书法中的草书、绘画中的文人画等都属这种情况。中国人对自然美的发现和探求所循也与西方人不同，中国人没有把自然美和艺术美明确区分成为两个不同的概念。因而也不可能按照逻辑推理的方法去论证怎样才能把自然美转化成为艺术美，而主要是寻求自然界中能与人的审美心理相契合并能引起共鸣的某些方面，而正所谓"景无情不发情无景不生"。

中国人的"感"是建立在先"观"的基础之上，只有"观"才有"感"。这在上一节中已有论述，中国的感是为了缘情，这种情一方面是个人之情。另一方面是宇宙之情。无论是个人之情还是宇宙之情都是由物的感发而产生，这就是中国古代著名的"物感"说。所谓的"气之动物，物之感人，故摇荡性情，形诸歌咏"，天地之气运行，产生了物的变化，物的变化感动了人心，人心之动才能动情，才能产生诗歌。这里的物，既是春夏秋冬四季的变化，又是人在社会中境遇的喜与乐的变化，也就是人的情感变化。既然诗歌源于物感，那么诗歌又主要是抒情，即诗缘情而绮靡。因此诗歌情感的抒发主要和"感"的概念有关。

> 诗者，发乎情止乎礼义也。感事触物，心形于言，有不能自已也。（宋濂《刘母贤行诗集序》）
> 情动于中而形于言，无所感则无诗。（王闿运《论诗法》）
> 人情之感，欲罢不能，心声所宣，有触而发。（姚华《曲海一勺》）
> 情者，动乎遇者也……故遇者物也，动者情也，情动则会，心会则契，神契者音，所谓随遇而发者也。（李梦阳《空同集》）

中国诗歌情感的抒发主要靠诗人的"感兴"，"感时花溅泪，

---

① 李白：《早发白帝城》。

第十章　中西方在建筑审美理想方面的差异

恨别鸟惊心"。这里"感"先是借助"观"去触动人心,而后又要靠"兴"才能发动艺术之情,所谓的"兴,起也"。"触物以起情,谓之兴。"兴象乃是发动诗情所浸润的形象:"春日迟迟,秋风飒飒,情往似赠,兴来如答。"(刘勰《文心雕龙·物色》)中国诗是讲究观物起兴的,中国人的"仰观俯察"的"观"毕竟是人主动去看外物,以期从外物中获得快乐,感受生命的律动,实现对事物本质的把握,像音乐一方面能给人"三月不知肉味"的审美快感,一方面还能从音乐中看出国家政治的兴衰败亡,从而"采风"能"观风俗之盛衰"。先秦之前,中国的物感说主要建立在"观"的基础之上,这主要是因为人们渴望了解清楚实体性的事物的本质规律,以便更好地改造社会为人类服务。所以进入魏晋南北朝时期,随着品评人物风潮的兴盛和人类审美能力的逐步提高,中国艺术精神逐渐由外在的形貌的逼真形似转向内在的神、情、气、韵的虚无神似,并且主要突出对内的把握,强调以形写神、气韵生动逐渐成为中国艺术精神的主流。那么,对这种艺术精神的把握,直接用眼的"仰观俯察"的"观"就不能尽兴于对象的神情气韵的虚无,必须用"心"去"品"和"味"才能表现出审美对象的不可名言的内质。

　　宗白华先生说,魏晋南北朝是"中国美学思想大转折的关键"时期,这个大转折的表现就是钱穆所说的"个人自我的觉醒",就是因为个人自我的觉醒,才造成了这个时期的美学是"极自由、极解放、最富于智慧、最浓于热情"的时代特色。那么个人自我的觉醒,是跟这个时期人物品藻风气的兴盛有关。所谓"人物品藻"简单地说就是给人看面相,并用简洁的语言给人以评价,从而归纳总结出此人的善恶、才情的一套学说,它分为政治人才学的人物品藻和审美的人物品藻两种。所谓政治人才学的人物品藻就是为汉代朝廷推荐、选拔人才,因为当时没有科举考试制度,官员的选拔靠"举孝廉"制度,即推荐制度,这就说明了一个人在地方的声誉如何,决定了此人的官位如何,所以请人品评自己以抬高自己的社会名望,从而得以成为时代的社会风气,所以当时就出现了一些很有名的品评家许劭、许靖等,被他们所品评的人物大多做了大官,有的还成为一代枭雄,如曹操,大家都记得许劭给曹操的评语是:"治世之能臣,乱世之奸雄"(《三国演义》),曹操因这句评语而名声大震,得以被举孝廉,做了洛阳北部县尉,从而得以进入仕途,后又雄霸天下。这种人物品藻重视感性直观的描绘,用阴阳、五行和气的结构对人加以由简到繁的多层次的把握,从而形成一套严密的人才品评学。审美的品藻人物不同于政治人才学的人物品藻,它主要强调对人物的姿态、体貌、仪容、神气、风采、气度的欣赏,这些都不是追求逼真的形似,而是追求整体的神似,神似从形似中表现出来,但落脚点在神似。对神似的把握虽然离不开"目"的观,但重要的还是靠体悟的品味,可意得而不可言传也。例如:王戎云:"太尉神姿高砌,如瑶林琼树,自然是风尘外物。"(《世说新语·赏誉》)王公目太尉:"岩岩清峙,壁立千仞。"(《世说新语·赏誉》)等,这些说的都是人的整体形象,但不是人体形似的逼真,而是用了自然的风貌和美丽加以比喻,以便把某人的形象、神态、风韵给人的感受与某种自然物、自然景色、某种事物或场景给人的感受类似,就以物与景评人。这种神姿的把握单纯地用目观就不行了,必须用心加以品味,把对风、神、气、韵的感受通过类似性的感受描绘真切深刻地传达出来。这种方式也渗入各种艺术中,例如,绘画上顾恺之的"以形写神"以神论画,追求人的神态和风姿的虚灵性;书法上王羲之讲"意在笔前",这意,不是心意之意,而是书法形象之意;文学上曹丕提出"文以气为主",以气论文,气来自于人之气,人之气来自天之气,追求文的整体的气韵生动,气可感不可见;陆机《文赋》提出"诗缘情而绮靡",以情论诗,也注重情的虚的一面。气、情、神、意都是指的文艺中难以确定而又最根本的东西,这些东西不能目见而只能用心品味,言语表达不清而只能用物和景来加以类比,不能提供给人真实的知识而只能增加人的想象。这一切都表明了中国艺术魏晋南北朝以后逐步由写实到写意、由外向内,以内为主,追求"神采为上"和"气韵生动"为第一,那么观赏方式也由用目"仰观俯察"外物形似把握为主转向用心揣摩和品味为主,这就逐步形成了中国艺术精神的写意为主。

到了唐宋以后"意境"逐渐成为中国古典美学的一个核心范畴，它是通过特定的艺术形象（符号）和它所表现的艺术情趣、艺术气氛以及它可能触发的丰富的艺术联想与幻想的总合。① 由此可见，意境离不开情景交融的审美意向，是由审美意向升华而成的，它提供了一个富有暗示的心理环境，用以指导人们对美的形象展开联想。一切蕴含着"意"的物象或表象，都可称为"意向"。形象与情趣的契合是情与景的统一，景生情，情生景；情中景，景中情；虚实相生，弦外之音，味外之旨。意境的意蕴是深层的，它不停留于个别审美意象的局部、浅显、感性的深度，具有深邃的艺术底蕴；意境的意蕴是有容量的，突破有限进入无限，触发观赏者活跃的浮想联翩。"境无情不发，情无境不生"，意境要靠"悟"才能获取。中国人认为从感情到语言符号再至体悟，事物最微妙处的把握只能超符号心的体悟。这或许可以称为中国人对美的一种"潜美学"认识，上升到哲理的高度，就会引发具有高度哲理性的人生感、历史感、宇宙感，具有极为开阔、深远的领悟性。

如果说"观"着重的是人对外物的观察，以便把握事物内在的本质和规律，那么品味就是对审美对象的不可名言的内质的追求，它是和审美对象的神、骨、肉结合在一起，是审美主体欣赏活动的心理动作之"味"与被欣赏者内在本质的"味"的结合，仍然是主客二分而又以人为主的欣赏，到了意境的体悟，就不再是主客二分，以人为主，而是主客一体，心物不分的合一。"悟"主要把握的是景外之景、象外之象和韵外之致的境界，追求一种心的超越，这主要受禅宗思想的影响，禅宗提出"教外别传，不立文字。直指人心，见性成佛"，就是不是语言的、逻辑的、仪式的，而是超逻辑的、超语言的、超仪式的，是以一种心灵感应、心领神会的方式相互传达，因此是"以心传心"的领悟。禅宗的悟是用心悟，而禅宗的心不是佛心，而是平常心，"何谓平常心？无造作，无是非，无取舍，无断常，无凡无圣。经云：非凡夫行，非圣贤行，是菩萨行。只于今行住坐卧，应机接物，尽是道"（《江西马祖道一

---

① 浦震元：《中国艺术意境论》，北京大学出版社2000年版。

禅师语录》)。在这里禅宗提出"平常心是道",这个平常心极平常又不平常,说它平常,就是和平常人一样饥来则食,寒来则衣,困来则睡,高兴则笑,悲来则哭;不平常,是对日常生活的一切都有了佛理的彻悟,将佛理与人生的衣食住行喜怒哀乐打成一片,使生命更加真诚,更加清澈。了无机心,随缘而往,不虚饰,不造作,不怨天,不尤人,顺其自然。他的行为心境无不充满佛理,佛理全然渗透于他的行为心境之中。平常而又不平常,不平常而又平常。这就是禅宗的"平常心是道"。要想达到"平常心是道",非得经过一番艰苦的修行才能获得,这种修行主要靠"养心"。禅宗的"养心"首先是以学习佛理,用佛理来分析现实,看待现实,即由普通人的凡境进入佛教的圣境;其次是由以成佛之心去感受现实,即从佛教的圣境又回到普通人的凡境;最后佛境与凡境的合一,即认识到"本来无一物",因此他对事对物对人对己都因缘而生,身与物化,这时他以空心入世,明晓"色即是空",他入世而不累于世。

二、中国人对心的眷顾

无论是对艺术欣赏的仰观宇宙之大,俯察品类之盛,还是对审美对象不可名言的内质的品味和对意境的韵外之致的体悟,都是主体在观、在味、在悟,不管是审美主体在外物的感兴之下所产生的内心情感活动,还是审美主体积极主动的品味和揣摩以及主体之心的呵护和滋润。因此,中国人很重视对心的理解和照顾,正如钱穆先生所说:"西方文化主要在对物,可谓是科学文化,中国文化主要是对人对心,可称之为艺术文化。"①

正如中国人把宇宙看成一个整体一样,中国人也把"心"看成一个和情感、思维、判断、意志结合在一起的整体,而不是身体单独的一个器官。钱穆先生说:"中国人言学多主其和合会通处,西方人言学多言其分别隔离处,如言心,西方人指人身胸部,主血液流行之心房言。头部之脑,则主知觉与记忆,中国人言心,则既

---

① 钱穆:《现代中国学术论衡》,岳麓书社1986年版,第239页。

在胸部，亦不在头部，乃指全身生活之和合会通处，乃一抽象名词。"① 钱先生此言却是道出了中西思维方式的差异，但也有未尽之处。说来可笑的是，我们大家现在都知道思维、判断是头脑的问题，中国古人却把思维、判断问题归于心，因为在古人看来，心为五脏之首，《黄帝内经》云："诸血者皆属于心，诸气者皆属于肺。"《淮南子》也说："夫心者，五脏之主也，所以制使四肢，流行血气。""心者，形之主也；而神者，心之宝也。"这就是说"心"不仅成为维持人的自然生命的决定性器官，而且也是人的精神生命的发源地，是自然生命和精神生命的融合。

中国文化很重视对"心"的滋养和教化。儒家的孔子可以说是开中国心学之滥觞，他提出人天生就有仁心，就有爱心，并把这种仁心、爱心界定为人与人之间交往，社会和睦的基础与核心，所以孔子的仁心是为了建立一个人人和睦的社群社会。另外，"心"又是涉及"情"和"欲"的，"情"当然有自然之情和社会之情，自然之情是人天生之情，如高兴则笑，疼则就哭，但儒家却把这种自然之情加以理性化，用礼法加以限制和约束，使其"乐而不淫，哀而不伤"，成为一种理性化的情感，也就是一种社会之情。儒家很重视这种社会之情，用礼来节情，使得情理和谐统一，用温柔敦厚的文学艺术来滋润人心，使得人心变得和谐平衡。"欲"也是人心所生的，人有欲望才能推动人类和社会的发展，"食色，性也"儒家也认识到这一点，但孔子却对人的这些欲望进行规范，使其具有社会性，从而区别于动物的兽性。总之，孔子很重视人的天生善心，又用礼乐对其进行理性化的规范和滋润，期望达到人的心理的和谐与平衡，进而塑造出"文质彬彬君子"形象。

孟子继承和发展了孔子的心学，把孔子的仁心说成是人的天生本性，提出性善说。孟子不同于孔子的地方是他区分了感官之乐与心之乐的高下贵贱，认为人体分为眼耳鼻舌身心六种，眼有美色的欲求，耳有美声的欲求，鼻有香味的欲求，舌有美味的欲求，身有安逸的欲求，心有仁义的欲求。孟子认为眼耳鼻舌身对色声味的追

---

① 钱穆：《现代中国学术论衡》，岳麓书社1986年版，第70页。

求和心对仁义的追求都是人天生的本性,这样孟子就把孔子的仁心提高到人的本性的高度。只是他认为眼耳鼻舌身对色声味的追求是一种感官的快适,而心对仁义的追求则是一种精神的愉悦。他认为精神的愉悦要高于感官的欲求,因为"体有贵贱,有大小"(《孟子·告子上》)。心是大体,为贵,眼耳鼻舌身是小体,为贱,这样虽然眼耳鼻舌身心同为人性之乐,但心悦仁义的快乐当然要高于诸感官的快乐。孟子认为人的感官快乐和精神快乐都应该"兼所爱""兼所养",但人们追求感官享乐往往损害精神快乐,这时就要舍弃感官享乐而勇敢地选择仁义之乐:"无以小害大,无以贱害贵,养其小者为小人,养其大者为大人。"(《孟子·告子上》)"鱼我所欲也,熊掌亦我所欲也,二者不可得兼,舍鱼而取熊掌者也;生亦我所欲也,义亦我所欲也,二者不可得兼,舍身而取义者也。"(《孟子·告子上》)这样孟子就高扬了仁义之乐而贬低了感官之乐。

　　孟子认为仁义之乐虽然高于感官之乐,但往往人们追求感官之乐而蔽于仁义之乐,为了扭转这种局面,所以人就要进行养心。如何养心?那就要"养心莫善于寡欲,其为人也寡欲,虽有不存焉者,寡矣;其为人也多欲,虽有存焉者,寡矣"(《孟子·尽心下》)。但人要真正做到清心寡欲不容易,而多欲又会妨碍人养心,怎么办?孟子提出了一种"养气说"。孟子说:"我善养吾浩然之气。……其为气也,至大至刚,以直养而无害,则塞于天地之间。其为气也,配义与道;无是,馁也。是集义所生者,非义袭而取之也。"(《孟子·公孙丑上》)首先,孟子的"气""至大至刚"很有力量,如果不加以损害,用正气加以培养它,任何东西都没法阻挡它,可以充塞于天地之间。其次,这个"气"要"配义与道",就是气要和义与道相结合,否则就丧失了,也就是说"气"是一种伦理道德力量。可见,孟子的"浩然之气"仍然属于道德伦理的范畴,他强调为人要有正义感、道德感,要在任何情况下都能坚持不懈,对自己,要"富贵不能淫,贫贱不能移,威武不能屈"(《孟子·滕文公下》);对地位比较高的人,要"说大人,则藐之,勿视之巍巍然"(《孟子·尽心下》);总之,就是"穷则独善其身，达则兼善天下"（《孟子·尽心下》）。孟子这种在任何情况下都能坚持自己操守，不畏地位、权贵，视功名利禄为粪土的精神，是中国古代优秀士人的气概。相较于孔子文质彬彬的谦谦君子形象，孟子的君子则是锋芒毕露、英气勃发、咄咄逼人的大丈夫形象。

从孔子具有"文质彬彬"的君子到孟子的"充实而有光辉之谓大"的大丈夫，儒家对人心的道德塑造由静态到动态、由弱到强，越来越强烈。如果说孔子还只是追求人心的和谐与平衡的静态状态，而孟子则以"气有浩然"的道德力量使人心充满至大至刚的动态。孔子的人格只是要人们安分守礼，由孝到忠，己立而立人，勿犯上作乱，不要求大，只是"文质彬彬"的君子。孟子的人格则是胸怀仁义、大力凛然、富贵不能淫、威武不能屈的大丈夫。

道家之心是一人之心，它反对儒家的礼法约束而追求自然之心，本真之心、婴儿之心，为达此心，道家提出养生。道家认为养生就要养心，而养心就要节制过度的情欲，因为过度的情欲会使人精神颓废，毁坏人的身心健康，让人成为一种病态心理，庄子认为："将盈耆欲，长好恶，则性命之情病矣。"（《庄子·杂篇·徐无鬼》）道家还认为过度的情欲毁坏人的认知能力，指出："嗜欲充溢，目不见色，耳不闻声。(《管子·心术上》）""夫心有欲者，物过而目不见，声至而耳不闻也。""五色令人目盲，五音令人耳聋，五味令人口爽，驰骋游猎令人心发狂，难得之货令人行妨。"（《老子·第十二章》）因此，道家主张少私寡欲，老子要人们"见素抱朴，少私寡欲"，教导人们"知足不辱，知止不殆"，要"甘其实，美其服，安其居，乐其俗"。庄子则告诫人们情绪不要为物欲所动，"物物而不物于物"。

佛教和中国化的禅宗更是提出以心为本，重视养心。佛家认为人心本清净，只是受到外界各种物欲与情欲的诱惑才导致心性妄动迷乱，从而产生无穷无尽的忧愁与烦恼，甚至疾病缠身。因此，佛教养心重在修行定性，参禅打坐，也就是所谓的"禅定"。何谓禅定？禅宗六祖慧能曾说"外离相曰禅，内不乱曰定，外若着相，内心即乱,外若离相,内性不乱,外禅内定,故名禅定",也就是说禅定就是"静虑",就是要排除心中的一切杂念和欲望,使心平静。佛家把禅定作为养心的主要手段,具体就是要用"以念止念""以心止心"的方式来增强人内心的生命控制和调节运动能力,也就是修炼者要在虚静的心态下静数呼吸,专心致志,排除一切杂念,不妄作想,久而久之,身心内明,求得欢愉宁静平和的心境,进入"禅定"的境界,即"入定"。

另外,佛家和禅宗还注重德性的修养,认为"自渡渡人"乃至"普渡众生",乐行善施,众善奉行并且行善不求回报,不贪名利。做到真诚行善,由此便能得到精神和心理上的慰藉和满足。佛家主张"长养慈心,勿伤物命"(弘一大师李叔同语),"谁道群生性命微,一般骨肉一般皮,劝君莫打枝头鸟,子在巢中望母归",要求人们不仅对人行善,即使对幼弱的动物也不要伤害,目的是以慈悲为怀,普渡众生,因为救助他人和一切生灵是大仁大爱的表现。施仁者怀有这样的慈悲情怀,不但可以做到胸怀开朗、乐观,与他人共同享受仁爱与欢乐,同时也可以节制自己的私欲,远离各种尘世烦恼,不作妄想,不致扰乱人体的正常生理活动。因为平衡了心的境界,内心保持宁静,就会返回人的本性,见到佛性,进而达到神清气爽之妙境,有益身心健康,延年益寿。可见,佛家的"以德养性"最终是为养心、养神服务的。

三、体验与感悟

中国人很重视对日常生活的体验以及在体验中对生命的感悟。这一方面得益于中国人的审美器官是整合的一个整体,而不是单独的一个生理器官;另一方面得益于中国的艺术是偏于写意的艺术,注重艺术的虚灵性和意境。审美器官的整合常常在欣赏时能让触觉、味觉、嗅觉、视觉、听觉等感觉触类旁通,产生一种通感现象。所以中国古人从最普通的日常饮食中既能获得一种生理快感,又能获得一种形而上的精神享受,因此饮食不但是一种口腹之事,还包含着更深的文化含义。中国艺术的写意风格和意境追求使得艺术欣赏不能只注重于仰观俯察的"观",还要更深地品味和感悟,以期获得一种生命的精神。审美主体的器官整合是进行由表及里的本质性的"观",和对审美对象的不可名言的内质的品味以及对韵外之致的感悟的前提条件和工具,而偏于写意的艺术和艺术意境的追求为审美器官的整合提供了审美欣赏的对象,两者相互依存、相互作用,缺一不可。

(一) 中国五官整合的审美主体的构成

正如中国人把宇宙看成一个和谐的整体一样,中国人也把人的身体看成一个和谐的整体。人的身体的各个器官不仅仅是人的身体的一个单独的生理器官,还是人的身体整体一个不可缺少的部分。这在中国最早的《黄帝内经》中已有详细的论述。虽然人的眼、耳、鼻、舌、身产生不同的感觉,"眼"有美色欲求,是视觉;"耳"有美声的欲求,是听觉;"鼻"有芳香气味的欲求,是嗅觉;"舌"有美味的欲求,是味觉;"身"有安逸的欲求,是触觉等,但在中国古人看来这些感觉是相通的,都是美感产生的主要器官,这不同于西方古代只把视觉、听觉看作美感的主要器官。到了孟子、庄子,除了眼、耳、鼻、舌、身之外,孟子又加了"心"这个器官,并认为眼、耳、鼻、舌、身器官追求的是人的生理的快适,而"心"这个器官则是追求的仁义道德,这个心悦仁义的快适要高于人的眼、耳、鼻、舌、身器官追求的人的生理快适,这一点我们在上一节已有详细的论述。庄子认为心与五官的关系不是并列的,而是一种内外关系。他认为心悦仁义不是像孟子所说的只有高尚的道德水准,而是和五官一样可好可坏,并认为凡是进入人文视野的都是受局限的、不自由的,违背了自然的本性,是以人害天、害命,这就是违背了道。道是五官无法感知的,因为道是看不见、摸不着的,但又是存在的。对道的把握只能是未受社会文化扭曲的本性才可以获得宇宙之道,这就是"心斋"与"坐忘"。

  堕肢体,黜聪明,离形去知,同于大道,此谓坐忘。《大宗师》
  回曰:"敢问心斋?"仲尼曰:"若一志,无听之以耳,而听之以心;无听之以心,而听之以气。听止于耳,心止于符。

气也者，虚而待物者也，唯道集虚。虚也者，心斋也。"《人间世》

在这里，庄子以人的虚空之心、本真之心、婴儿之心才能体悟到道，因为只有虚空，才能容纳万物，与宇宙之气往来而感受到宇宙之道；只有本真之心，婴儿之心才能契合宇宙自然本性，宇宙之道，也就是"圣人之心静乎，天地之鉴也，万物之镜也。夫虚静恬淡，寂寞无为者，万物之本也"。《天道》能达到虚空，又是"离形去知"的结果。在庄子这里，只有以天合天的体道之乐才是符合人的本性之乐，才是最高的乐。与之相应，不是五官的观察，也不是心智的思考，而是心气的虚空才能体悟到天地不言之大美的"感官"，这种内在的心气可以表现为"神"。"气"表现为人和宇宙的契合，"神"重在人和宇宙契合基础上的人的主动性。如果说，"无听之以耳，而听之以心；无听之以心，而听之以气"，是人为了获得对宇宙之道的方式，那么"以神遇而不以目视"，"官知止而神欲行"（《养生主》），就是人在获道之后自由行动。

庄子的气和孟子的心都超越了五官。孟子的心的超越是一种超形式的气盛的崇高；庄子的气的超越是一种离形得似的逍遥。但庄孟都没有破坏五官的整合，只是贬低了五官的整合。

(二) 品味和感悟

中国的审美主体的五官整合使得国人能从日常生活中体验出一种形而上的精神享受。例如饮食是满足所有人口腹之感的生理需求，但是中国人能从日常饮食中体验出一种更深的文化追求，一种文化意义上的美感追求。美感是与人的味觉有关，《说文解字》说："美，甘也，从羊从大，羊在六畜给主膳也。"宋人徐铉注说："大则美，故从大。"可以看出，羊大则味甘，故大羊为美。鉴于此之美，即由味觉之美转化为视觉之美、心理之美、情感之美，符合现代人对美感的界定。但是今人萧兵认为"羊人为美"在先，即头戴羊形头冠的大人在祭祀时载歌载舞为先，而后演化为羊大为美，也就是由视觉之美、心理之美、情感之美在先，味觉具有重要的地位。《礼记·礼运》说："夫礼之初，始诸饮食"，礼，古文字为薹,就是盛食物的器皿之象形,殷周的青铜器大多数是饮食器,根据《周礼》记载,"在负责帝王居住区域的约四千人中,有三千二百多人,或百分之六十以上是管饮食的"①,而鼎,这一烹饪用的器物,成为夏商周三代政权的最高象征。从这一系列事实可以看出饮食在中国古代社会文化中具有重要的地位,它不仅能满足人的口腹之感,还能从中体会出中华文化的哲学、文化、政治等含义。中华文化的饮食主要是烹调,也就是调味,进食讲究尝味、品味。中国哲学最重要的就是无形无质的气,对事物最着重的不是事物的形似逼真,而是人与事物的神情气韵,与这些感受极为契合,极为相似,就是饮食之味了。味是无形质的,存在于饮食之中,又是可以尝到、品出的。因此味觉的感受对中国人来说,不仅仅是一种饮食的感受,还是一种具有普遍文化哲学意义的享受。另外,中华文化是一种和谐文化,中和精神是中华和谐文化的根本精神,而这种中和精神在承认差别、杂多、矛盾、对立的基础上,讲究用平衡、和解的方式解决事物矛盾,不强调矛盾的激荡和转化。这种中和精神就来自于中国饮食文化的调羹,"和如羹焉"是由不同的食材、水、火、盐、梅以煮鱼肉,宰夫和之,齐之以味,济其不及,以泄其过。中国人认为调羹的时候,要遵循过犹不及的原则,也就是既不要不及,也不要过分,要适度,要达到"恰到好处"的地步,才谓之和,调的羹才是美味,才能和口。中国古代政治也是从这种饮食之和中体验出和谐政治,中国古代的和谐政治要求人们既要遵循君君臣臣、父父子子、男尊女卑、内外有别的等级秩序,又要以仁爱之心对待方方面面的人与事,使得古代的政治既有森严的伦理秩序,又有温情脉脉的人情味。正如中国饮食之和对中国哲学和美学产生巨大影响一样,饮食之味在中国文化的美感中起了巨大的作用。从人物画的"以形写神",到山水画的"气韵生动",绘画对这种审美对象的不可名言的虚体性的审美特征的把握就只能用"品味"了。在山水画中,宗炳曾用"澄怀味象"来描述审美特征,钟嵘也用"滋味"来表达诗歌的审美特征,司空图、白居易、

---

① 张光直:《中国青铜时代》,三联书店1983年版,第222页。

苏轼、杨万里等都用饮食过程来比喻诗的欣赏过程。不过在先秦，最主要的是饮食之味使五官的味觉无可争议地成为美感的主要感觉。

"品味"成为中国古人的主要审美方式是在魏晋对人物的审美品藻，因为这时人们面对的审美对象是神骨肉的人体结构对象，人的神采风韵显得尤为重要，而人的神采风韵不是实体性的而是虚灵性的，因此再用先秦两汉的"观"就不行了，必须要加上味，要仔细品味，因为"观"的欣赏方式从形式上看是仰观俯察，远近游目，从内容上来看有儒家的现世之观，观人、观志、观风俗，重在实质的一面，道家是宇宙之观，一方面由道观世，另一方面由世观道。从形式上看是审美的，而从内容上看不完全是审美的。就是说，在魏晋，审美观的变化是儒家的现世之观既审美化又虚灵化了，道家的宇宙之观审美化了。这种审美化和虚灵化的"观"就是"味"。

在魏晋的审美欣赏方式中，有两个字都是用来适应这种对象的虚灵化的，一个是"味"，一个是"品"。味，用作动词，是品味，用作名词，是对象中需要品才得以知道的对象之味，即神、情、气、韵等。品，用作动词，是品味，用作名词是对对象性质的一种定性。这两个词在审美欣赏方式上可以互换，因此魏晋时代的审美方式就用品味来表达。实际上，魏晋的审美品味就是审美主体和审美对象之间的对话性质，是一个天人同一、天人相通、天人相感的世界，审美欣赏的品味本质上就是一种天人之间的互动。刘勰《文心雕龙·物色》讲得很清楚：

> 春秋代序，阴阳惨舒，物色之动，心亦摇焉……是以献岁发春，悦豫之情畅；滔滔孟夏，郁陶之心凝；天高气清，阴沉之志远；霰雪无垠，矜肃之虑深。岁有其物，物有其容，情以物迁，辞以情发。一叶且或迎意，虫声有足引心，况清风与明月同夜，白日与春林共朝哉！是以诗人感物，联类无穷，流连万象之际，沉吟视听之区。写气图貌，既随物以宛转，属采附声，亦与心而徘徊……物色虽繁，而析辞尚简，使味飘飘而清

举,情晔晔而更新……物色尽而情有余者,晓会通也。

在这里,有心与物之间在本质上(阴阳转化)的互动和在现象上(春夏秋冬)的互动,整个宇宙是既变换而又有规律,既生动而又虚灵的,要用文学反映这一气韵生动的世界,需要对物之感,又需要用心体会。这互动中的诗人审美之"味",用最简单的话来说,就是"目既往还,心亦吐纳;春日迟迟,秋风飒飒;情往似赠,兴来如答"。宗炳在《画山水序》中也讲了这种审美主体与审美对象之间的对话性:"身所盘桓,目所绸缪,以形写形,以色貌色……以应目会心……目以同应,心亦俱会,应会感神,神超理得。"

中国五官的感觉都要通向心气,应目会心,由耳如心,因味寻韵。由五官转向心气的过程同时也是五官接触事物后进而体会其神韵的过程。这种由五官到心气的过程,从主体方面着眼,就是"应目会心""物以貌求,心以理应""以神遇而不以目视",从客体方面着眼,就是"深识书者,惟观神彩,不见字形"(张怀瓘《文字论》)"但见性情,不睹文字"(皎然《诗式》)"目送归鸿,手挥五弦,俯仰自得,游心太玄"(嵇康)。由五官到心气,由分散的单体感觉到整体的组合,由"观"的实体性的把握到虚灵性的品味,从而体验到审美对象的韵外之味。

中国古人不仅要靠一种感觉,更倾向于用"通感"方式来审美,宗炳面对山水画,却"抚琴动藻,欲令众山皆响"。常建"江上调玉琴"效果却是"能使江月白,又令江水深"。杜甫面对战争造成的断壁残垣,发出了"感时花溅泪,恨别鸟惊心"的感慨。王维的"泉声咽危石,日色冷青松",又能使人们感受到一种伤感和清冷的感觉。李商隐的"莺啼如有泪,为湿最高花"也让人们赏花的高兴心情变得黯然神伤。

到了宋代,随着禅宗思想的流行,"悟"又进入了审美欣赏方式之中。"大体禅道惟在妙悟,诗道亦在妙悟。"悟与味其实都是针对着同一个审美对象,都是针对的难以形容的神、情、气、韵。如果说这里两个词有区别的话,那就是味是悟的前一阶段,悟是味的后一阶段。范晞文《对床夜语》说"咀嚼既久，乃得其意"，咀嚼即体味、寻味、品味，得其意乃"悟入"。元人刘壎《隐居通义》说："世之未悟者，正如身坐窗内，为纸所隔，故不睹窗外之境，及其点破一窍，眼力穿透，便见的窗外山川之高远，风月之清明，天地之广大，人物之错杂，万象横陈，举无遁形。所争惟一膜之隔，是之谓悟。"这是强调悟作为最后阶段的特点。

味与悟也并不排除观，只是有了与味与悟的比较，观的外在实体性的特点相对突出了。综合观、味、悟，可以说明中国审美欣赏的三个阶段。先是观，仰观俯察，远近游目，这是对实体性的对象的把握；然后是魏晋的品味，由观实体到味气韵，由言入意，披文入情；最后是悟，玩味许久，自然悟入，进入象外之象、景外之景、味外之味。

中国人的艺术观念则不像西方人那样直接和简明。中国人重物感，重人的内心世界对外界事物的感受，比如讲音乐，"凡音之起，由人心也，人心之动，物使之然也。感于物而动，故形于声"（《礼记·乐记》）。这种感受常与艺术家自身在当时当地的内心情感有着某种内在联系。同样是描写长江，悲时则觉"无边落木萧萧下，不尽长江滚滚来"[1]，喜时则觉"两岸猿声啼不住，轻舟已过万重山"[2]。中国人的艺术观念着眼于由外界事物在内心引起的激情——艺术家们被外界事物所感染，心情激荡，以艺术的方式表现出这种内心情感。如书法中的草书、绘画中的文人画等都属这种情况。中国人对自然美的发现和探求所循也与西方人不同，中国人没有把自然美和艺术美明确区分成为两个不同的概念。因而也不可能按照逻辑推理的方法去论证怎样才能把自然美转化成为艺术美，而主要是寻求自然界中能与人的审美心理相契合并能引起共鸣的某些方面，而正所谓"景无情不发情无景不生"。

---

[1] 杜甫：《登高》。
[2] 李白：《早发白帝城》。

第二节 西方传统的情感体认研究

一、认识与定性

前文我们已经详细论述了中国传统的情感体认方式及对艺术的审美欣赏影响，知道了中国的审美是要最后体悟到一种韵外之致；西方人的审美除了获得精神上的快感之外，其最后要达到是认清审美对象的本质意义，其显示出来的最终倾向是认识型的。这主要是因为西方文化是一种实体文化，要求在审美时对审美对象加以明确的意义定性。亚里士多德就说过："我们看那些图像所以感到快感，就因为我们一面在看，一面在求知，断定每一事物是某事物，比方说：'这就是那个事物'。"① 虽然在近代，康德把审美划入不确定的概念，但是实体文化又要求必须获得该事物的意义定性，审美欣赏才算获得了对象。

定性意味着标准的引入。怎样才算正确地认识了对象，获得了对象的本质，西方美学史在艺术作品的审美上主要有五种：

古典主义方式。17 世纪欧洲最重要的文学思潮是古典主义（Classicism）。它形成于 17 世纪中叶的法国，然而其起源可以追溯到前一个世纪的意大利。在文艺复兴时期的意大利，早已兴起一种崇尚古代希腊罗马的风气。这种方式明晰地规定了美的法则：结构上讲究"三一律"，即指的是一个剧本只写单一的故事情节，剧中的戏剧行动应发生在同一个地点和一天 24 小时之内；人物类型化，即古典主义作家只追求人物的"普遍人性"，把个别性格特征看作主人公生来就具有的固定特性，忽视了环境与生活经历对人物性格变化的决定作用，在作品中就显得人物性格比较单一；以理性的精神反映自然，表现人性。要以理性去处理个人与国家利益、家庭义务和荣誉观念的矛盾，因而私情或情欲只能放在第二位。人们从作

---

① 亚里士多德著，罗念生译：《诗学》，人民文学出版社 1962 年版，第 11 页。

品中体会到符合这些规则，于是就获得了作品的本质。这类似于中国的绘画六法，但六法之首"气韵生动"只能靠体悟，古典主义规则却是可以明白地讲出来，给以定性。

作者方式。这在西方传记批评中突出表现出来，其代表人物是圣佩韦。该方式讲究要欣赏一部作品，必须熟悉作品的作者，知晓了作者的家庭出身环境、身体情况、经济状况、气质性格、经历遭遇，对作品也就定性了。这类似于中国的文如其人，但中国的文如其人主要在人之气与作品之气的联系，是难以形求的，传记批评却一板一眼，证据一目了然。

环境方式。这在环境批评中表现出来，丹纳是其代表性人物。要理解一部作品的深层意蕴，必须知晓该作品所产生的环境与种族。古希腊雕塑的静穆与伟大，只有从爱琴海的地理环境和希腊民族的一般精神去理解。这似乎类似于中国的知人论世，然而中国的"世"主要是历史的治乱兴衰，所谓治世、乱世、盛世、末世之根本在于气象，作品与时代的关系亦在气象，不能精确定位。

形式方式。这在英美新批评和俄国形式主义中典型地表现出来。作品与一切外在的东西无关，作品的内在意义就在作品的形式本身，在作品的字、词、句、段、节奏、音步、韵律、色彩、结构、情节、题材之中。只要你用放大镜一般的眼光去细读作品的每一个字，注意每一个词的意义，洞悉词句之间的一切微妙的张力关系，发现作品中的隐喻、含混、反讽、象征，你就能认识作品的意义。这似乎类似中国古人的炼字炼句，作品的张力也似乎类似于气韵。然而新批评的细读就是为了认识清楚和给以定性。

精神分析方式。精神分析认为，作品的意义不在于作品表面的字句、情节和结构，而在于隐藏在表层现象下面的东西。精神分析美学又可大致分为两派：一是弗洛伊德派，他们从表层现象中寻找人物的无意识动机，如从哈姆雷特的犹豫中发掘出他内心深处的恋母情结；一派是荣格派，他们从表层现象中寻找人类从原始时期一直绵延下来的原始意象。总之，找出了深层的东西，作品的本质和意义就得到了确定。

西方的认识和定性，或是像新批评那样从作品内部寻找出本质,似乎类似作品的神情气韵和境内之景,或是像古典主义、传记批评、环境批评那样从作品之外去寻找根据,似乎类似于景外之景。但关键在于,西方是认识的而非体悟的,它要得到的是一种确定的最后本质,这样就能显出一种不断否定的历史路线。蒙娜丽莎的微笑被人不断解释,对哈姆雷特的犹豫,各有各的说法。与此相对照,中国的体悟方式一旦悟出就成定论,似乎千古不变,难以推翻。李白的"豪放飘逸"、杜甫的"沉郁顿挫"、谢灵运的"出水芙蓉"一直为人们所叹服。没有人想要否定它,因为它既得其神韵,又不着边际,你没法否定它。当然,如果你想把它定性化,用几条几款来定性解释何谓"豪放飘逸",你这几条就有被否定的危险,但豪放飘逸本身是无此危险的。

然而,西方的认识和定性既展示了一种不断否定的热闹场面,又显出不断深入的超越气象。

二、西方美感的主体构成及其发展

不像中国古人把视觉、听觉、嗅觉、味觉、触觉等都看成审美感官,从毕达哥拉斯起,古希腊人就把视觉和听觉作为审美感官,而排斥将其他感官作为审美感官。也许是,当古希腊的宇宙由神转化为宇宙实体的时候,只有视觉和听觉才跟得上时代的步伐,能领会具有宇宙本质的东西。毕达哥拉斯说:"我们的眼睛看见对称,耳朵听见和谐。"人体的其他感官味、嗅、触,当然是无法嗅、闻、感触到比例、对称、均衡等具有宇宙本质性的东西了。在古希腊,视觉和听觉的美都有专门的名词,但决不能像中国那样,产生味觉的"甘"与视觉之美相并列。亚里士多德在《伦理学》说得非常清楚:"视觉和听觉的快感是人的快感,因为它们能感受到和谐,吃喝而来的快感是动物的快感,因为它完全是一种生理的快适。"

从毕达哥拉斯到亚里士多德,奠定了西方文化的一个基本视点:视觉、听觉是审美感官,味觉、触觉、嗅觉是非审美感官。其背景是西方文化形成的宇宙实体和形式明晰的分析方式。黑格尔曾经说过:"艺术的感性事物只涉及视听两个认识性的感觉。至于嗅觉、味觉和触觉则完全与艺术欣赏无关。因为嗅觉、味觉和触觉只涉及单纯的物质和它的可直接用感官接触的物质,触觉只涉及冷热平滑等性质。因此,这三种感觉与艺术品无关,艺术品应保持它的实际独立存在,不能与主体只发生单纯的感官关系。"① 眼、耳作为审美感官,面对一个广泛的审美对象世界。古希腊人强调美的对象的视觉实体性和听觉形式性的特点也凸显出来了,而这又反过来巩固着眼耳独尊的美感主体构成。

到了柏拉图,他认为要认识事物的本质,靠的是人的心灵,而不是人的眼睛与耳朵。他说:"知识不在于对事物的感受中,却在于对所感受而起的思维中,显然,由思维能达到事物之'存在'与事物之理,由感觉则不能。"② 可见,在柏拉图这里,在眼睛、耳朵这两个审美感官之外,又增加了"心灵"的作用,心灵能够触到事物的本质,而眼睛、耳朵却不能。究其原因,这主要与柏拉图提出的世界分为理式世界、现实世界与艺术世界有直接的关系。在此基础上,柏拉图又提出了美分为美的本质和美的现象两个方面。他认为真正能洞见美的本体的恰恰是轻视眼耳见闻之美的人,这种人在古希腊是第一流的人,即爱智慧者、爱美者,也就是哲学家。这些人"屏绝肉欲,毅然自持",甚至"自幼不识市场的路,不知法庭、议会或其他公共会场之所在;法律、政治、无论选读或见于文告,一概不闻不睹;政党之争权位,社会之广招摇,宴饮之乐,声色之娱,并亦梦想所不及"。"他们高寄远引,并非好名,实则但寄形骸于国土,其心视此一切若无物。他们游心于六合之内、八方之外,如聘达洛士所云:上穷玄穹,下极黄泉,仰窥天象,俯测地形,遍究一切物性,而求其真其全,从不肯降尊到肤近的俗世俗物"③。也就是说,像哲学家这类人,他们超越了眼耳等

---

① 黑格尔著,朱光潜译:《美学》第一卷,商务印书馆 1980 年版,第 48~49 页。

② 柏拉图著,詹文杰译注:《泰阿泰德》,商务印书馆 1963 年版,第 81 页。

③ 闫国忠:《古希腊罗马美学》,北京大学出版社 1983 年版,第 97 页。

感官的限制，靠心灵就能够感受到宇宙万物的本质，万物的美。而那些放纵五官的人也可以看见美，但这种美只是具体的美、低级的美，犹如柏拉图所举的著名例子，现实的床摹仿床的理式，画家又摹仿现实的床，艺术美与美的本体隔了两层。真正能洞见美的本体的恰是轻视眼耳见闻之美的人。不过在古希腊，眼、耳作为审美感官，毕竟高于非审美感官的味、嗅、触，欲见美的本体的虽必须屏绝生理快适，但却可以欣赏美的形体，只是不要停止在具体形态上，而须一步步向上升腾，由美的形体到形体美的形式，到美的心灵，到行为和制度的美，到各种知识的美，最后到美的本体。柏拉图认为人能洞见美的本体在于灵魂的回忆，灵魂是不死的，轮回的，灵魂在上界曾有幸观照过美的本体，因此灵魂下世成人后，"见到尘世之美，就回忆起了上界真正的美"①。

总之，在柏拉图这里，美感的主体构成是灵魂和眼、耳，前者高于后者。

柏拉图所开拓的一条从灵魂方面探讨美感的主体构成之路，在西方美学史上被近代英国的新柏拉图主义者夏夫兹博里提出的"内在感官说"发扬光大。17世纪，在英国由培根开始，特别是经过霍布斯和洛克，经验主义构成了一股强大的潮流，一切都须由经验和功利来予以推断和说明，美感也被说成是一种愉悦感官的快感。夏夫兹博里从新柏拉图主义出发，坚决反对这种"肤浅"解释，而要给人们的经验感受和经验行为一种宇宙论的根据。人们的道德并不是建立在功利的基础之上，而是天生的，人们感到美，也不能由经验来分析，而是天生就能感到美。夏夫兹博里说："眼睛一看到形状，耳朵一听到声音，就立刻认识到美、秀雅与和谐。行动一经察觉，人类的感动和情欲一经辨认出（它们大半是一经感觉就可辨认出），也就由一种内在的眼睛分辨出什么是美好端正的、可爱可赏的，什么是丑陋恶劣的、可恶可鄙的。这些分辨既然植根于自然（指人的本性），那分辨的能力本身也就应是自然的，

---

① 《柏拉图文艺对话录》，人民文学出版社1963年版，第125页。

而且只能来自自然。"① 美感的主体构成并不在五官，不在眼、耳，而在心灵的内在感官。夏夫兹博里认为，如果审美感官在眼、耳，那么动物也有眼、耳，但动物却不知道美。同样，人的外在感官是动物性的，内在感官才是心灵的和理性的。他说："动物因为是动物，只具有感官（动物性的部分），就不能认识美和欣赏美，当然结论是：人也不能用这种感官或动物性的部分去体会美或欣赏美；他欣赏美，要通过一条较高尚的途径，要借助于最高尚的东西，这就是心和他的理性。"②。

夏夫兹博里提出内在感官使美感主体构成的重心从感官转到心灵。但在实体性的西方文化中，内在感官究竟是什么呢？这又成为现在讨论的中心。

西方人崇尚的是一种人工美、形式美，着重对建筑形态的表现；中国传统建筑艺术显示出的却是一种自然美、情趣美。以园林为例，西方园林（以意大利文艺复兴园林和法国古典主义园林为代表），黑格尔认为："美是理念的感性显现"。他强调自然美不是理想美，非经人工改造便达不到完美的境界，法国古典主义园林就是这一思想的集中反映。以凡尔赛宫为代表的法国古典主义园林所呈现的便是人工美。它不仅布局对称规矩，而且花草树木也按人的意志被修剪得整整齐齐，充分强调了几何图案之美。它还以近6000公顷的总面积，在法国北部的森林众多、河道缓流、起伏平缓的地景上，雕塑出平面几何构图的视轴、星状放射的路径和林中的各种花园、喷泉、雕塑和倒影池等。园中宽90米、长达1.6千米的运河，与全园中央的开放视轴相交，加之从宫殿到运河间以连续平缓的坡度降低后再向天际线延伸的轴线，显现出超大的尺度以及人工改造自然的气势。可见西方人造园林主要立足于用人工手段改变其自然状态，体现出对于形式美的刻意追求。中国园林所呈现

---

① 转引自朱光潜：《西方美学史》上卷，人民文学出版社1979年版，第212~213页。
② 转引自朱光潜：《西方美学史》上卷，人民文学出版社1979年版，第213页。

的则全然是另一种状态，一切要素洒脱自如，既不求轴线对称，也没有任何规则可循，相反却山环水抱，曲折蜿蜒，不仅花草树木任自然之原貌，即使人工建筑也尽量顺应自然，参差错落，力求与自然相融合，并做到"虽由人作，宛自天开"，使人们醉心于诗情画意般的意境之中。好的园林总是赏心悦目的，中国园林重在赏心，西方园林则意于悦目。

中国人的民族审美心理着重点在"意境"，何谓"意境"？"意境"是中国古典美学的一个核心范畴，它是通过特定的艺术形象（符号）和它所表现的艺术情趣、艺术气氛以及它们可能触发的丰富的艺术联想与幻想的总合。① 由此可见，意境离不开情景交融的审美意向，是由审美意向升华而成的，它提供了一个富有暗示的心理环境，用以指导人们对美的形象展开联想。一切蕴含着"意"的物象或表象，都可称为"意向"。形象与情趣的契合是情与景的统一，景生情，情生景；情中景，景中情；虚实相生，弦外之音，味外之旨。意境的意蕴是深层的，它不停留于个别审美意象的局部、浅显、感性的深度，具有深邃的艺术底蕴；意境的意蕴是容量的，突破有限进入无限，触发观赏者活跃的浮想联翩。"境无情不发，情无境不生"，意境要靠"悟"才能获取。中国人认为：从感情到语言符号再至体悟，事物最微妙处的把握只能超越符号的心的体悟。这或许可以称为中国人对美的一种"潜美学"认识，上升到哲理的高度，就会引发具有高度哲理性的人生感、历史感、宇宙感，具有极为开阔、深远的领悟性。

可见对建筑而言，意境涉及主观与客观两方面，主观方面指的是创作者和鉴赏者能动的主观思维活动，客观方面指的是建筑的外在形象、空间序列和它表现出的艺术氛围。这也正是意境这一美学概念能引入建筑艺术的根本原因。从哲学观念上看意境，它涉及主观与客观并表现为主客观的统一。

郑板桥有一段建筑中讲"天井"的话，有助于说明建筑的意境。他说："十笏茅斋，一方天井，修竹数竿，石笋数尺，其地无

---

① 浦震元：《中国艺术意境论》，北京大学出版社2000年版。

多,其费亦多也。而风中雨中有声,日中月中有影,诗中酒中有情,闲中闷中有伴,非独我爱竹石,即竹石亦爱我也。彼千金万金造园亭,或游宦四方,终其身不能归享。而吾辈欲游名山大川,有一时不得即往,何如一室小景,有情有味,历久弥新乎!对此画,构此景,何难敛之则退藏于密,亦复放之可弥六合也。"①

这段话的建筑实景不过就是茅斋竹石而已,从这段话来看,人对环境的审美关系是:有声、有形、有情、有伴。这声、形起因于风雨日月,那情与伴起因于诗酒闲闷。可见,客观存在的环境不是最重要的,之所以说其存在意境是与主体存在中的活动息息相关,因为同样的环境、同样的艺术氛围,可能因主体不同的心境在其中不同的活动产生不同的感受。

因此追求意境,不能只看到"物",正如郑板桥所讲的竹石天井的意境,就不单指茅斋竹石;而在于这茅斋竹石倾注了设计者的匠心,创造出了适合人们把酒吟诗的环境和氛围。欧阳修写《醉翁亭记》,对亭子建筑自身,也只提到"峰回路转,有亭翼然,临于泉上者,醉翁亭也"。寥寥数语,连亭子的基本形式是什么样的都看不出。他在醉翁亭所获得的意境感受主要是山水的朝暮、四时的景致。欧阳修明确表示"醉翁之意不在酒,在乎山水之间也"。不过欧阳修接着又说:"山水之乐,得之心而寓之酒也。"就是说,意象虽不在酒,实际上也"寓之酒",我们同样可以说,许多场合下的意境虽在乎山水之间,实际上也关联着建筑,醉翁亭在这个意境生成中是起着观景、点景作用的,就是这个醉翁亭给欧阳修营造了一种情绪氛围,触发了他的情思。由此可见,建筑艺术中的意境创造不能单从创作者主观意愿出发,而要充分考虑进入其中的人的活动,为人们提供一个方便使用的空间,展示为一定的艺术形象,并表现出一定的艺术情趣和艺术氛围,来触发观赏者丰富的联想和幻想。可以说意境是审美对象与审美心境的统一,具体境像与深邃情思的统一,以有形表现无形,以实境表现虚境,以有限再现无限,沿着感情的轨迹,不仅在于对客观景物的提炼,还在于对生活

---

① 郑板桥:《题画·竹石》。

内蕴的摄取。

"中国建筑的艺术形象,不在于单体的造型欣赏,而在于群体的序列推移;不在于局部的雕琢趣味,而在于整体的神韵气度;不在于天际线突兀起伏,而在于节奏明晰。不在于可看,而在于可游。"① 我国的古代园林建筑更是意境集中体现的典范,它以山、水、花木、建筑、小品的巧妙组合和"小中见大,以少胜多"的造园手法,凝聚地体现了"诗情画意"的意境和"清高风雅"的情趣,文化是园林的灵魂,特色是园林的生命意境乃至园林的追求。园中的山石寓意,山居岩栖,高逸遁世,石峰象征名山巨岳,以征雅逸,园林建筑的灰瓦白墙,以彰清雅淡泊之气;荷塘月色,睡莲滋香,以显"出污泥而不染"之高沽,翠竹临窗,以亮风节;青松参天,乃喻高脱尘俗;假山洞壑,显仙道之妙;树木花草,追自然之趣;曲径通幽,太极妙境……凡此种种,情景交融,即景抒情,给文人雅士们提供了一个寄情山水,向往自然的咏歌题材,虽不能啸傲林泉,却可以借题发挥,升华美感。

欣赏西方古典建筑,就像是欣赏雕刻,它本身是独立自主的,人们围绕在它的周围,其外界面就是可供人玩味的对象。它以面为出发点,完成的是团块形的体,具有强烈的体积感,本身是独立的,外向而放射,供人们观赏,欣赏方式是"可望"。中国建筑群却像是一幅画,围墙只是图框,要欣赏这样巨大的画,须置身其中,步移景换,情随境迁,空间虚实交换,从而体会画中的神韵所在。中国建筑的出发点是线,完成的是铺开成面的群,以绘画作比较,廊、墙、殿、台、亭、阁以及池岸、曲栏、小河、道路等无非都是粗细浓淡长短不同的线。中国传统建筑特别注重"线形美",讲究线条的婉转、流动和节奏韵律,擅长以线造型,以线传情。故中国画无论是绘画工具还是绘画语言,无不与线有关。当然,中国建筑也具有体积感的单体,但它只是作为全建筑群中的一部分而存在;西方建筑的内部也可欣赏,但这空间也是雕刻性的,有肯定的

---

① 王世仁:《理性与浪漫的交织》,百花文艺出版社2005年版,第64页。

体积体型。

  总而言之，中、西方对于建筑的审美心理是迥然不同的。前者讲究"意境"，人用心与建筑沟通；即庄子所说的："乘物以游心"；后者注重建筑的形态，着力表现体积的变化，飞动的线条，绚丽的色彩，直观又写实，供人欣赏。

结　　语

  中国传统文化重视现实人生，讲究人伦次序，淡化宗教信仰，始终关注着重生知礼的现世精神。中国传统建筑深受传统文化特别是儒家和道家的浸染，以其深厚的哲学底蕴和特殊的建筑语言而迥异于西方。儒家规范，老庄风神铸就了它光彩照人的绚丽风姿和独具品格的美学神韵，表示了清醒的理性精神和诗意的浪漫情怀。

  儒家创立了一套等级森严的伦理规范，使得中国古代都城、宫殿、坛庙、民居等尤为强调"尊卑有序，上下有等"的礼制秩序；传统建筑讲究中轴对称的平面布局和秩序井然的伦理营构，以组群布局的方式在平面上也体现了"儒家"的尚大精神，进而形成中华传统建筑的尚大性格。这种"大"主要体现在单体建筑的群体组合上。古代都城、宫殿、寺庙、皇家园林，以至居民的组群建筑莫不如此。从群体到个体，从整体到局部，都十分关注尺度、体量的合理搭配，讲究空间秩序的巧妙组合，营造出一种和谐圆融之美。西方的古典建筑，无论是埃及的金字塔、巴黎的圣母院、罗马的凯旋门都注重单体的外部造型和体量上的巨硕。中国传统建筑在这种空间处理上的平面布局和群体组合，在地面上热衷于建筑群体的四面铺排，象征严肃而有序的人间伦理和审美意识，是中国建筑有异于西方建筑的重要特色。从建筑文化的角度而言，它既体现了重视现实人生具有实用理性的倾向，也融入了中国的人生观与宇宙观。

  如果说儒家规范对宫殿、都城、坛庙等礼制性建筑的影响主要强调建筑的伦理秩序和功能，贯注着一种理性精神，表现出一种阳刚之气的大壮之美；那么老庄风神对园林建筑的影响，则更强调建筑中天人合一的时空观念，充盈着多姿的浪漫情怀，体现出的是一种典型的阴柔之美。这主要体现在中国古典园林的营造上，中国古典园林艺术追求的是"虽由人作，宛自天开"的意境。园林艺术深受道家思想的浸染，以模拟自然山水取胜。它打破了严格的中轴对称布局，可以说是对儒家礼制性建筑的一次反动。"纳千顷之汪洋，收四时之烂漫"，将空间意识转化为时间过程，营造出一个广阔自由的审美世界。为了创造园林的意境，为了创造"象外之象，景外之景"，园林艺术采取虚实相生、分景、隔景、借景等手法，组织空间、扩大空间，丰富了美的感受。

西方文化是以科学精神为核心的，它表现在承认客观自然世界的可认识性，强调尊重物质世界的客观规律，注重以实验与实证的方法来进行科学研究。反映在建筑上，就是注重建筑构图的形式美，西方建筑，突出的是人工之美、技术之美，平面的立体的几何式图形触目可见，一切景物建构无不体现方中矩、圆中规的精确的数的关系。西方传统建筑正是通过数的关系，把几何学、物理学、建筑工程学的成果加以物化。

西方文化还是基督教文化，宗教观念十分浓厚，深入人心。反映在建筑上，西方传统建筑史就是以神庙和教堂为核心的石头建筑史。西方建筑大多以超乎寻常的尺度夸张，高耸入云，直指神秘的苍穹，极度营造神的空间和氛围，使人产生对神的恐惧感和敬畏感，以实现宗教对人的心灵的威慑。可以说，西方古典建筑是以神性的尺度来营造的，而中国古典建筑以人的尺度来设计制造，这是源于中国传统自然观刚开始阶段就由宗教信仰进入哲学，在促进自然观的发展和早熟，也造成中国人对宗教的清醒和天生的淡泊。经过中国化的佛教性建筑，冲淡了宗教神圣的灵光，采用了无处不显示的儒家生活情境的中国庭园式建筑，世俗气氛相当浓厚，充满儒家提倡的人本主义的理性精神。

和谐是中西方共同追求的审美理想，尽管都讲和谐，西方人主要侧重的是审美对象的物理属性，主要表现在审美对象构图的形式美，形式美是以数和几何结构的和谐为基础的；而中国人侧重的是审美主体的心理属性，这主要表现在儒家所追求的情与理的统一和道家所向往的心与物的统一，他们都主张一种心理的和谐而不是物理的和谐。而儒家的情与理的统一，其目的就是通过道德情操的陶冶来实现人与社会、个体与群体的协调。道家强调心与物的统一，则是为了实现人与自然的和谐。由于儒、道二家在中国古代社会的地位不同，因而由"情"与"礼"的统一所倡导的人与社会的协调始终占据主导地位。

中国美学以儒家思想为主导，儒家讲究中庸之道，讲以礼节情，情理统一、均衡。因此，中国人最讲和谐，不愿把矛盾推到极点，适可而止。因此，在艺术表达上体现出强烈的写意性、程式化和整体感、运动感，追求内容与形式的高度和谐。西方传统的思维倾向于主客两分，它所固有的思维模式基于客观思考，这种对象化的思维模式最终引起人对自然的驾驭、支配，还有就是西方特别是希腊的唯理主义传统，它们反映在建筑上则是无论是黄金比例分割还是透视原理，全是建立在理性的、逻辑思维之上，受制于那种重分析、强调差异或对立而忽视整体的辩证有机的思维模式；而中国的传统思维中自然观是建立在"天人合一"的哲学基础上，它认为自然与人是血肉相连的，也就是主客统一。人和建筑是大自然的有机组成部分，顺应自然就要与自然环境相结合，融为一体。中西自然观的不同在中西园林艺术上都有所反映。

附录一　佛塔：从印度到中国形式变化的审美文化研究

"塔"是佛教的一种建筑形式，是佛教意识形态的一种物质体现，更是佛教文化的一种形象纪念碑。"塔"在古印度佛教中称作"窣堵坡"，"窣堵坡"是梵文 Stupa 和巴利文 Thupo 的音译，简称为"兜婆"和"塔婆"。汉文意为"聚""高显""方坟""圆冢""灵庙"等。而"塔"则是古代中国人给予这种印度传来的建筑形式的一种形象化的称谓，最早见于晋代葛洪写的《字苑》一书。但我国古代常称佛塔为"浮屠""浮图"，如东汉许慎的《说文解字》就说："塔，西域浮屠也。从土，荅声。""浮屠"大概是佛陀（buddha）的音译。我们常说的"救人一命，胜造七级浮屠"中的"浮屠"就是指塔婆，它是埋藏佛陀舍利的地方，相当于中国的坟墓。佛陀在世时，人们以佛陀为中心，佛陀涅槃后，人们就以埋藏佛陀舍利的塔为精神中心，塔就成了佛陀的化身。

一

古印度最有代表性的佛塔建筑形式是"窣堵坡"。"窣堵坡的主要形式是有一个砖石造成的半圆形的邱顶（覆钵），梵文叫做安荼，义为卵；其下建有基坛，顶上有露亭（平台）。在塔周围的一定距离内，建有石质的玉垣（栏楯），其上在四方常饰有四座牌楼，这就构成艺术的相应称呼。窣堵坡的建筑无疑是从古代陵墓得到的启示，在理论上，这是藏纳圣者遗骨的。来此进香朝拜的人最后须绕塔一周作结束"。① 雷奈·格罗塞这段话具体指出了"窣堵坡"这种建筑形式所包括的建筑要素、文化意义、艺术要求以及礼拜仪式等丰富内容。从审美风尚的角度来审视佛塔的建筑形式，一方面，形式上虽说还是一种半圆形的坟墓，但功能上却以超越生死轮回的"涅槃"改变了坟墓所代表的死亡恐惧，给人一种永生的力量；另一方面，这种建筑形式主要是佛教涅槃境界和宇宙精神的一种象征，目的在于控制信徒的精神信仰，而艺术只不过是充当了佛教教义的形象手段，但却拉近了佛教与现实生活的距离。另外，装饰、雕刻等艺术手段主要出现于栏楯的四座牌楼上，体现了印度审美风尚注重装饰的繁缛富丽以及程式化的艺术风格。下面详细论述：

古印度以桑奇大塔和阿玛拉瓦提大塔为代表的窣堵坡建筑相传起源于吠陀时代的国王死后所建造的一种半圆形的坟墓，这种坟墓有台基，顶上正中有一根串有圆盘的"刹"用来装饰，这种建筑称为"窣堵坡"。可见，"窣堵坡"就是坟墓，就是死亡的一种文化符号。但是"窣堵坡"这种建筑形式和佛教文化结合起来以后，就具有新的文化含义，那就是它不仅象征着死亡，而且还给人一种新生的希望。因为佛祖释迦牟尼的涅槃不仅是一般意义上肉体的消失，还是一种摆脱了普通人生死轮回的境界。这种境界认为肉体的死亡，不是生命的终结，而是又转化为他种生命，在广大的空间和无限的时间中进行着生—死—生的永无止境的轮回。因此，佛陀的涅槃就不是形式上的肉体死亡，而是内容上的生的体现。从这个意义上来说，佛塔在形式上是坟墓，但在内容上就是一种生的希望，一种修成正果的最高精神力量。从窣堵坡的含义为"卵"，知其孕育着生命，也给人一种生的希望。正如黑格尔所说："在印度，用崇拜生殖器的形式崇拜生殖力的风气产生了一些具有这种形状和意义的建筑物，一些像塔一样的上细下粗的石坊。在起源时这些建筑物有独立的目的，本身就是崇拜的对象，后来才在里面开辟房间，

---

① 雷奈·格罗塞著，常任侠、袁音译：《东方的文明》，中华书局1999年版，第242页。

安置神像,希腊的可随身携带的交通神的小神龛还保存着这种风尚。但是在印度开始是非中空的生殖器石坊,后来才分出外壳和核心,变成了塔。"①

黑格尔把印度佛塔的起源看成是生殖力的崇拜,这是从生理学的角度来探讨佛塔的建筑形式,但是从佛教文化的角度来讲,很明显黑格尔所说的古印度塔与佛教的"窣堵坡",是不同的。不过,黑格尔也指出了"塔"给人以生的力量,而不是恐惧的死亡,这大概也是佛塔作为佛教文化物质体现的最有力的象征,也是信徒永不止歇崇拜的力量源泉。这种把死变为生的风尚观念使得佛塔这种建筑形式一方面成为信徒顶礼膜拜的崇拜对象,心目中的精神丰碑,绝对不能有任何不敬和亵渎的行为,宗教的精神控制着信徒的灵魂,人只能俯拜于塔身之下,全身心地维持着佛塔的崇高,彰显了印度文化以神为本的非理性的宗教迷狂。

另一方面建造佛塔要以美的形象呈现于人们的面前,即佛塔要与艺术紧密相连,艺术充当了宣传佛教教义的工具,这就无形当中成就了对佛塔的审美,同时也拉近了信徒们与佛塔的距离,增加了对现实生活的感受。这个时期窣堵坡的建筑审美风尚主要借助于动物、植物等自然形式的装饰浮雕和印度原始民间信仰的生殖的药叉女形象来象征佛陀涅槃境界的完成,从而使人在礼拜观赏中净化心灵,获得一种精神境界的提升。因此,这个时期的印度艺术还"主要用于宗教信仰与哲学观念的图解和象征,作为祭祀礼拜或沉思静虑(禅定)的对象,作为超越尘世获得灵魂解脱或涅槃的辅助手段"②。我们在佛塔和神庙上看到了繁丽的动植物或人物装饰浮雕,在雕塑和壁画上男女人物一般都佩戴着各种豪华的珠宝饰物等。印度人酷爱繁缛富丽的装饰的审美风尚观念,恐怕来源于生殖崇拜乃至宇宙生命崇拜的宗教、哲学思想,在这种意义上,印度艺

---

① 黑格尔著,朱光潜译:《美学》第三卷(上),商务印书馆1984年版,第40页。
② 王镛:《世界美术通史·印度美术》,中国人民大学出版社2010年版,第6页。

术装饰的繁缛象征着宇宙生命的繁盛。尽管如此，人们还是从充满活力的动物、枝繁叶茂的植物，动态感十足的人物感受到了现实生活的美好。正如常任侠先生所说的："山奇（桑奇）的匠师们……充满着对于大自然的喜悦情感，对花木和动物，有精致的了解和爱好，这画面也就是赞颂自然的诗篇，这些故事，与其说他们表现的是佛教寂灭无为的理想，还不如说是对生活的最强烈、最天真而且世俗式的爱好，他们所雕刻的圆雕女药叉像，如在北门及东门上所见的，曲线优美，胸部丰满，焕发着青春的活力，这可以看出他们对于人间社会是如何爱恋。"①

古印度以桑奇大塔为代表性的窣堵坡建筑从审美风尚上来讲注重象征。关于象征，黑格尔指出："象征一般是直接呈现于感性观照的一种现成的外在事物，对这种外在事物并不直接就它本身来看，而是就它所暗示的一种较广泛较普遍的意义来看。因此在象征里应该分出两个因素，第一是意义，其次是意义的表现。意义就是一种观念或对象，不管它的内容是什么，表现是一种感性存在或一种形象。"② 即象征就是用一定的具体形象来表现一定的意义。塔只因与埋藏佛祖释迦牟尼的佛骨舍利有关，所以塔就成了佛陀的化身，塔就是佛，佛就是塔，因此塔的造型组成部分都与礼佛、敬佛有关。比如，"塔身覆钵，梵文义为'卵'，象征印度神话中孕育宇宙的金卵。平台和伞盖是从古代围栏和圣树衍化而来，伞柱象征宇宙之轴，三层伞盖代表诸天。伞顶正下方埋藏的舍利隐藏变化万法的种子。四座塔门标志着宇宙的四个方位。香客一般从东门进入圣城，向右沿甬道按顺时针方向绕塔巡礼，据说这与太阳运行的轨道一致，与宇宙的律动和谐，循此可从尘世超升灵境。③"李约瑟认为，"窣堵坡是一个人造的半球性土丘，也含有宇宙或小宇宙的

---

① 常任侠：《印度与东南亚美学发展史》，上海人民美术出版社1980年版，第15页。
② 黑格尔著，朱光潜译：《美学》第二卷，商务印书馆1984年版，第10页。
③ 王镛：《世界美术通史·印度美术》，中国人民大学出版社2010年版，第58页。

意义，因为它是整个世界，或至少是中央圣山的模型"。可见，窣堵坡是佛教对宇宙意识的一种象征，那半圆形的覆钵就象征着宇宙之卵。需要说明的是印度艺术的象征具有一种程式化的审美风尚。不仅窣堵坡的建筑造型及其上面暗示佛陀的菩提树、台座、伞盖、足迹、法轮等象征符号，构成了一套程式化的模式，一直没有改变。后来佛像或神像的立姿、坐姿、手势，以及发型、服饰、标志和持物，都有固定的模式，也有特定的象征意义。还有药叉女雕像的"三屈式"造型，成为印度艺术偏爱的标准女性美规范，等等。

随着佛教的广泛传播，到公元2世纪贵霜时代和4世纪的笈多时代，在印度西北部犍陀罗窣堵坡的建筑形制已发生了很大的变化，出现了一种与桑奇大塔完全不一样的高塔造型。这种高塔，结构元素虽然没有改变，仍然包括塔基、塔身和塔刹几个部分，但与桑奇大塔有三点不同：一是桑奇大塔的栏楯与塔门已完全消失，壁柱和壁龛则围绕在覆钵和基坛的周围，壁龛内供奉着佛像、菩萨像，覆钵的外围和基坛的侧面则装饰着佛教故事浮雕嵌板。二是塔基、塔身和塔刹都被大大地拉高了，一改窣堵坡半圆形的造型，显得气势雄伟，高耸挺拔。三是在塔身上出现了佛像，改变了窣堵坡时期以动植物形象来象征佛陀的局面。但这两个时代现存的高塔不多，仅有的也只是石窟当中的高塔形象。现在保存的佛陀伽耶高塔已是后来改建的，关于其最初的造型，我们可以从巴特纳近郊库木拉哈尔出土的一块圆形浮雕石板上的浮雕高塔形状看出大致情形。这座浮雕高塔有五层，底层十分高大，且在底层开了一个大大拱门龛，龛内有坐佛像。以上四层高度骤减，各层都有拱门龛，塔顶有一座小覆钵塔。整座塔成一个梯形，线条硬直，上面满布佛龛，显得雕镂满眼。关于笈多王朝时期的佛陀伽耶高塔，大唐高僧玄奘曾在当地见过，他说，高塔高"百六七十尺"，高度大约相当于现代的40米，表明笈多时代的高塔已远远不同于桑奇大塔的型制，窣堵坡已成为高塔的一个装饰，特别是在高塔内建造佛堂，佛堂内供佛像，信徒们可以在佛堂内礼拜佛像。从礼拜的意义上说，佛堂是核心部分，那么这个高塔也成为高塔式佛堂，它在寺院中取代了覆钵塔的地位，把其变为高塔的顶部装饰，成为寺院的主要建筑。

这种高塔造型的出现，源于大乘佛教教义的传播和希腊化文化的影响。贵霜时代盛行大乘佛教。大乘佛教与古印度小乘佛教的区别之一就是它的有神论思想。它认为宇宙的唯一实在和最高本体就是"如来"神，而佛教创始人释迦牟尼只是"如来"神的许多暂时化身之一，为普渡众生而显现人形的救世主，人格化的神。大乘佛教这种使佛陀神话化、人格化的审美风尚和当时犍陀罗地区盛行的希腊化文化"神人同形"的造像风尚习俗恰恰相符。希腊人自古就有崇尚健美的人体，并模仿健美的人体塑造神像的习惯，罗马人也继承了希腊人雕刻人形神像的传统。再加上贵霜时代，迦腻色迦王对宗教的宽容政策，使得犍陀罗艺术家不再满足于单纯地用象征符号来代替佛陀，而是毫无顾忌地大胆运用人格化的新神佛陀偶像雕刻附丽于佛塔建筑之上，使得佛塔成为佛像的载体而不得不改变原先的半圆形的造型，逐渐往高空发展，变得高大挺拔。同时因为少了中印度窣堵坡周围环绕的栏楯和塔门，因此，像一些浮雕不得不转移到台基和圆柱形塔身的四周表面，自身的美相较于中印度的窣堵坡就显得更加装饰繁缛，雕镂满眼。适应佛像崇拜礼仪的需要，在大塔的周围还建有佛堂，以供信徒住宿礼拜，这样就形成了犍陀罗地区所特有的以塔为中心的寺院布局形式，后来，这种佛寺布局形式传到了中国。

二

佛塔从中亚地区传入中国内地，逐渐与中国传统的建筑文化相融合，创造了独具特色的中国佛塔——楼阁式塔。它是佛塔与中国楼阁式建筑有机结合的典型代表，是最具有中国审美风尚的一种佛塔造型。该塔的中心和人们瞩目的焦点是由高层楼阁建筑构成的塔身，而覆钵塔被放置于塔身的顶端，比例被大大地缩小，变为了塔刹，成了全塔的装饰部分和表达佛教象征意义的符号。楼阁式塔的出现，反映了汉魏时期人们的一种时代风尚。一是从意识上认为佛教与黄老之学是一样的，如楚王刘英"喜黄老，学为浮屠斋戒祭祀"，汉恒帝"好神，数祠浮屠、老子"原因在于黄老与佛教都主张"清虚，贵尚无为，好生恶杀，省欲去奢"（《后汉书·刘英传》），因此，在中国人看来老子和浮屠就是一回事，放在一起并祀是理所当然的。二是祭祀的地点在祠庙或道观，佛寺当时称为"浮屠祠"。塔"犹言宗庙也，故世称塔庙"。当时是和明堂、辟雍等礼制祠庙一样看待的。明堂和辟雍的建筑造型据考古发掘的材料得知是十字轴线对称，正方形的楼台殿阁。三国笮融所建造的佛寺，顶上"垂铜盘九重，下为重楼阁道"（《三国志·刘繇传》），就是在类似明堂、灵台那样的楼台顶上，放一个九层铜盘为刹的窣堵坡。上面是"浮屠"，下面是"祠庙"，合成了"浮屠祠"。三是黄老之说此时由于受阴阳五行、天人感应、神仙方术等的影响已完全宗教化，祭祀的形式虽然是宗教的，但内容却是具有严肃理性精神的礼制规范，是社会伦理政治的一部分。佛教的祭祀也概莫能外。由于道教盛行，延年养寿、羽化成仙成为当时人们的主要风尚习俗，因此，东汉以后，皇室贵族、豪强坞堡都盛行建造木构高楼的"观"，既用于防卫，又可以求仙望气、承露接引。这种高楼建筑在考古出土的明器、汉像砖、壁画上都留下了形象的资料，显得异常的高大雄伟。佛塔就和这种木构楼阁结合起来。汉魏时期，"凡宫塔制度，犹以天竺旧状而重构之，从一级至三、五、七、九"（《魏书·释老志》）。"天竺旧状"就是印度的窣堵坡，"重构之"就是多层的木楼阁。木楼阁顶上放置比例缩小的窣堵坡就是当时佛塔的基本形式。现在敦煌、云冈、麦积山等北朝石窟中还保留了很多楼阁式塔形象。楼阁式塔的建筑造型，反映了中国人清醒实用的理性精神占据了主导地位，而充满神秘象征意义的窣堵坡形象无法与之相匹配，而只能作为一种装饰放置于塔的顶端。楼阁式塔是佛教在中国传统文化中地位的一种象征，更是当时人们意识风尚的一种传达。

密檐式塔是从楼阁式塔发展而来的，与楼阁式塔相比，其第一层塔身较为高大，上面是层层重叠、各层距离较短的塔檐。该塔具有较为丰富的曲线美和由简到繁、日趋富丽的装饰美。

中国佛塔的发展始终贯穿着中国文化的理性精神，这种理性精神始终以人间性、世俗性为其基本形态和主要风尚。

中国古塔的人间性是说它相较于印度古塔充满了人情味，正如王世仁先生所说："中国佛塔是'人'的建筑，不是'神'的灵境；它凝聚着'人'的情调，而没有发射出'神'的毫光。它有很浓烈的人情味。"① 当然，这种人情味是中国人的理性精神在佛塔造型上的一种体现，并不是说它已完全摆脱了佛性的神秘。李泽厚说："自儒学代替宗教之后，在观念、情感、仪式中，更进一步发展贯彻了这种神人同在的倾向。"需要说明的是宗教建筑本质上是反理性的迷狂意识，它在中国建筑中占有很大的比重，只不过中国人以理性的、实用的、人本主义的审美文化对此加以改造，使得宗教建筑充满了人情味。这种人情味主要是以人性的尺度去欣赏、认识和创作的，这是人性尺度的重要标志。因此，在中国佛塔审美上，人性的尺度就成为佛塔审美的最重要的标尺。

首先，在以人性为尺度的审美活动中，佛塔和中国人的现实生活紧密相连。中国佛塔不再像印度佛塔那样单纯供信徒礼拜，是信徒的精神丰碑，它已经除了供信徒礼拜功能之外还逐渐增加了登临观赏、瞭敌警戒、震慑妖孽、补全风水、作为地标、表彰文风等世俗生活需求，它已成为中国人现实生活不可缺少的一部分。中国佛塔基本上是往高空发展的，它在一定程度上延续了中国中世纪以前以台为主的建筑往高空发展的意向，但是"中国建筑往高发展和西方建筑是基于不同的出发点的。西方人追求的是建筑物本身体形'客观存在'的高和大，目的是希望产生视觉上的效果，以体形来取得信赖和表现权威；中国建筑往高发展是希望把人带到高处生活或者从事各种活动。西方教堂高大的穹顶或者尖塔并没有准备令人可以攀登到它上面去，中国的浮屠或者高观却多半是可以'欲穷千里目，更上一层楼'的，使人可以'登百尺之高观'，'聊因高以遐望'"②。这段话充分表明了中国佛塔造型的生活化。因此，

---

① 王世仁：《理性与浪漫的交织》，中国建筑工业出版社1987年版，第274页。

② 李允鉌：《华夏意匠——中国古典建筑设计原理分析》，天津大学出版社2011年版，第69页。

中国的佛塔，特别是楼阁式塔在很大程度上是为了人更好地生活，它可以登临眺望，不像印度的窣堵坡无论从尊佛礼拜仪式上，还是圆形覆钵的光滑造型上，都无法让人登临。如"重峦千仞塔，危磴九层台。石阙恒逆上，山梁作斗回"（庾信《和从驾登云居寺塔》）。登塔只为观赏四周的山色景物，开阔胸外，增进身心健康。至于一直崇信佛教的北魏胡太后就在永宁寺塔完工不久，就"幸永宁寺，躬登九层浮图"，说明了世俗权力大于宗教崇拜的现实需求。"唐、宋以后，登塔游览之风更为盛行，西安大雁塔的'雁塔题名'成了文人学子们追求向往的一桩美事。当时考中进士的学子，都要到大雁塔游览，登高极目，舒展胸怀，还要在塔下题名纪念，刻石长存。达官显贵，文人学士们也都喜欢登塔和题名，并且把它当作一件荣誉的事情。"① 为了使人们更好地登临眺望，工匠们对中国的佛塔结构进行了许多改进，如在塔内修建易于攀登和伫立的楼梯，门窗开口尽量敞开，每个楼层的平座跳出塔身之外，用勾栏加以围护，形成环绕的回廊，使游人可以置身塔身之外，在游廊上尽览山川景色、城镇风光。这些都是十分生活化的设施，目的是为了人更好地生活，而不是礼佛。至于为了求仙望气，承露接引，充满羽化成仙的幻想登临，以及军事上利用佛塔观察敌情或者作为防御射击之所，如北宋定县的料敌塔、山西应县的释迦塔（木塔），抑或利用古塔导航引渡，如浙江杭州六和塔、福建泉州姑嫂塔、六胜塔、都是世俗生活目的明确的现实需要，根本不是礼佛的宗教需要。因此，中国佛塔在很大程度上是借佛塔之名，而满足人们现实生活之实是其最终目的。

其次，在以人性为尺度的审美活动中，中国人的理性实用精神始终占主导地位。这种理性精神简单地说就是重情、理结合，以理节情的平衡，表现在中国的建筑艺术上，"不是以单个建筑物的体状形貌，而是以整体建筑群的结构布局、制约配合而取胜。非常简单的基本单位却组成了复杂的群体结构，形成在严格对称中仍有变

---

① 罗哲文：《中国古塔》，中国青年出版社1985年版，第17页。

化，在多样变化中又保持统一的风貌"①。那么，中国的佛塔也受到这种理性精神的浸润，也纳入了中国整体建筑群的一部分，遵循着中国建筑群的整体布局风格，而不再显得那么孤高独立。李约瑟认为，印度佛塔传入中国，便成为中国整体风景的一部分。李允鉌也认为"很多时候，佛教的佛塔和道教的'风水塔'，它们建立的目的是供远观多于近赏。除了有标志性的作用外，还用来平添山河的景色。它们从总的景色上考虑常常是多于本身的考虑的。虽然，这和流行于古代的'风水'之说有关，但是无论如何，它们对景色的点缀和总的构图上的平衡是起着一定作用的"②。中国的佛塔常常以自身高大的体量、峻拔的身影，把整个园林的二维平面变为三维空间，极大地丰富了整个园林的立面造型，特别是延伸了以建筑为中心的天际线，使得平坦的地平线上的建筑组合结构，不再是横向展开，平铺直叙，毫无起伏，而是立面不一，造型多姿，高低错落，宾主分明。在中国古典园林中，我们常常可以看到高大挺拔的楼阁、翼然展开的空亭、耸入云霄的佛塔等耸立在园林的高显之处，以自己的拔地而起改变了横向的平面铺排，发挥着以竖破横的作用，又以自己的高大透空吸纳着周围空间的美丽景色，发挥着气韵生动的意境美。如杭州西湖的保俶塔、高傲的耸立于宝石山巅、把西湖周围的建筑、山水花草树木等都吸引在自己的周围，使得杭州西湖的景色成为一个和谐的有机体。特别是那耸入云霄的塔身倒影在清澈的湖水中所形成的美丽倩影，以非凡的魅力把人们诱向如诗如画的西子湖，怪不得袁宏道说："望保俶塔突兀层崖中，则已心飞湖上也……即棹小舟入湖。"（袁宏道《西湖一》）在袁宏道看来，这个塔之所以有勾魂摄魄的魅力，就在于它所处的位置，作为艺术的"场"，有引景标胜的作用。

对于中国单个佛塔来说，这种理性精神呈现出建筑结构上的明确的节奏感、秩序的整齐感、严密的逻辑感。"它不再是体积的任

---

① 李泽厚：《美学三书》，天津社会科学院出版社2008年版，第58页。
② 李允鉌：《华夏意匠——中国古典建筑设计原理分析》，天津大学出版社2011年版，第167页。

意堆积而繁复重叠，也不是垂直一线上下同大，而表现为一级一级的异常明朗的数学整数式的节奏美。这使它便大同于例如吴哥寺那种繁复堆积的美。"① 这就是说，中国佛塔讲究严格的对称，以展示严肃、方正、井井有条的理性美，如大雁塔，正方形的平面给人稳重端庄之感，每一层用砖仿照木结构砌出的梁、柱、斗拱，划分出整齐的间架，完全是木结构楼阁的再现，那从下到上层层地逐渐收分呈现一种简单明晰的节奏美。总之，大雁塔"简练而明确的线条，稳定而端庄的轮廓，亲切而和谐的节奏。概念是清晰的，风格是明朗的，比例是匀称的，不夸张，不矫情，显示出人间的理性美"②。李泽厚说："如果拿相距不远的西安大小雁塔来比，就可以发现，大雁塔更典型地表现出中国式的宝塔的美。那节奏异常单纯而分明有层次，那每个层次之间的疏朗的、明显的差异比例，与小雁塔各层次之间的差距小而近，上下浑如一体，不大相同。"③

最后，在以人性为尺度的审美活动中，在个体建筑物上，曲线的艺术特征呈现出一种情理协调、舒适实用、有鲜明节奏感的效果。这集中表现在中国密檐式塔所运用的曲线上。河南登封嵩山的嵩岳寺塔。这是一座我国现存年代最早的密檐式砖塔。塔身十二边形，在当时以四边形为主的佛塔类型中显得十分突出。高大的塔基上有一座很高的塔身，塔身上以莲瓣、狮子、火焰形的券面等印度的装饰母体装饰着柱头、柱础、门和佛龛。塔身上面是十四层密排的砖檐，并且从下到上逐渐收分，最上面是一个砖雕的窣堵坡的塔刹。从远处看，十四层的密檐部分呈现出来的丰满的抛物曲线十分引人注目，是人们注目的视觉中心。虽然这种抛物曲线显得非楞非圆，朦胧浑厚，弥漫着非理性的宗教迷狂，但是中国人在处理时仍贯彻了清醒的理性精神，那十四层的抛物线有规律地从下到上逐渐收分，比例适当、秩序明确，富有严密的逻辑性。另外，虽然上翘

---

① 李泽厚：《美学三书》，天津社会科学院出版社2008年版，第59页。
② 王世仁：《理性与浪漫的交织》，中国建筑工业出版社1987年版，第276~277页。
③ 李泽厚：《美学三书》，天津社会科学院出版社2008年版，第59页。

的曲线增加了佛塔的灵动性和飞动之感，但下凹的曲线仍把重心指向广阔的大地，再配上高大的塔身和阔大的台基，整座佛塔看上去虽然高耸入云，似乎指向神秘的苍穹，实际上时时回眸着大地，把人引向现实的联想，给人一种安定踏实而毫无头重脚轻之感。

附录二　论中国古塔的造型和装饰之美

中国古塔不仅具有礼拜敬佛的神秘性、登临佛塔的世俗性，还具有给人以美感的美观性。这主要表现在古塔的造型和装饰上。中国古塔的形式可谓是千姿百态，丰富多彩，主要有楼阁式塔、密檐式塔、亭阁式塔、花塔、过街塔、金刚宝座塔、喇嘛塔等。这些塔要么高大挺拔、雄伟壮观；要么体量较小、稳定端庄；要么高低错落、主次分明；要么装饰繁缛富丽、花团锦簇，要么大腹便便、形如瓶状，等等。中国古塔的形式给人不同的美观感受，它不是单纯的形式美观，而是给人以强烈的心灵震撼。这种具有强烈心灵震撼的塔的审美性加强了审美的力度和力量。如"殚土木之功，穷造型之巧""高风永夜，宝铎和鸣，铿锵之声，闻及十余里""绣柱金铺，骇人心目"① 的北魏洛阳永宁寺塔；"发地四铺而耸，凌空八相而圆，方丈十二，户牖数百"② 的北魏嵩岳寺塔；"塔势如涌出，孤高耸天宫"的唐代大雁塔；"外侈极于弘丽，内缜致于精微"③ 的明代大报恩寺琉璃塔，等等。这些古塔以其千姿百态的造型给人以审美的愉悦，看来它们不单单是一种形式的创造，而且充满着意蕴。在西方美学史上，克莱夫·贝尔首次提出了"有意味的形式"这一著名论断。正如英国美学家鲍桑葵所说的："形式就不仅仅是轮廓和形状，而是使任何事物成为事物那样的一套套层

---

① 杨衒之撰，尚荣译注：《洛阳伽蓝记》，中华书局2012年版，第20页。

② 李邕：《嵩岳寺碑》收录于《全唐文》卷263，上海古籍出版社2007年版，第1181页。

③ 张惠衣：《金陵大报恩寺塔志》（《中国佛寺志丛刊》第27册），江苏广陵古籍刻印社1996年版。

次、变化和关系——形式成了对象的生命、灵魂和方向"①。也就是说形式包括两个方面：一是事物的外部轮廓形状，这是人判断事物是怎样的问题，是事物的外形式；二是由外在的轮廓形状能够反映事物的生命、灵魂和方向的问题，这是事物的内形式，可谓是形式包蕴的意蕴问题，只是这个意蕴有时明显，有时模糊。康定斯基就认为"的确不能说，任何形式都是无意义的，和'说不出什么来'的，世界上每一种形式都有一定的意义。但是它的信息我们往往不知道，即使知道一些，也经常没有把握住它的整个内涵"。②那么，具体到佛塔建筑上，不同的造型也会造成不同的审美意味。如果从中国古塔的一个单体建筑来看，其形式构造基本上是由地宫、塔基、塔身、塔刹这四个部分组成，而地宫深埋于地下，离开了人的审美视线，我们主要从露出地面部分的塔基、塔身、塔刹这几个部分来体味其审美意蕴，因为塔的形式虽然是一个整体，但是这个整体是由许多间隔组成的有机统一整体。正如宗白华先生所说的"美的形式的组织，使一片自然或人生的内容自成一独立的有机体的形象，引动我们对它能有集中的注意、深入的体验。……美的对象之第一步需要间隔。图画的框、雕像的石座、堂宇的栏杆台阶……这些美的境界都是由各种间隔作用造成的"③，也就是说"间隔"（事物的各组成部分）造成了事物的美的境界。对于中国古塔来说，古塔的形式之美也主要从塔基、塔身、塔刹这几个间隔部分体现出来的。

中国古塔塔基部分给人美观意味最强的还是须弥座，这"是随佛教传播进入中土的一种方形台座形式，其立面外观一般由上下枋、上下各一至二层叠涩及当中束腰相叠而成，特点是上下大致等

---

① 鲍桑葵著，周煦良译：《美学三讲》，上海译文出版社1983年版，第7~8页。
② 瓦西里·康定斯基著，吕澎译：《论艺术里的精神》，四川美术出版社1985年版，第66页。
③ 宗白华：《艺境》，北京大学出版社2003年版，第103页。

宽、中部渐次收入。……一般用作佛像的坐具和佛塔的基座"①。实际上，须弥座的运用早在南北朝时期就开始了，只是多用于佛像的坐具，用于佛塔的基座很少，早期的须弥座主要还是方形的台座，直线是其主要的线条，虽说中间有束腰，使线条的长短变化呈现有规律的形式，但给人的感受还是增加佛塔的稳定性，与楼阁式塔塔身的空灵形成鲜明的对比。正如刘敦桢所说的，"一般来说房屋下部的台基除本身的结构功能之外，又与柱的侧脚、墙的收分等相配合，增加房屋外观的稳定性"②。这是说的房屋台基的作用，但同样适用于中国的古塔建筑。唐代的时候，人们对这种方形的须弥座进行了改造，逐渐采用了形似圆形的八角形的须弥座，并且较多地运用于砖石制造的密檐塔上，建于五代南唐时期（937—975年）的南京栖霞寺舍利塔在塔基上是最早运用八角形须弥座的中国古塔。该塔"是一座八角五层，高约18米的小石塔。塔的整体构图，创造了中国密檐式塔的一种新形式，就是它的基座部分绕以栏杆，其上以覆莲、须弥座和仰莲承受塔身，而基座和须弥座被特别强调出来予以华丽的雕饰，是它以前的密檐塔所没有的"③。后来辽代的密檐式塔普遍采用此种基座，明清时期成为中国古塔基座的定制。这种塔的基座造型非常美观，首先是直线与曲线相互交替的八面体造型给人一种既刚直而又柔和的审美感觉；其次，上面的繁缛富丽的佛像雕刻及其周围的纹饰给人一种华丽的美感；最后，用这种繁密华美的装饰来衬托中部塔身的平整，使塔身显得刚健有力而成为塔的主体。另外，到清代的时候，这种基座又与汉白玉的石料相结合，汉白玉石料的柔和细腻、洁白无瑕的美更使佛塔的基座呈现出庄重大方、崇高典雅的美感，如颐和园的佛香阁和花承阁的多宝琉璃塔等都是采用的汉白玉石料做成的基座。"汉白玉作为

---

① 傅熹年主编：《中国古代建筑史》（第二卷），中国建筑工业出版社2009年版，第283页。

② 刘敦桢：《中国古代建筑史》（第二版），中国建筑工业出版社1984年版，第14页。

③ 刘敦桢：《中国古代建筑史》（第二版），中国建筑工业出版社1984年版，第144页。

建筑构成部分，既有利于其本身之美在绚丽多彩的景物中突显出来，又有利于烘托其上绚丽多彩的立面造型。"①

　　塔身是佛塔的主体部分。中国古塔类型的区分主要在塔身的不同，而这些造型不同的塔身给人不同的审美感受，"亭阁式塔的塔身只有一层，小巧玲珑，较为古朴；密檐式塔身是层层相接的密檐，形成了富有节奏感的韵律，雄健伟岸；楼阁式塔的塔身是中国高层建筑的层层楼阁，重楼迭现，挺拔高大；喇嘛塔塔身由圆圆的塔肚和十三层圆圆的塔脖子组成，形成大筒圆和小筒圆的对比，加上那耀眼的白色，端庄圣洁；金刚宝座塔塔身由高大的塔体和耸立的五座小塔组成，丰富多变，加上布满在塔身上的狮子、象、孔雀、金翅鸟等雕饰，稳重奇谲；花塔的塔身密布装饰性的雕刻，远看犹如华丽的花束，瑰丽多姿……"② 乔治·桑塔耶纳曾说："美有一个物质的形式的基础"，"十层楼的大厦，层层高度相等，不论设计如何合适，也不能像亭台楼阁或比例精致的宝塔这么美"③。比例精致的宝塔为何比层层高度相等的高楼大厦美，就是由于宝塔从下到上按比例逐渐缩小，表现出递减的节奏美。关于建筑的比例，古罗马的建筑学家维特鲁威曾在《建筑十书》中说比例是"组合细部时适度的表现的关系"，它要求"建筑细部的高度与宽度配称，而且宽度同长度配称"，这样才能造成建筑"整体具有其均衡对应"④。可见，建筑比例的合理运用能够造成建筑整体的均衡对应之美，即节奏美。黑格尔认为音乐也有建筑的这种比例均衡的节奏美，他说："音乐和建筑相近，因为像建筑一样，音乐把它

---

　　① 金学智：《中国园林美学》，中国建筑工业出版社2005年版，第118页。
　　② 徐华铛：《中国古塔造型》，中国林业出版社2007年版，第25页。
　　③ 乔治·桑塔耶纳著，缪灵珠译：《美感》，中国社会科学出版社1982年版，第146页。
　　④ 维特鲁威著，高履泰译：《建筑十书》，中国建筑工业出版社1986年版，第11页。

的创造放在比例的牢固基础和结构上"①,"拍子在音乐里的任务和整齐一律在建筑里的任务是相同的,例如建筑把高度和厚度相等的柱子按照等距离的原则排成一行,或是用等同或均衡的原则去安排一定大小的窗户。这里所看到的也是先有一个固定的定性,然后完全一律地重复这个定性"②。对于黑格尔所说的这种周期性重复出现的节奏序列,我国著名建筑学家梁思成先生曾作过具体的分析,他指出:"建筑的节奏、韵律有时候和音乐很相似。例如一座建筑,由左到右或者由右到左,是一柱,一窗;一柱,一窗地排列过去,就像'柱、窗;柱、窗;柱、窗;柱、窗……'的2/4拍子。若是一柱两窗的排列法,就有点像'柱、窗、窗;柱、窗、窗……'的圆舞曲。若是一柱三窗地排列,就是'柱、窗、窗、窗;柱、窗、窗、窗……'的4/4拍子了"③。这种建筑的节奏美,大量地体现在中国古塔的主要类型楼阁式塔及其变体密檐式塔的塔身上。像楼阁式塔和密檐式塔的塔身大多从下到上呈现出一种有规律的明显收分,从而显示出建筑结构上的一种明确的节奏感、秩序的整齐感、严密的逻辑感。"它不再是体积的任意堆积而繁复重叠,也不是垂直一线上下同大,而表现为一级一级的异常明朗的数学整数式的节奏美。这使它便大同于例如吴哥寺那种繁复堆积的美。"④ 这就是说,中国佛塔讲究严格的对称,以展示严肃、方正、井井有条的理性美。

对于密檐式塔的节奏美,梁思成先生曾在《建筑和建筑的艺术》一文中以北京天宁寺塔作为实例进行过分析,"由下看上去,最下面是一个扁平的不显著的月台;上面是两层大致同样高的重叠的须弥座;再上去是一周小挑台,专门名词叫平座;平座上面是一圈栏杆,栏杆上是一个三层莲瓣座,再上去是塔的本身,高度和两

---

① 黑格尔著,朱光潜译:《美学》第3卷,商务印书馆1986年版,第356页。
② 黑格尔著,朱光潜译:《美学》第3卷,商务印书馆1986年版,第361页。
③ 梁思成:《梁思成全集》第5卷,中国建筑工业出版社2001年版。
④ 李泽厚:《美学三书》,天津社会科学院出版社2008年版,第59页。

层须弥座大致相等;再上去是十三层檐子;最上是攒尖瓦顶,顶尖就是塔尖的宝珠。按照这个层次和它们高低不同的比例,我们大致(只是大致)可以看到(而不是听到)这样一段节奏"。①

塔刹是塔的终点,也是塔的顶点。塔刹的结构大多是一个小型的窣堵坡,也由刹座、刹身和刹顶构成,只是比例大为缩小。虽说塔刹在中国古塔中最具有佛教的象征意义,但在成熟的中国古塔类型中塔刹也起到对佛塔的装饰美化作用。其一,它能加强古塔的高耸身姿,使古塔显得更加挺立上耸,如出风尘之外,如洛阳的永宁寺塔,塔刹雄伟壮观、非常引人注目。塔刹高约十丈,约占塔高的九分之一,塔刹上有盛二十五斛的金宝瓶,宝瓶下有三十重的承露金盘,四周悬挂金铎,又有铁索四道,把塔刹系在塔顶的四角,铁索上也有金铎,使塔刹棱棱四出,直刺蓝天,巍峨壮观;苏州罗汉院的铁制塔刹特别高大,约占全塔高度的四分之一,直立上挺,非常壮观;福建泉州开元寺双塔和江苏常熟兴福寺方塔的铁制塔刹高度都在10米左右,上面还有宝瓶、相轮、宝珠、仰月等,显得非常雄伟壮观。其二,装饰的珍贵和华丽。塔刹部分大多用较为昂贵的黄金、白银、珍珠、玛瑙、铜、铁等金属材料制作成宝瓶、相轮、宝珠、仰月等装饰构件,在阳光的照射下,金光灿灿,非常耀眼夺目。其三,有些古塔在塔刹须弥座部分装饰由中国屋脊演化而来的山花蕉叶,看起来就非常美观。这些山花蕉叶有的弯曲如马的耳朵,上刻各种饱满流畅、气韵生动的各种卷纹和图案,非常漂亮,如浙江普陀多宝塔和山东历城四门塔的塔刹基座部分的山花蕉叶就是如此。

对于中国古塔来说,除了这种结构造型上的美之外,还有一种材料美,因为形式离不开材料的塑造,正如乔治·桑塔耶纳所说的,"假如雅典娜的神殿巴特农不是大理石筑成,王冠不是黄金制造,星星没有火光,它们将是平淡无力的东西。在这里,物质美对于感官有更大的吸引力,它刺激我们同时它的形式也是崇高的,它提高而且加强了我们的感情。……因此,材料的美是一切高级美的

---

① 梁思成:《建筑和建筑的艺术》,《人民日报》1961年7月26日。

基础，不但在对象方面是如此，对象的形式和意义必须寄托在感性事物上……"① 对于中国古塔来说，建筑材料可谓多种多样，主要有土、木、砖石、铜、铁、金、银等各种材料。在这些材料中，主要以土木、砖石建造的塔最多，铜、铁、金、银等建造得最少。木材，在古代一直占据建筑材料的主流，除了常与文化联系②之外，木材还具有审美的功能，表现在两个方面：一是设计上能够灵活地制成各种各样所需要的建筑构件，这些构件不仅具有承托作用，还具有审美装饰作用，特别是斗拱。二是木材上可以涂上彩画、施以颜色，内外观之皆很美观。如北魏洛阳永宁寺塔就是如此。北魏洛阳永宁寺及寺塔是北魏皇室的寺院、佛塔，因此，在装饰的审美效果上既要有皇家的威严、显赫与华丽，还要有佛教的异域色彩。这既体现在永宁寺山门、院墙、佛殿的建筑装饰上，还体现在佛塔的主体部分楼阁上。像皇家大寺永宁寺建造形制如同皇宫，所以装饰效果也类同皇宫的华丽，其南门形制端门，"图以云气，画彩仙灵，列钱青琐，赫奕华丽"③，即上面画上云气，还要画上彩色的仙人，在宫室的横木上用镶嵌着玉石的金钱排列成一条，像连贯成

---

① 乔治·桑塔耶纳著，缪灵珠译：《美感》，中国社会科学出版社1982年版，第52、54页。

② 参见梁思成在《中国建筑史》的分析："实缘于不着意于原物表存之观念。盖中国自始即未有如古埃及刻意追求久不灭之工程，欲以人工与自然物体竟久存之实且安于新陈代谢之理，以自然生灭为定律，视建筑且如被服舆马，时得而更换之；未尝患原物之久暂，无使其永不残破之野心。如失慎焚毁亦视为灾异天谴，非材料工程之过。此种见解习惯之深，乃有以下结果：(1) 满足于木材之沿用达数千年；顺序发展木造精到之法，而不深究砖石之代替及应用。(2) 修葺原物之风，远不及重建之盛，历代增修拆建，素不重原物之保存，惟珍其旧址及其创制年代而已。惟坟墓工程则古来确甚在意于巩固永葆之观念，然隐于地底之券室，与立于地面之木构殿堂，其原则互异。墓室间或以砖石模仿地面结构之若干部分，地面之殿堂结构，则除少数之例外，并未因砖券应用于墓室之经验，致改变中国建筑木构主体改用砖石叠砌之制也。"

③ 杨衒之著，尚荣译注：《洛阳伽蓝记》，中华书局2012年版，第20页。

串的钱，还要刻上青色的花纹，整个气象光明显赫而华丽。"云气"就是云纹，是中国传统的一种图案纹饰，其特点是常以一种连续的、变幻方向的漩涡纹构成一种具有强劲动态而富有气势的纹样。在两汉时期，云纹的线条较为粗犷，变化较为单一，纹样也显得较为稀疏，呈现出一种苗壮、粗犷、微带稚气的审美风格；而到北魏则变得线条细腻而流畅，变化较为多样，纹样显得较为繁密，呈现出一种雄伟而带巧丽、刚劲而柔和的审美风格。这种云纹常出现于檐柱上，具体做法是"以金银间云矩"，即柱身常雕刻云纹，并以金银色加以间衬，檐柱就呈现出"绣柱金铺"的样子，金黄的颜色再加上流畅雄健的云纹，常常给人以"骇人心目"的审美效果。永宁寺塔是一种楼阁式木塔，塔的檐柱就呈现出"绣柱金铺，骇人心目"①的审美效果。

永宁寺塔上还有"承露金盘三十重，周匝皆垂金铎""铁索四道……锁上亦有金铎""浮图有九级，角角皆悬金铎，合上下有一百二十铎""扉上各有五行金铃，合有五千四百枚"，门上有"金环铺首"。再加上"拱门有四力士，四狮子，饰以金银，加以珠玉，庄严焕炳，世所未闻"②。可见，这众多的由黄金制作的金盘、金铎、金铃和金环铺首所呈现出来的昂贵、奢华及金光灿灿，确实能给人一种庄严、华贵之感。

永宁寺塔的门窗也是装饰的重点，常常以"青琐""金银铺""朱扉"等加以装饰。张衡的《西京赋》中有"青琐丹墀"，刘逵注："琐，户两边以青画为琐纹。"③《汉书·元后传》："曲阳侯根骄奢僭上，赤墀青琐"，孟康注："以青画户边镂中，天子制也。"如淳曰："门楣格再重，如人衣领再重。名曰青琐，天子门制也。"师古曰："孟说是。青琐者，刻为连环纹，而青涂之。"④ 可见，

---

① 杨衒之著，尚荣译注：《洛阳伽蓝记》，中华书局2012年版，第20页。
② 杨衒之著，尚荣译注：《洛阳伽蓝记》，中华书局2012年版，第20页。
③ 张衡：《西京赋》，《昭明文选》，中华书局1977年版。
④ 班固：《汉书》卷98，中华书局1962年版，第4025页。

所谓"青琐",就是在门侧镂刻的连环纹,再以青色加以涂饰,只有天子宫殿的门楣才能采用,后来皇家寺院和王公府邸也加以采用,南北朝时期的宫殿、佛寺也沿用这种做法。如永宁寺塔的门窗上是"列钱青琐,赫奕华丽"①"'金银铺'是门扉上所饰的衔环兽面,亦称'铺首',以铜制作,鎏以金银,铺首的规格大小依门的尺度而变化"②。永宁寺塔的门上有"金环铺首"。"朱扉"就是用红色涂饰的门窗,也是皇家、贵族宅邸的专用色,永宁寺塔也是"浮图有四面,面有三户六窗,户皆朱扉,扉上各有五行金钉,合有五千四百枚"③。可见,永宁寺塔的门窗也采用了当时皇家最高规格的装饰,以青色涂饰镂刻在门楣两侧的连环纹,以金铺首作为门的拉手,直棂窗皆采用红色涂饰,再加上门窗上五千四百枚的鎏金门钉,显得富贵而华美,给人以庄严华丽的审美感受。

砖石塔是中国古塔现在遗存最多的塔。砖石材料在建造上主要采用发券、垒砌和叠涩的手法,并且可以雕刻有仿木结构的建筑构件,因用力较多,具有非常震撼人心的审美效果。据《魏书·释老志》描绘北魏平城的仿木构架的三级石佛图是"榱栋楣楹,上下重结,大小皆石,高十丈,震固巧密,为京华壮观也"④,从"榱栋楣楹,上下重结"可知各层均以柱额斗拱架椽挑檐,重重叠叠,结构精巧坚固,非常具有视觉的美感,不愧为"京华壮观"。怪不得《水经注·漯水》评价说:"水右有三层佛图,真容鹫架,悉结石也。装制丽质,亦尽美善也。"⑤ 还有《水经注》记载冯熙

---

① 杨衒之著,尚荣译注:《洛阳伽蓝记》,中华书局 2012 年版,第 20 页。

② 傅熹年主编:《中国古代建筑史》(第二卷),中国建筑工业出版社 2009 年版,第 278 页。

③ 杨衒之著,尚荣译注:《洛阳伽蓝记》,中华书局 2012 年版,第 20 页。

④ 许嘉璐主编:《二十四史全译·魏书·释老志》,汉语大词典出版社 2004 年版,第 2452 页。

⑤ 郦道元著,陈桥驿校证:《水经注·卷十三》,中华书局 2013 年版,第 301 页。

所建的皇舅寺"有五层浮图，其神图像皆合青石为之，加以金银火齐，众采之上，炜炜有精光"①。从"合青石为之"来看，这是一座石塔，并且上面有以金银装饰的佛像，使整座塔看起来非常光鲜。山东历城的龙虎塔是一座石塔，因塔身上浮雕有龙、虎形象而得名。该塔形制是一个方形平面的单层亭阁式塔，塔身四面辟门，塔座是三层高大的须弥座。塔身雕刻繁缛富丽，几乎不留一点空白，全为剔地而起的高浮雕，主要刻有佛像、菩萨、金刚力士、飞天及龙虎等浮雕形象，线条遒劲有力，形象生动逼真。此外还有福建古田古禅寺石塔、浙江观音寺石塔、北京房山石塔、甘肃庆阳塔儿湾石塔等，这些石塔上面也布满了一些佛教内容的雕刻和一些仿木结构的建筑构件，显得非常华丽。

采用琉璃材料建造佛塔也使我国古塔呈现出一种五光十色、焜丽灿烂的美。琉璃是一种昂贵的建筑材料，在我国古代一直供官府专制、专用。这种材料不仅因为质地坚硬、上有涂油而具有防水、防火、防风化的实用功能，还因为色彩鲜艳而丰富具有繁丽浓艳的美观效果。在我国的古塔中，建造了数量很少的琉璃塔，这些琉璃塔中，有的是全身贴砌琉璃，如开封佑国寺塔、山西洪洞广胜寺飞虹塔、南京报恩寺塔、北京颐和园琉璃塔等；有的是在塔的塔身部位或边角檐等重点部位贴砌，如山西五台山狮子窝梁塔、阳城龙泉塔等；有的只在塔上贴砌佛像琉璃砖，其他部位不贴，如安徽蒙城万佛塔，山西临汾大云院塔。这些琉璃砖上大多浮雕有佛像、金刚力士、飞天、象、孔雀等各种形象，再加上琉璃砖的红、紫色、深绿、浅绿、黄色、乳白、孔雀蓝等五彩缤纷的颜色，和它们之间非常合理的秩序安排，看起来非常具有震撼人心的观赏价值，正如桑塔耶纳所说的，"最重要的效果绝不可归因于这些材料，而只能归因于它们的安排和它们的种种理想关系"，然而，"不论形式可以带来甚么愉悦，材料也许早以提供了愉悦，而且对结果的价值贡献

---

① 郦道元，陈桥驿校证：《水经注·卷十三》，中华书局2013年版，第300~301页。

图1　山东历城龙虎塔　　图2　北京房山石塔

（转引自常青：《中国古塔的艺术历程》，陕西人民美术出版社1998年版，第81、107页）

了很多东西"①。可见，建筑材料有其本身的质地美。

众所周知，所有的建筑物都是形（线、面、体）和色的空间组合。那么，中国的古塔作为一个建筑物也不能例外。克莱夫·贝尔曾说过："我的'有意味的形式'即包括了线条的组合也包括了色彩的组合。形式与色彩是不能截然分开的；不能设想没有颜色的线，或是没有色彩的空间；也不能设想没有形式的单纯色彩间的关系。"② 可见，在建筑艺术上形与色的组合是非常重要的。在中国古塔的平面造型上，主要有四方形、六角形、八角形、十二角形和

---

① 乔治·桑塔耶纳著，缪灵珠译：《美感》，中国社会科学出版社1982年版，第52页。

② 克莱夫·贝尔著，周金环等译：《艺术》，中国文联联合出版公司1984年版，第7页。

圆形等。这些古塔的平面造型中，唐代之前主要以方形为主，宋辽之后一直到明清则以八角形的圆形为主。可见，方和圆是中国古塔建筑平面上的基本造型，实际上也是中国古典建筑平面上的基本造型。当然，这是人们在长期的建筑实践中总结出来的历史经验："在圆形的平面上建屋基，从实用角度看，不但建造难度大，而且用地不经济；至于正方形屋基，也不能充分满足实用的和审美的需要。于是，长方形的平面就开始发展起来。长方形屋基平面上的建筑，不但受光面大（南向采光），易于通风，利用率高，而且审美上体现了多样统一性"①。黑格尔就认为，"一个直角长方形比起正方形较能引起快感，因为在长方形之中，相同之中有不同"②。在传统审美心理中，方形给人一种端齐、严正、庄重、安稳、凝定、静止的意味和性格，这在中国古典美学、哲学著作中早就有所概括：

　　木石之性……方则止……③
　　坤……至静而德方……直其正也，方其义也。④
　　方者矩体，其势也自安。⑤

这种方形所表现出来的"势"，是人们从对木、石等大量事物的观察中得来，并历史地积淀于视知觉经验的结果。阿尔海姆说："我们可以把观察者经验到的这些'力'看作是活跃在大脑视中心的那些生理力的心理对应物……虽然这些力的作用是发生在大脑皮质中的生理现象，但它在心理上却仍然被体验为是被观察事物本身

---

① 金学智：《中国园林美学》，中国建筑工业出版社2005年版，第412页。
② 黑格尔著，朱光潜译：《美学》第3卷上，商务印书馆1986年版，第64页。
③ 《孙子·势篇》。
④ 《周易·文言》。
⑤ 刘勰：《文心雕龙·定势》。

的性质。"① "于是，就产生了'方正生静'、'方者自安'的有意味形式，产生了主、客观相对应统一的'体'、'势'的协同性。它说明了：在特定的审美心理结构中，不同的'体'会生发出不同的'势'来，而这正是形式美的一种空间意味。"② 著名的北魏洛阳永宁寺塔就是一座方形的楼阁式塔，它稳定、端庄、静止、凝定，给人一种中心支柱的作用。实际上，永宁寺塔就被当时的世俗僧众看成国家稳定、繁荣的象征，它的倒塌就如大厦将倾一样，预示着北魏统治的灭亡。

中国古塔在宋辽之后在平面上常用八角形，这既是对方形的超越，又是向圆形的靠拢，它也兼有圆形的体势。圆形在审美心理上既能给人一种运转无穷、生生不息的动态感，还能给人一种天道、神道的联想。这在中国古代哲学、美学论著中也有许多概括：

  木石之性……圆则行。③
  圆者规体，其势也自转。④
  天圆则须转，地方则须安静。⑤

这样看来，中国古塔后来常用形似圆形的八角形，一方面契合宗教的神性意味，另一方面还能给人一种圆转、流动，由静见动的审美意味。如北海的白塔，就以其浑圆的造型一方面让人引起"蓍之德，圆而神"（《易·系辞上》)的天道的神秘无穷之感，另一方面还能让人产生生生不息、运行不止的运动之感。

在个体建筑物上，曲线的艺术特征呈现出一种情理协调、舒适实用、有鲜明节奏感的效果。中国的古建筑主要以木构建筑为主，

---

① 鲁道夫·阿尔海姆著，滕宇尧译：《艺术与视知觉》，中国社会科学出版社1984年版，第11页。
② 金学智：《中国园林美学》，中国建筑工业出版社2005年版，第412页。
③ 《孙子·势篇》。
④ 刘勰《文心雕龙·定势》。
⑤ 《二程遗书》卷二。

盛行以刚直的线条加上曲线来呈现建筑的雄健而轻盈的审美风格，而中国的古塔基本上模仿木构建筑，所以塔上盛行曲线勾勒也是自然而然的事。曲线在人们的审美心理中预示着一种动势美，令人心波荡漾，情感飞扬。英国著名的美学家威廉·荷加斯在《美的分析》中就对曲线的审美特征进行了详细的分析，"波状线，作为美的线条，变化更多，它由两种对立的曲线组成，因此更美……"①朱光潜先生也说："波纹似的曲线是一般人所公认为最美的曲线，依斯宾塞说，它所以最美者就由于曲线运动是最省力的运动。直线运动在将转弯时须抛弃原有的动力而另起一种新动力，转弯愈多，费力愈大。曲线运动则可以利用转弯以前的动力，所以用力较少。"②塔上有曲线，就会使塔的建筑造型显得圆润、和谐、柔和、优美，具有一种轻松、活泼之感；若没有曲线，就会显得呆板、生硬。"塔上做出曲线的部位，主要在塔的升起、塔的外部轮廓、塔身的'弧身'式样、券门、仿木构部位以及塔刹等处。"③

这主要表现在：首先是屋檐上，中国的屋檐是中国古建筑最具艺术性的表现形式，它以"反宇飞翘"的建筑形式使沉重、雄健的建筑变得活泼遒劲、轻盈欲飞。中国的古塔从魏晋一直到明清都盛行曲线勾勒，特别是楼阁式塔各分层的屋檐的升起（即自外檐柱从中心开始向两端柱，逐步升高所产生的曲线），有一种高起的感觉，观看起来非常的舒展活泼，特别是屋檐的挑角，从唐宋时代其向上挑起的幅度越来越急剧，到明清时期使檐角向上弯曲达到最大的幅度，并且上挑得非常巧妙，富有优美感，如松江兴圣教寺塔、江苏镇江金山寺慈寿塔、苏州报恩寺塔、常熟崇教兴福寺方塔等。其次，有的塔身常用"弧身""弧墙"，其展开犹如扇形，弯曲的曲线非常具有美感，如山东历城九顶塔的塔身造型就是如此。

---

① 威廉·荷加斯著，杨成寅译：《美的分析》，人民美术出版社1984年版，第26页。

② 朱光潜：《朱光潜美学文集》第一卷，上海文艺出版社1984年版，第240页。

③ 张驭寰：《古塔实录》，华中科技大学出版社2011年版，第169页。

图 3　江苏镇江金山寺慈寿塔

（转引自常青：《中国古塔的艺术历程》，陕西人民美术出版社1998年版，第117页）

该塔位于山东济南历城县柳埠镇的九塔寺内，建造年代据罗哲文先生考证始建于盛唐时代的天宝时期（742—756年）①。该塔造型特殊，由两部分组成，上层是以中间一座较大的密檐式塔为中心，周围由八座密檐式小塔环绕组成的塔顶，下部是八角形的塔身，每边作弧形向内凹入，两个弧面之间的相交线非常鲜明，另外，塔檐下部以叠涩砖挑出17层，呈现明显的反曲线，这也是唐塔塔檐的特点。最后，塔顶也是曲线最为集中的地方。相轮呈一圈圈的圆形逐渐向上缩小延伸，其下的覆钵也是圆形的。另外，塔上的椽子、斗拱卷刹、柱头卷刹、佛龛的楣龛、柱、筒瓦、瓦当等能用弧线的皆用弧线，因此整体上显得十分和谐。

至于佛塔各种装饰图案，像植物纹饰通常会采用卷草纹、连珠纹、荷花纹等曲线纹饰，显得非常活泼生动，富有生气；人物与动物纹饰也常用曲线，使它们形象生动。

中国密檐式塔所运用的曲线也非常突出，如河南登封嵩山的嵩岳寺塔。这是一座我国现存年代最早的密檐式砖塔。塔身十二边形，在当时以四边形为主的佛塔类型中显得十分突出。高大的塔基

---

① 罗哲文：《中国古塔》，中国青年出版社1985年版，第221页。

附录二　论中国古塔的造型和装饰之美

 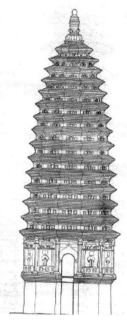

图4　山东历城九顶塔　　图5　北魏嵩岳寺塔立面图
（转引自常青：《中国古塔的艺术历程》，陕西人民美术出版社1998年版，第82页）

上有一座很高的塔身，塔身上以莲瓣、狮子、火焰形的券面等印度装饰母体装饰着柱头、柱础、门和佛龛。塔身上面是十四层密排的砖檐，并且从下到上逐渐收分，最上面是一个砖雕的窣堵坡的塔刹。从远处看，十四层的密檐部分呈现出来的丰满的抛物曲线十分引人注目，是人们注目的视觉中心。虽然这种抛物曲线显得非楞非圆，朦胧浑厚，弥漫着非理性的宗教迷狂，但是中国人在处理时仍贯彻了清醒的理性精神，那十四层的抛物线有规律的从下到上逐渐收分，比例适当、秩序明确，富有严密的逻辑性。另外，虽然上翘的曲线增加了佛塔的灵动性和飞动之感，但下凹的曲线仍把重心指向广阔的大地，再配上高大的塔身和阔大的台基，整座佛塔看上去虽然高耸入云，似乎指向神秘的苍穹，实际上时时回眸着大地，把人引向现实的联想，给人一种安定踏实而毫无头重脚轻之感。

主要参考书目

[1] 傅熹年. 中国古代建筑十论[M]. 复旦大学出版社, 2004.
[2] 梁思成. 梁思成文集[M]. 中国建筑工业出版社, 1986.
[3] 林徽因. 林徽因文集·建筑卷[M]. 百花文艺出版社, 2002.
[4] 刘敦桢. 中国古代建筑史[M]. 中国建筑工业出版社, 1984.
[5] 王鲁民. 中国古典建筑文化探源[M]. 同济大学出版社, 1997.
[6] 沈福煦. 中国古代建筑文化史[M]. 上海古籍出版社, 2001.
[7] 侯幼彬. 中国建筑美学[M]. 黑龙江科学技术出版社, 2002.
[8] 赵国华. 生殖崇拜文化论[M]. 中国社会科学出版社, 1990.
[9] 葛兆光. 中国思想史[M]. 复旦大学出版社, 2001.
[10] 王世仁. 理性与浪漫的交织[M]. 中国建筑工业出版社, 1987.
[11] 刘敦桢. 刘敦桢文集[M]. 中国建筑工业出版社, 1987.
[12] 楼庆西. 中国古代建筑[M]. 商务印书馆, 1997.
[13] 王毅. 中国园林文化史[M]. 上海人民出版社, 2004.
[14] 傅谨、沈冬梅. 中国寺观[M]. 浙江人民出版社, 1996.
[15] 周来祥、陈炎. 中西比较美学大纲[M]. 安徽文艺出版社, 1992.
[16] 萧默. 萧默建筑艺术论集[M]. 机械工业出版社, 2003.
[17] 黑格尔, 朱光潜译. 美学[M]. 商务印书馆, 1997.
[18] 路易吉·戈佐拉, 刘林安译. 中国建筑文化的城市与住宅[M]. 中国建筑工业出版社, 2003.
[19] 彼得·罗, 关晟, 成砚译. 承传与交融[M]. 北京: 中国建筑工业出版社, 2004.
[20] 休·昂纳、弗莱明, 毛君炎译. 世界美术史[M]. 国际文化出版公司, 1989.

[21] 卡斯腾·哈里斯,申嘉,陈朝晖译. 建筑的伦理功能[M]. 华夏出版社,2001.

[22] 罗杰·斯克拉顿,刘先觉译. 建筑美学[M]. 中国建筑工业出版社,1992.

[23] 孔蒂·弗拉维奥. 希腊艺术鉴赏[M]. 北京大学出版社,1988.

[24] 罗兰·马丁,张似赞,张军英等译. 希腊建筑[M]. 中国建筑工业出版社,1999.

[25] 亚伯克隆比,吴玉成译. 建筑的艺术观[M]. 天津大学出版社,2001.

[26] 程大锦. 建筑:形式、空间和秩序[M]. 中国建筑工业出版社,1987.

[27] 赛维,张似赞译. 建筑空间论:如何品评建筑[M]. 中国建筑工业出版社,1985.

[28] 文丘里. 建筑的复杂性与矛盾性[M]. 中国建筑工业出版社,1991.

[29] 罗丹,啸声译. 法国大教堂[M]. 上海人民美术出版社,1993.

[30] 塔夫里,郑时龄译. 建筑学的理论和历史[M]. 中国建筑工业出版社,1991.

[31] 维特鲁维,高履泰译. 建筑十书[M]. 中国建筑工业出版社,1990.

[32] 吴焕加. 20世纪西方建筑史[M]. 河南科技出版社,2001.

[33] 李泽厚. 中国古代思想史论[M]. 天津社会科学院出版社,2003.

[34] 陈志华. 外国建筑史(十九世纪末叶以前)[M]. 中国建筑工业出版社,1979.

[35]《中国建筑史》编写组. 中国建筑史[M]. 中国建筑工业出版社,1982.

[36] 叶朗. 中国美学史大纲[M]. 上海人民出版社,1985.

[37] 陈志华. 外国古建筑二十讲[M]. 三联书店,2002.

[38] 楼庆西. 中国古建筑二十讲[M]. 三联书店,2001.

[39] 吴中杰主编. 中国古代审美文化论[M]. 上海古籍出版社, 2003.

[40] 汪正章. 建筑美学[M]. 人民出版社, 1991.

[41] 萧默. 文化纪念碑的风采——建筑艺术的历史与审美[M]. 中国人民大学出版社, 1999.

[42] 李泽厚. 美学三书[M]. 安徽文艺出版社, 1999.

[43] 释慧皎撰, 汤用彤校注, 汤一介整理. 高僧传[M]. 中华书局, 1992.

[44] 张敦颐. 南朝事迹编类[M]. 上海古籍出版社, 1995.

[45] 许嵩、张忱石点校. 建康实录[M].（上、下）, 中华书局, 1986.

[46] 周迎合. 景定建康志（1—2 册）[M]. 台湾成交出版社有限公司, 1943.

[47] 释道宣撰, 周书迦、苏晋仁校注. 法苑珠林[M]. 中华书局, 2003.

[48] 释僧佑撰, 萧练子、苏晋仁校注. 出三藏记集[M]. 中华书局, 1995.

[49] 释宝唱撰, 王孺童校注. 比丘尼传[M]. 中华书局, 2006.

[50] 玄奘撰, 董志翘译注. 大唐西域记[M]. 中华书局, 2012.

[51] 释僧佑撰, 刘立夫、魏建中、胡勇译注. 弘明集[M]. 中华书局, 2013.

[52] 杨衒之撰, 尚荣译注. 洛阳伽蓝记[M]. 中华书局, 2012.

[53] 郦道元撰, 陈桥驿校证. 水经注[M]. 中华书局, 2013.

[54] 顾炎武撰. 历代宅京记[M]. 中华书局, 1984.

[55] 孟元老撰, 姜汉椿译注. 东京梦华录[M]. 贵州人民出版社, 2009.

[56] 法显著, 田川译注. 佛国记[M]. 重庆出版社, 2008.

[57] 许嘉璐主编. 二十四史全译[M]. 汉语大词典出版社, 2004.

[58] 张驭寰. 古塔实录[M]. 华中科技大学出版社, 2011.

[59] 罗哲文. 中国古塔[M]. 中国青年出版社, 1985.

[60] 张驭寰. 中国佛塔史[M]. 科学出版社, 2006.

［61］徐华铛. 中国古塔造型［M］. 中国林业出版社，2007.

［62］常青. 中国古塔的艺术历程［M］. 陕西人民出版社，1998.

［63］湛如. 净法与佛塔——印度早期佛教史研究［M］. 2006.

［64］徐伯安. 中国塔林漫步［M］. 中国展望出版社，1989.

［65］陈泽泓. 中国古塔走笔［M］. 广东人民出版社，1999.

［66］罗哲文. 中国名塔［M］. 百花文艺出版社，2000.

［67］华瑞·索南才让. 中国佛塔［M］. 青海人民出版社，2002.

［68］中国佛教寺塔史志［M］. 台北大乘文化出版社，1978.

［69］杨超杰、严辉. 龙门石窟雕刻萃编——佛塔［M］. 中国大百科全书出版社，2002.

［70］梁思成. 梁思成全集［M］. 中国建筑工业出版社，2001.

［71］梁思成. 中国建筑史［M］. 百花文艺出版社，2005.

［72］刘敦桢主编. 中国古代建筑史（第二版）［M］. 中国建筑工业出版社，1984.

［73］乐嘉藻. 中国建筑史［M］. 台湾华世出版社，1977.

［74］王璧文. 中国建筑［M］. 国立华北编译馆，1942.

［75］梁从诫编. 林徽因文集·建筑卷［M］. 百花文艺出版社，1999.

［76］李允鉌. 华夏意匠——中国古典建筑设计原理分析［M］. 天津大学出版社，2005.

［77］萧默. 敦煌建筑研究［M］. 文物出版社，1989.

［78］王毅. 园林与中国文化［M］. 上海人民出版社，1990.

［79］张法. 中国美学史［M］. 四川人民出版社，2006.

［80］金维诺. 中国美术：魏晋至南北朝［M］. 中国人民大学出版社，2010.

［81］周均平. 秦汉审美文化宏观研究［M］. 人民出版社，2007.

［82］周来祥主编. 中国美学主潮［M］. 山东大学出版社，1997.

［83］傅瑾、沈冬梅. 中国寺观［M］. 浙江人民出版社，1996.

［84］黄仁宇. 中国大历史［M］. 三联书店，1997.

［85］王镛. 印度美术［M］. 中国人民大学出版社，2010.

［86］晁华山. 佛陀之光——印度与中亚佛教胜迹［M］. 文物出版

社，2001.

[87] 仪平策. 中古审美文化通论[M]. 山东人民出版社，2007.

[88] 张法. 中国艺术：历程与精神[M]. 中国人民大学出版社，2003.

[89] 汪洪澜. 月明华屋——中国古典建筑美学漫步[M]. 宁夏人民出版社，2006.

[90] 傅熹年主编. 中国古代建筑史（第二卷）（三国、两晋、南北朝、隋唐、五代建筑）[M]. 中国建筑工业出版社，2009.

[91] 周来祥主编. 中华审美文化通史（全）[M]. 安徽教育出版社，2006.

[92] 侯幼彬. 中国建筑美学[M]. 黑龙江科学技术出版社，1997.

[93] 郭黛姮主编. 中国古代建筑史（第三卷）（宋、辽、金、西夏建筑）[M]. 中国建筑工业出版社，2009.

[94] 潘谷西主编. 中国古代建筑史（第四卷）（元、明建筑）[M]. 中国建筑工业出版社，2009.

[95] 孙大章主编. 中国古代建筑史（第五卷）（清代建筑）[M]. 中国建筑工业出版社，2009.

[96] 汤里平. 中国建筑审美的变迁[M]. 同济大学出版社，2012.

[97] 段玉明. 中国寺庙文化[M]. 上海人民出版社，1997.

[98] 张弓. 汉唐佛寺文化史[M].（上、下），中国科学出版社，1997.

[99] 金学智. 中国园林美学[M].（第二版），中国建筑工业出版社，2005.

[100] 陈从周. 梓翁说园[M]. 北京出版社，2004.

[101] 邱紫华. 印度古典美学[M]. 华中师范大学出版社，2006.

[102] 汤用彤. 汉魏两晋南北朝佛教史[M]. 中华书局，1983.

[103] 宿白. 中国石窟寺研究[M]. 文物出版社，1996.

[104] 李崇峰. 中印佛教石窟寺比较研究——以塔庙窟为中心[M]. 北京大学出版社，2003.

[105] 吴功正. 六朝美学史[M]. 江苏美术出版社，1994.

[106] 周维权. 中国古典园林史[M]. 清华大学出版社，1990.

[107] 王振复. 中国古代文化中的建筑美[M]. 译林出版社，1989.
[108] 陈炎主编. 中国审美文化史[M]. 山东画报出版社，2000.
[109] 萧默. 文化纪念碑的丰采——建筑艺术的历史与审美[M]. 中国人民大学出版社，1999.
[110] 常任侠. 印度与东南亚美术发展史[M]. 上海人民美术出版社，1980.
[111] 王其亨. 风水理论研究[M]. 天津大学出版社，1992.
[112] 王世仁. 理性与浪漫的交织[M]. 中国建筑工业出版社，1987.
[113] 李泽厚. 美学三书[M]. 天津社会科学院出版社，2008.
[114] 仪平策. 中国审美文化民族性的现代人类学研究[M]. 中国社会科学出版社，2012.
[115] 梁思成著，费慰梅编、梁从诫译. 图像中国建筑史[M]. 百花文艺出版社，2000.
[116] 叶朗. 中国美学史大纲[M]. 上海人民出版社，1985.
[117] 李泽厚. 美的历程[M]. 文物出版社，1989.
[118] 李泽厚、刘刚纪主编. 中国美学史[M]. 中国社会科学出版社，1984.
[119] 宗白华. 宗白华全集[M]. 安徽教育出版社，2008.
[120] 徐复观. 中国艺术精神[M]. 春风文艺出版社，1987.
[121] 陈从周. 书带集[M]. 花城出版社，1982.
[122] 宗白华. 艺境[M]. 北京大学出版社，2003.
[123] 朱光潜. 朱光潜美学文集[M]. 上海文艺出版社，1984.
[124] 伊东忠太，陈清泉译补. 中国建筑史[M]. 上海书店，1984.
[125] 宫治昭撰，李萍译. 犍陀罗美术寻踪[M]. 人民美术出版社，2006.
[126] 黑格尔，朱光潜译. 美学[M]. （全），商务印书馆，1984.
[127] 奈·格罗塞，常任侠、袁音译. 东方的文明[M]. 中华书局，1999.
[128] 李约瑟，刘巍等译. 中国科学技术史[M]. 科学出版社、上海古籍出版社，2008.

［129］斯坦因，向达译.西域考古记［M］.商务印书馆，2013.
［130］鲁道夫·阿尔海姆，滕守尧译.艺术与视知觉［M］.中国社会科学出版社，1984.
［131］威廉·荷加斯，杨成寅译.美的分析［M］.人民美术出版社，1984.
［132］乔治·桑塔耶纳，缪灵珠译.美感［M］.中国社会科学出版社，1982.
［133］克莱夫·贝尔，周金环等译.艺术［M］.中国文联出版公司，1984.
［134］鲍桑葵，周煦良译.美学史［M］.商务印书馆，1985.
［135］鲍桑葵，周煦良译.美学三讲［M］.上海译文出版社，1983.
［136］瓦西里·康定斯基，吕澎译.论艺术里的精神［M］.四川美术出版社，1985.
［137］苏珊·朗格，刘大基等译.情感与形式［M］.中国社会科学出版社，1986.
［138］罗杰·斯克鲁顿，刘先觉译.建筑美学［M］.中国建筑工业出版社，2003.

后　　记

　　这本小书是在我的硕士毕业论文的基础上扩编修改而成的。当时的硕士毕业论文只是列了个提纲，论述也非常简单，总字数大概只有四五万字。对中西古代建筑审美文化的研究是我从上研究生时起就一直比较感兴趣的方向，原因是我家乡县城的一座清代的精美石雕牌坊和一组清代的建筑大院激发了我的兴趣。多次参观之后，那优美的造型、栩栩如生的石狮、展翅欲飞的喜鹊、上翘的屋顶等都让我激动万分，我就想，古人把石头这种冷冰冰的东西雕镂成非常具有艺术美的精品就是为了表现一种伦理道德，而美要达到极致，道德就能达到极致，美与德二者是统一的。所以，欣赏古人的美，也就提高了自己的道德水准。在中国古代，美与伦理道德是一致的。后来，我又参观了很多中国的文化古迹，认识到伦理道德和中国人对美的认识是一致的，也就是说在中国古代，道德对美的浸染是非常普遍的，或者说道德和美是融而为一的。它与西方建筑审美文化对美的形式的认识是不同的，这也是我想从事中西建筑审美文化比较研究的初衷。

　　中西建筑审美文化比较研究是一个很大的题目。为了便于研究，我们只选择了一些核心层次进行比较研究，所以肯定在比较时有所疏漏，还请方家指正批评。

　　本书在出版过程中得到一些单位和个人的大力帮助，在此表示衷心的感谢！

　　感谢我的导师周纪文老师和傅合远老师，是他们的关爱加深了我对中西建筑文化的比较研究，并一直延续至今。

　　感谢我的校友黄继刚师兄，是他的帮助才让这本小书得以这么快出版。

感谢武汉大学出版社的李琼老师担任本书的责任编辑,她对本书的校对、定稿等工作多为辛劳。

本书出版得到阜阳师范学院学术著作出版专项经费的全额资助,感谢学校领导和评审专家的提携和帮助。